Utilize este código QR para se cadastrar de forma mais rápida:

Ou, se preferir, entre em:

www.moderna.com.br/ac/livroportal

e siga as instruções para ter acesso aos conteúdos exclusivos do

Portal e Livro Digital

CÓDIGO DE ACESSO:

A 00158 ARPGEOG5E 6 07431

Faça apenas um cadastro. Ele será válido para:

Richmond

12112103 ARARIBA PLUS GEO 6 ED5

Da semente ao livro,
sustentabilidade por todo o caminho

Plantar florestas

A madeira que serve de matéria-prima para nosso papel vem de plantio renovável, ou seja, não é fruto de desmatamento. Essa prática gera milhares de empregos para agricultores e ajuda a recuperar áreas ambientais degradadas.

Fabricar papel e imprimir livros

Toda a cadeia produtiva do papel, desde a produção de celulose até a encadernação do livro, é certificada, cumprindo padrões internacionais de processamento sustentável e boas práticas ambientais.

Criar conteúdos

Os profissionais envolvidos na elaboração de nossas soluções educacionais buscam uma educação para a vida pautada por curadoria editorial, diversidade de olhares e responsabilidade socioambiental.

Construir projetos de vida

Oferecer uma solução educacional Moderna é um ato de comprometimento com o futuro das novas gerações, possibilitando uma relação de parceria entre escolas e famílias na missão de educar!

Tadiro Comunicação, Alexandre Santana e Estúdio Pingado

Apoio:

Organizadora: Editora Moderna

Obra coletiva concebida, desenvolvida
e produzida pela Editora Moderna.

Editor Executivo:

Cesar Brumini Dellore

5ª edição

© Editora Moderna, 2018

Elaboração dos originais:

Ana Lúcia Barreto de Lucena
Bacharel em Ciências Sociais pela Universidade Federal de Minas Gerais. Editora.

André dos Santos Araújo
Licenciado em Geografia pela Universidade Cruzeiro do Sul. Editor.

Andrea de Marco Leite de Barros
Mestre em Ciências pela Universidade de São Paulo, área de concentração: Geografia Humana. Editora.

Carlos Vinicius Xavier
Mestre em Ciências pela Universidade de São Paulo, área de concentração: Geografia Humana. Editor.

Cesar Brumini Dellore
Bacharel em Geografia pela Universidade de São Paulo. Editor.

Cintia Gomes da Fontes
Mestra em Educação pela Universidade de São Paulo, área de concentração: Educação, opção: Ensino de Ciências e Matemática. Licenciada em Geografia pela Universidade de São Paulo. Professora em escolas particulares de São Paulo.

Fernando Carlo Vedovate
Mestre em Ciências pela Universidade de São Paulo, área de concentração: Geografia Humana. Editor e professor da rede pública de ensino e de escolas particulares de São Paulo.

Francisco Martins Garcia
Bacharel em Geografia pela Universidade de São Paulo. Escritor, fotógrafo e documentarista.

Gustavo Nagib
Mestre em Ciências pela Universidade de São Paulo, área de concentração: Geografia Humana. Professor em escolas particulares e curso pré-vestibular de São Paulo.

Raquel de Pádua Pereira
Mestra em Planejamento Urbano e Regional pela Universidade Federal do Rio de Janeiro. Bacharel e licenciada em Geografia pela Universidade de São Paulo. Professora em escolas particulares de São Paulo.

Imagem de capa

Cabine com equipamento de geolocalização e trator em campo de cultivo: a transformação do espaço geográfico por meio da agricultura de precisão.

Coordenação editorial: Cesar Brumini Dellore
Edição de texto: André dos Santos Araújo, Andrea de Marco Leite de Barros, Carlos Vinicius Xavier, Maria Carolina Aguilera Maccagnini, Silvia Ricardo
Assistência editorial: Mirna Acras Abed Moraes Imperatore
Gerência de *design* e produção gráfica: Sandra Botelho de Carvalho Homma
Coordenação de produção: Everson de Paula, Patricia Costa
Suporte administrativo editorial: Maria de Lourdes Rodrigues
Coordenação de *design* e projetos visuais: Marta Cerqueira Leite
Projeto gráfico e capa: Daniel Messias, Otávio dos Santos
Pesquisa iconográfica para capa: Daniel Messias, Otávio dos Santos, Bruno Tonel
Fotos: Valentin Valkov/Shutterstock, Fotokostic/Shutterstock, Luke MacGregor/Bloomberg via Getty Images
Coordenação de arte: Carolina de Oliveira
Edição de arte: Arleth Rodrigues, Cristiane Cabral, Daniele Fátima Oliveira
Editoração eletrônica: Casa de Ideias
Edição de infografia: Luiz Iria, Priscilla Boffo, Otávio Cohen
Coordenação de revisão: Maristela S. Carrasco
Revisão: Ana Maria C. Tavares, Barbara Benevides, Beatriz Rocha, Cárita Negromonte, Cecilia Oku, Márcia Leme, Patrizia Zagni, Renato da Rocha, Rita de Cássia Sam, Salete Brentan, Vânia Bruno, Viviane Oshima
Coordenação de pesquisa iconográfica: Luciano Baneza Gabarron
Pesquisa iconográfica: Camila Soufer
Coordenação de *bureau*: Rubens M. Rodrigues
Tratamento de imagens: Fernando Bertolo, Joel Aparecido, Luiz Carlos Costa, Marina M. Buzzinaro
Pré-impressão: Alexandre Petreca, Everton L. de Oliveira, Marcio H. Kamoto, Vitória Sousa
Coordenação de produção industrial: Wendell Monteiro
Impressão e acabamento: Esdeva Indústria Gráfica Ltda.
Lote: 284424

Dados Internacionais de Catalogação na Publicação (CIP)
(Câmara Brasileira do Livro, SP, Brasil)

Araribá plus : geografia / organizadora Editora Moderna ; obra coletiva concebida, desenvolvida e produzida pela Editora Moderna ; editor executivo Cesar Brumini Dellore. – 5. ed. – São Paulo : Moderna, 2018.

Obra em 4 v. para alunos do 6º ao 9º ano.
Bibliografia.

11. Geografia (Ensino fundamental) I. Dellore, Cesar Brumini.

18-16964 CDD-372.891

Índices para catálogo sistemático:
1. Geografia : Ensino fundamental 372.891
Maria Alice Ferreira - Bibliotecária - CRB-8/7964

ISBN 978-85-16-11210-3 (LA)
ISBN 978-85-16-11211-0 (LP)

Reprodução proibida. Art. 184 do Código Penal e Lei 9.610 de 19 de fevereiro de 1998.
Todos os direitos reservados

EDITORA MODERNA LTDA.
Rua Padre Adelino, 758 – Belenzinho
São Paulo – SP – Brasil – CEP 03303-904
Vendas e Atendimento: Tel. (0_ _11) 2602-5510
Fax (0_ _11) 2790-1501
www.moderna.com.br
2020
Impresso no Brasil

1 3 5 7 9 10 8 6 4 2

A Terra abriga múltiplas relações e, por isso, pode ser vista por meio de diferentes lentes – a Geografia é uma delas. Ao estudar com os livros da coleção **Araribá Plus Geografia**, você vai exercitar a interpretação do mundo com base no olhar geográfico, isto é, pela maneira como materializamos no espaço nossos projetos e nossas necessidades.

A todo momento, os seres humanos se relacionam entre si e com o meio em que vivem, construindo novas paisagens e novas relações sociais. Ao longo do estudo, você vai conhecer as características de alguns continentes, como seu território, sua população e sua economia, e perceber que em todos eles existem problemas parecidos com os que enfrentamos no Brasil. Também vai conhecer a diversidade de povos e culturas e entender como as diferenças podem ser o ponto de partida para melhorarmos o mundo em que vivemos.

Com o professor, você e seus colegas vão realizar um trabalho colaborativo em que a opinião de todos será muito importante na construção do conhecimento. Para isso, contaremos também com a prática das chamadas **Atitudes para a vida**, que ajudam a lidar com situações desafiadoras de maneira criativa e inteligente. Esse é o primeiro passo para alcançar uma postura consciente e crítica diante de nossa realidade.

Ótimo estudo!

ATITUDES PARA A VIDA

11 ATITUDES MUITO ÚTEIS PARA O SEU DIA A DIA!

As Atitudes para a vida *trabalham competências socioemocionais e nos ajudam a resolver situações e desafios em todas as áreas, inclusive no estudo de Geografia.*

1. Persistir

Se a primeira tentativa para encontrar a resposta não der certo, **não desista**, busque outra estratégia para resolver a questão.

2. Controlar a impulsividade

Pense antes de agir. **Reflita** antes de falar, escrever ou fazer algo que pode prejudicar você ou outra pessoa.

3. Escutar os outros com atenção e empatia

Dar atenção e escutar os outros é importante para se relacionar bem com as pessoas e aprender com elas, procurando soluções para os problemas de ambos.

4. Pensar com flexibilidade

Considere diferentes possibilidades para chegar à solução. Use os recursos disponíveis e dê asas à imaginação!

5. Esforçar-se por exatidão e precisão

Confira os dados do seu trabalho. Informação incorreta ou apresentação desleixada pode prejudicar a sua credibilidade e comprometer todo o seu esforço.

Reprodução proibida. Art.184 do Código Penal e Lei 9.610 de 19 de fevereiro de 1998.

Reprodução proibida. Art.184 do Código Penal e Lei 9.610 de 19 de fevereiro de 1998.

6. Questionar e levantar problemas

Fazer as perguntas certas pode ser determinante para esclarecer suas dúvidas. Esteja alerta: indague, questione e levante problemas que possam ajudá-lo a compreender melhor o que está ao seu redor.

7. Aplicar conhecimentos prévios a novas situações

Use o que você já sabe! O que você já aprendeu pode ajudá-lo a entender o novo e a resolver até os maiores desafios.

8. Pensar e comunicar-se com clareza

Organize suas ideias e comunique-se com clareza. Quanto mais claro você for, mais fácil será estruturar um plano de ação para realizar seus trabalhos.

ILUSTRAÇÕES: MILTON TRAJANO

9. Imaginar, criar e inovar

Desenvolva a criatividade conhecendo outros pontos de vista, imaginando-se em outros papéis, melhorando continuamente suas criações.

10. Assumir riscos com responsabilidade

Explore suas capacidades! Estudar é uma aventura, não tenha medo de ousar. Busque informações sobre os resultados possíveis e você se sentirá mais seguro para arriscar um palpite.

11. Pensar de maneira interdependente

Trabalhe em grupo, colabore! Somando ideias e habilidades, você e seus colegas podem criar e executar projetos que ninguém conseguiria fazer sozinho.

No Portal *Araribá Plus* e ao final do seu livro, você poderá saber mais sobre as *Atitudes para a vida*. Veja <www.moderna.com.br/araribaplus> em **Competências socioemocionais**.

CONHEÇA O SEU LIVRO

UM LIVRO ORGANIZADO

Seu livro tem 8 Unidades, que apresentam uma organização regular. Todas elas têm uma abertura, 4 Temas, páginas de atividades e, ao final, as seções *Representações gráficas*, *Atitudes para a vida* e *Compreender um texto*.

As questões propostas em *Começando a Unidade* convidam você a analisar uma ou mais imagens e a verificar conhecimentos preexistentes.

O boxe *Atitudes para a vida* indica as atitudes cujo desenvolvimento será priorizado na Unidade.

ABERTURA DE UNIDADE

Um texto apresenta o assunto que será desenvolvido e os principais objetivos de aprendizagem da Unidade.

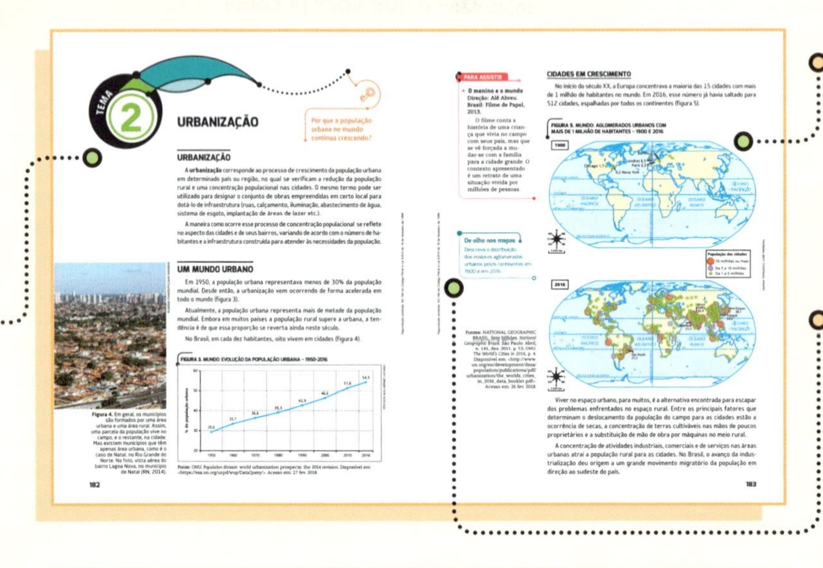

TEMAS

Cada Unidade apresenta 4 Temas que desenvolvem os conteúdos de forma clara e organizada, mesclando texto e imagens.

Gráficos, mapas, tabelas e infográficos estimulam a leitura de informações em diferentes linguagens.

Atividades solicitam a leitura e a interpretação de fotos, mapas, gráficos, tabelas e ilustrações que acompanham o texto.

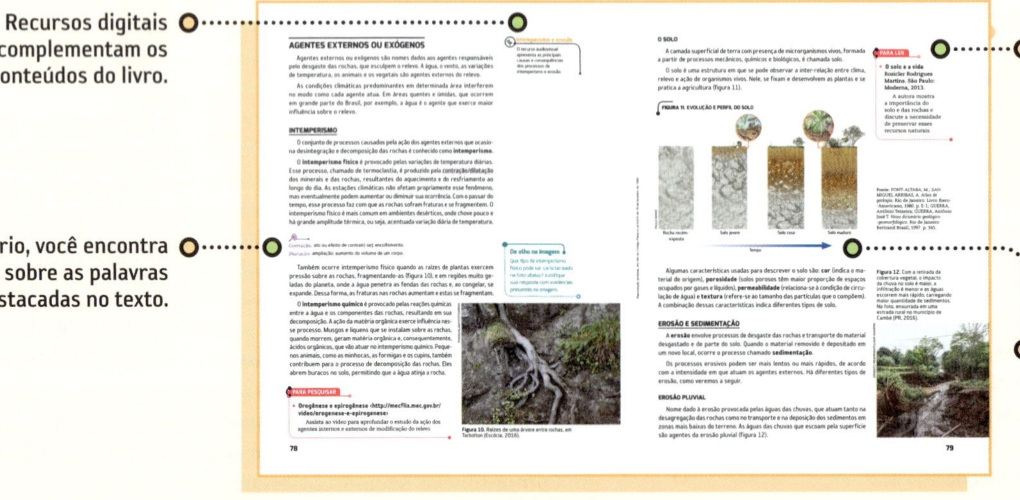

Recursos digitais complementam os conteúdos do livro.

No glossário, você encontra explicações sobre as palavras destacadas no texto.

Sugestões de leituras, vídeos e *sites* dão suporte para você aprofundar seus conhecimentos.

Elementos visuais, como ilustrações e fotos, exemplificam e complementam os conteúdos desenvolvidos.

Reprodução proibida. Art.184 do Código Penal e Lei 9.610 de 19 de fevereiro de 1998.

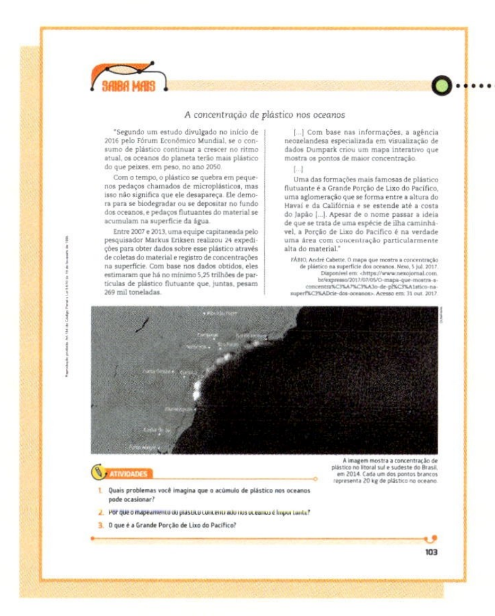

SAIBA MAIS

Seção com informações adicionais sobre algum assunto abordado na Unidade e atividades que estimulam a análise geográfica com base em situações concretas.

TECNOLOGIA E GEOGRAFIA

Seção com exemplos de aplicação de tecnologia que interferem na maneira como a sociedade interpreta e interage com o espaço geográfico.

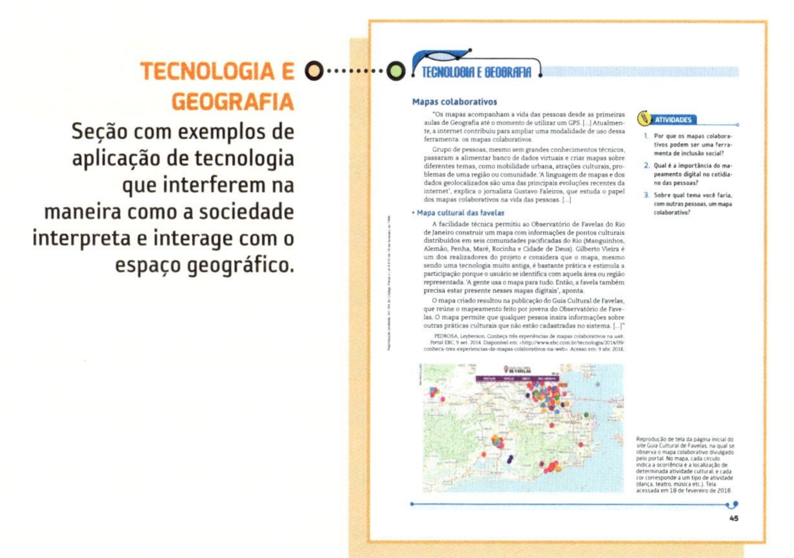

ATIVIDADES

Organizar o conhecimento

Atividades de organização e sistematização do conteúdo.

Aplicar seus conhecimentos

Atividades de aplicação de conceitos em situações relativamente novas, que desenvolvem a leitura de textos e imagens.

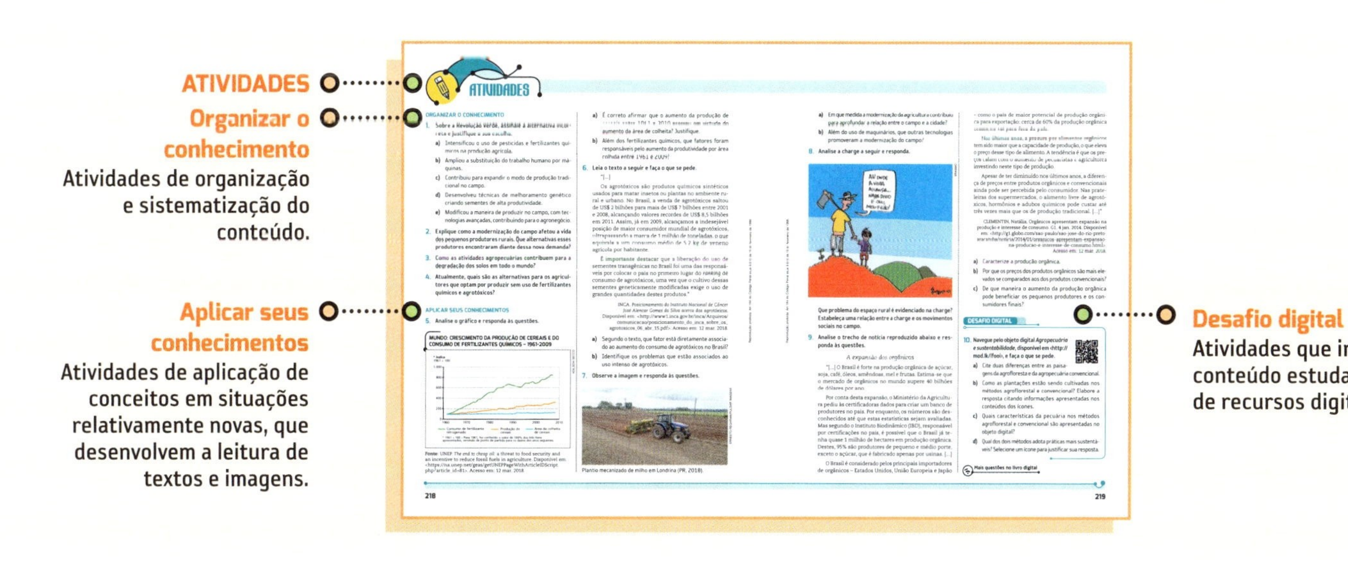

Desafio digital

Atividades que integram o conteúdo estudado ao uso de recursos digitais.

Reprodução proibida. Art. 184 do Código Penal e Lei 9.610 de 19 de fevereiro de 1998.

CONHEÇA O SEU LIVRO

REPRESENTAÇÕES GRÁFICAS

Programa que desenvolve, em cada Unidade, técnicas e diferentes tipos de representação gráfica. Explica, com uma linguagem clara e direta, o que é e como é utilizado cada um dos instrumentos apresentados.

ÍCONES DA COLEÇÃO

Glossário

Atitudes para a vida

Indica que existem jogos, vídeos, atividades ou outros recursos no **livro digital** ou no **portal** da coleção.

ATITUDES PARA A VIDA

Os textos desta seção apresentam situações em que atitudes selecionadas foram essenciais para a conquista de um objetivo. As atividades estimulam a compreensão das atitudes, ao mesmo tempo que levam à reflexão sobre a importância de colocá-las em prática.

COMPREENDER UM TEXTO

Seção com diferentes tipos de texto e atividades que desenvolvem a compreensão leitora.

Obter informações
Desenvolve a habilidade de identificar e fixar as principais ideias do texto.

Interpretar
Estimula a interpretação, a compreensão e a análise das informações do texto.

Pesquisar/Refletir/Usar a criatividade
Propõe a pesquisa de novas informações, relacionando o que você leu com seus conhecimentos ou sugerindo a elaboração de trabalhos que estimulam a criatividade.

Reprodução proibida. Art.184 do Código Penal e Lei 9.610 de 19 de fevereiro de 1998.

CONTEÚDO DOS MATERIAIS DIGITAIS

O *Projeto Araribá Plus* apresenta um Portal exclusivo, com ferramentas diferenciadas e motivadoras para o seu estudo. Tudo integrado com o livro para tornar a experiência de aprendizagem mais intensa e significativa.

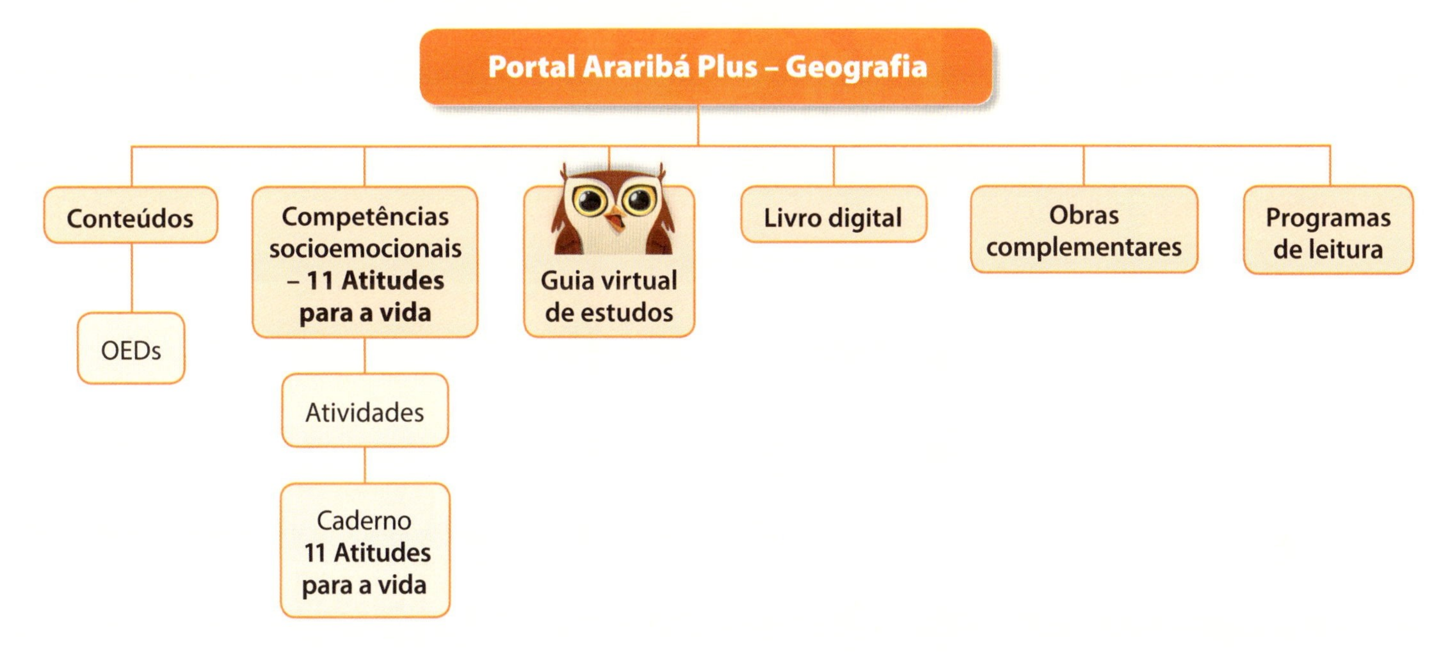

Reprodução proibida. Art.184 do Código Penal e Lei 9.610 de 19 de fevereiro de 1998.

DENYS PRYKHODOV/ SHUTTERSTOCK

Livro digital com tecnologia *HTML5* para garantir melhor usabilidade e ferramentas que possibilitam buscar termos, destacar trechos e fazer anotações para posterior consulta.

O livro digital é enriquecido com objetos educacionais digitais (OEDs) integrados aos conteúdos. Você pode acessá-lo de diversas maneiras: no *smartphone*, no *tablet* (Android e iOS), no *desktop* e *on-line* no *site*:

http://mod.lk/livdig

ARARIBÁ PLUS APP

Aplicativo exclusivo para você com recursos educacionais na palma da mão!

Acesso rápido por meio do leitor de código *QR*. http://mod.lk/app

Objetos educacionais digitais diretamente no seu *smartphone* para uso *on-line* e *off-line*.

Stryx, um guia virtual criado especialmente para você! Ele o ajudará a entender temas importantes e a achar videoaulas e outros conteúdos confiáveis, alinhados com o seu livro.

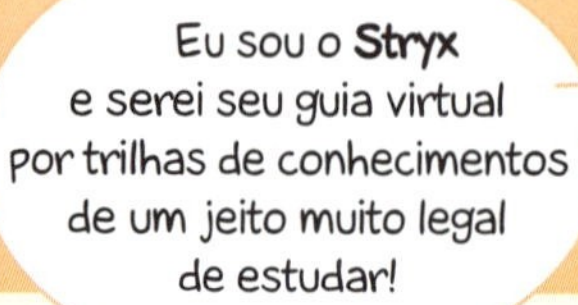

BETO UECHI

Reprodução proibida. Art.184 do Código Penal e Lei 9.610 de 19 de fevereiro de 1998.

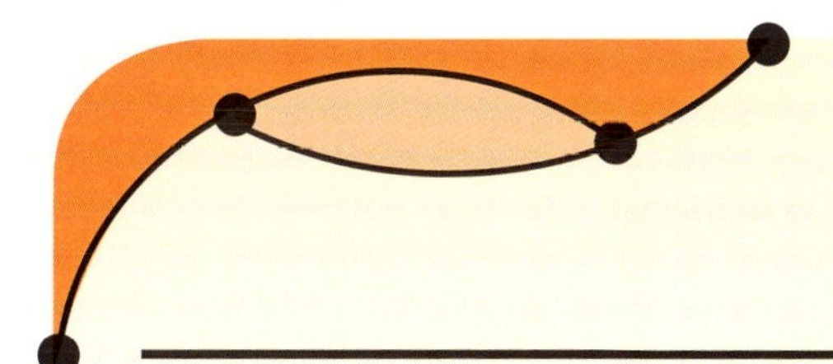

LISTA DOS OEDs DO 6º ANO

UNIDADE	TEMA	TÍTULO DO OBJETO DIGITAL
1	4 (Atividades)	Sociedade e natureza
2	3	Elementos do mapa
2	4 (Atividades)	Projeções cartográficas
3	2	Intemperismo e erosão
3	4 (Atividades)	Erosão
4	1	Ciclo da água
4	4 (Atividades)	Seis desafios para a gestão da água
5	4 (Atividades)	Desmatamento na Amazônia
6	3	O mundo industrial
6	4 (Atividades)	Fab Labs
7	4 (Atividades)	Cidade e meio ambiente
8	4 (Atividades)	Agropecuária e sustentabilidade

Reprodução proibida. Art. 184 do Código Penal e Lei 9.610 de 19 de fevereiro de 1998.

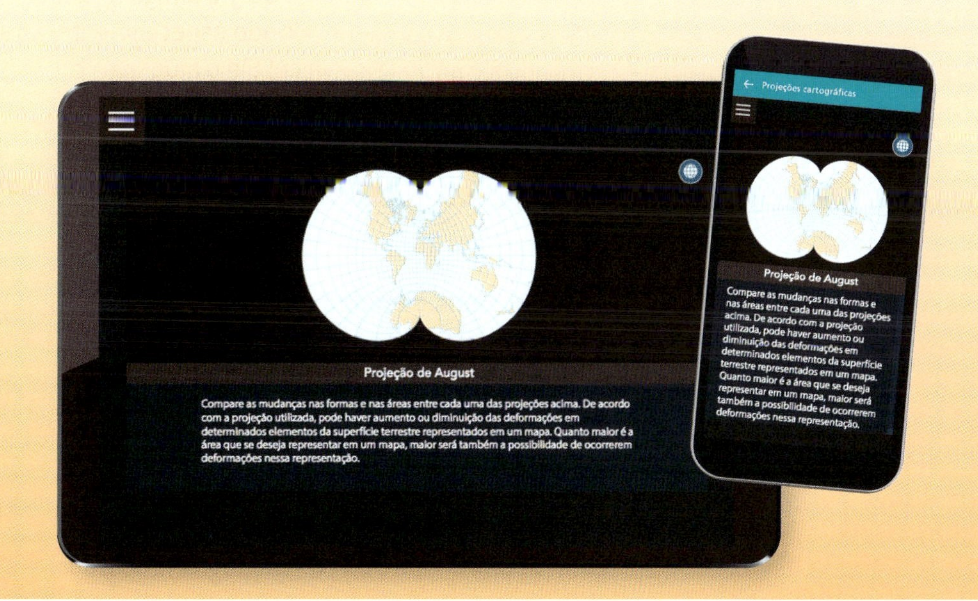

http://mod.lk/app

SUMÁRIO

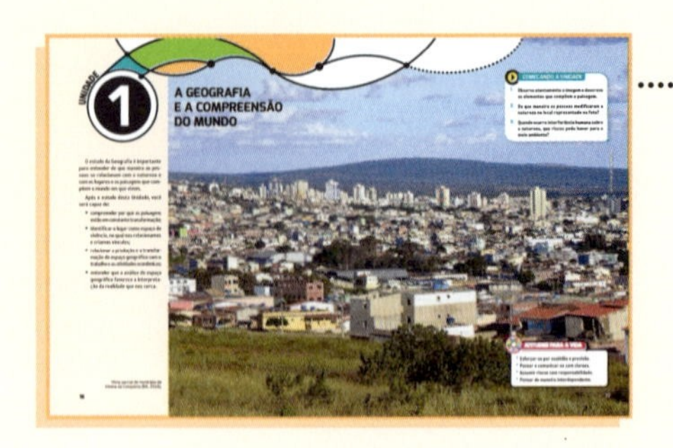

UNIDADE 1 A GEOGRAFIA E A COMPREENSÃO DO MUNDO 16

UNIDADE 2 CARTOGRAFIA 40

Reprodução proibida. Art.184 do Código Penal e Lei 9.610 de 19 de fevereiro de 1998.

UNIDADE 3 RELEVO 66

UNIDADE 4 HIDROGRAFIA 94

Reprodução proibida. Art.184 do Código Penal e Lei 9.610 de 19 de fevereiro de 1998.

SUMÁRIO

Reprodução proibida. Art.184 do Código Penal e Lei 9.610 de 19 de fevereiro de 1998.

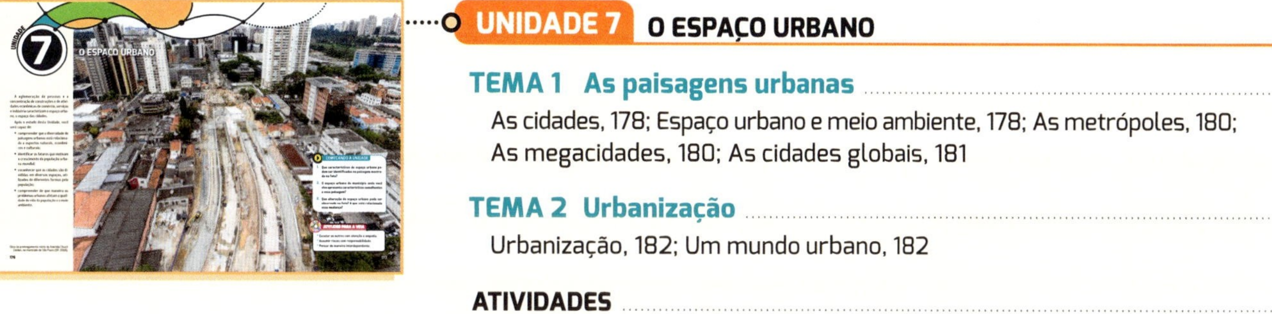

UNIDADE 7 O ESPAÇO URBANO 176

Reprodução proibida. Art.184 do Código Penal e Lei 9.610 de 19 de fevereiro de 1998.

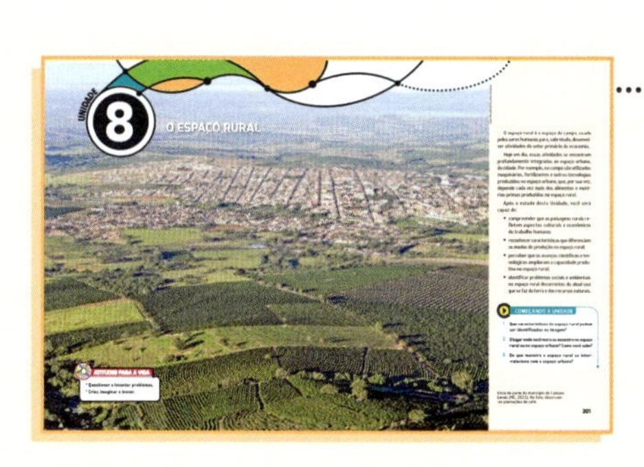

UNIDADE 8 O ESPAÇO RURAL 200

A GEOGRAFIA E A COMPREENSÃO DO MUNDO

O estudo da Geografia é importante para entender de que maneira as pessoas se relacionam com a natureza e com os lugares e as paisagens que compõem o mundo em que vivem.

Após o estudo desta Unidade, você será capaz de:

- compreender por que as paisagens estão em constante transformação;
- identificar o lugar como espaço de vivência, no qual nos relacionamos e criamos vínculos;
- relacionar a produção e a transformação do espaço geográfico com o trabalho e as atividades econômicas;
- entender que a análise do espaço geográfico favorece a interpretação da realidade que nos cerca.

Vista parcial do município de Vitória da Conquista (BA, 2016).

COMEÇANDO A UNIDADE

1. Observe atentamente a imagem e descreva os elementos que compõem a paisagem.
2. De que maneira as pessoas modificaram a natureza no local representado na foto?
3. Quando ocorre interferência humana sobre a natureza, que riscos pode haver para o meio ambiente?

JOÃO PRUDENTE/PULSAR IMAGENS

ATITUDES PARA A VIDA

- Esforçar-se por exatidão e precisão.
- Pensar e comunicar-se com clareza.
- Assumir riscos com responsabilidade.
- Pensar de maneira interdependente.

TEMA 1

PAISAGEM

O que você vê da sua janela?

OBSERVANDO A PAISAGEM

Se observarmos a realidade através da janela de nossa casa, poderemos perceber diversos elementos: as casas vizinhas, a rua, um parque, um rio ou um morro, por exemplo. Quais são os elementos que compõem a realidade? Por que eles se diferenciam entre si? Para responder a questões como essas, é preciso, em um primeiro momento, refletir sobre **paisagem**.

É provável que o termo "paisagem" traga à sua mente belos cenários naturais, como uma praia, uma floresta ou um campo. Por acaso você já pensou que o que você vê da sua janela também é uma paisagem?

Para a Geografia, a paisagem abrange todos os elementos que podemos perceber em determinado local: construções, plantas, ruas, rios, o mar etc.

Ao observarmos uma paisagem, procuramos prestar atenção em todos os elementos que podemos perceber nela para pensar como a sociedade organiza e interage com aquele local (figura 1).

Sociedade: grupo de pessoas ou indivíduos que se relacionam e vivem sob regras comuns.

De olho na imagem

Observe a foto abaixo: você é capaz de identificar a atividade econômica praticada nesse local?

Figura 1. Pequena propriedade rural no município de Pinhalão (PR, 2017). Ao observar a imagem, é possível perceber os diversos elementos que compõem esta paisagem.

GERSON SOBREIRA/TERRASTOCK

OS ELEMENTOS DE UMA PAISAGEM

As paisagens são compostas de diversos elementos.

Os **elementos naturais** que compõem a paisagem são os elementos da natureza: montanhas, serras, morros, rios, mares, matas, entre outros.

Os **elementos culturais** são aqueles criados ou modificados pela ação dos seres humanos: plantações, casas, edifícios, rodovias, pontes e viadutos, por exemplo (figura 2).

GERSON GERLOFF/PULSAR IMAGENS

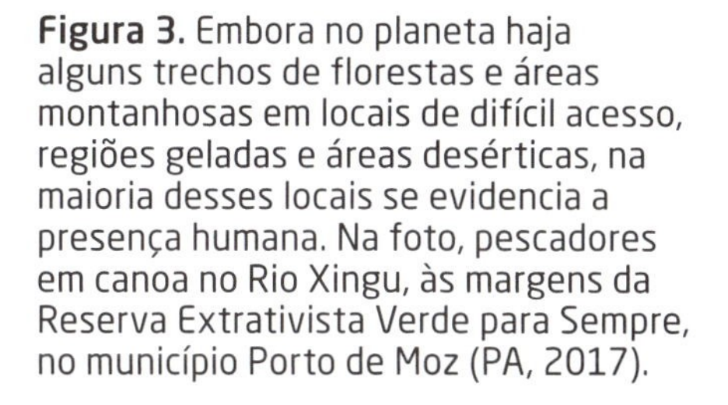

Figura 2. Ponte sobre o Rio Itajaí-Açú no município de Blumenau (SC, 2013). O rio, a vegetação e as construções compõem esta paisagem. Atualmente, elementos naturais e culturais se misturam em grande parte das paisagens.

PREDOMÍNIO DE ELEMENTOS NATURAIS OU CULTURAIS

Em algumas paisagens, a intervenção humana na natureza é pequena ou praticamente inexistente. Nelas, há poucos ou nenhum elemento cultural. São paisagens nas quais predominam elementos naturais.

Ao longo da história, a humanidade vem transformando a natureza de maneira cada vez mais intensa. Nas paisagens atuais, pode-se notar a presença marcante de elementos criados ou transformados pelo ser humano, ou seja, nelas há predomínio de elementos culturais.

Nas grandes cidades, a transformação da paisagem é tão profunda que os elementos naturais, como o solo e as formas do relevo, são dificilmente percebidos.

Para grande parte dos geógrafos atuais, uma paisagem com a mínima interferência humana já não é considerada natural (figura 3).

Reprodução proibida. Art.184 do Código Penal e Lei 9.610 de 19 de fevereiro de 1998.

PARA LER

- **Vistas e paisagens do Brasil**
  Nereide Schilaro Santa Rosa.
  Rio de Janeiro: Pinakotheke, 2005.
  O livro mostra como as paisagens brasileiras influenciaram artistas nos séculos XIX e XX.

Figura 3. Embora no planeta haja alguns trechos de florestas e áreas montanhosas em locais de difícil acesso, regiões geladas e áreas desérticas, na maioria desses locais se evidencia a presença humana. Na foto, pescadores em canoa no Rio Xingu, às margens da Reserva Extrativista Verde para Sempre, no município Porto de Moz (PA, 2017).

LUCIANA WHITAKER/PULSAR IMAGENS

ANDRE DIB/PULSAR IMAGENS

Figura 4. Pedra Furada, localizada no Parque Nacional da Serra da Capivara, no município de São Raimundo Nonato (PI, 2013). O vento pode demorar milhares de anos para esculpir uma rocha como a que vemos na fotografia reproduzida acima.

TRANSFORMAÇÃO DAS PAISAGENS

As paisagens estão em constante transformação pela ação da natureza e do ser humano. As modificações podem ser lentas ou rápidas. A ação do vento, por exemplo, pode desgastar uma rocha e alterar lentamente sua forma (figura 4). Os terremotos de grande intensidade, por sua vez, podem transformar uma paisagem em poucos minutos.

As sociedades também transformam as paisagens. Um campo de cultivo pode ser criado, uma rua pode ser aberta ou asfaltada, casas e edifícios podem ser construídos ou derrubados (figuras 5 e 6).

Nas paisagens ficam registrados a história e o modo de vida das sociedades que vivem ou viveram em determinados locais. As construções que observamos nos centros históricos de algumas cidades, erguidas em diferentes épocas, comprovam que o passado e o presente convivem em uma mesma paisagem.

De olho nas imagens

Compare as figuras 5 e 6 e identifique nas paisagens os elementos que permaneceram e os que foram criados ou transformados com o passar do tempo.

PHOTO LOPES RIO

LÉO BURGOS

Figuras 5 e 6. Praia do Arpoador, em Ipanema, no município do Rio de Janeiro (RJ), no início dos anos 1900 (foto à esquerda) e em 2016 (foto à direita). É possível perceber as diferenças entre ambas, principalmente nos elementos construídos pelos seres humanos.

IMPACTOS AMBIENTAIS

A intensa intervenção das sociedades na natureza causa **impactos ambientais**, isto é, fortes efeitos no ambiente, que podem ser visíveis nas paisagens. A retirada de vegetação nativa para a prática da agricultura, a construção de casas, a criação de áreas de pastagem para gado ou o aproveitamento da madeira, por exemplo, podem destruir florestas inteiras.

O desmatamento traz sérias consequências. Uma delas é a redução da umidade do ar proveniente das árvores, dificultando a formação de chuvas. Além disso, os animais nativos são obrigados a abandonar a área desmatada para buscar alimento em outros locais e nem sempre encontram. Assim, há o risco de espécies animais e vegetais serem extintas.

Com a retirada da vegetação original, o solo fica exposto à ação das águas e do vento. As enxurradas, por exemplo, removem os nutrientes do solo e carregam sedimentos, podendo obstruir o leito dos rios e causar o transbordamento de suas águas.

Também ao utilizar os rios e oceanos para o transporte de pessoas ou atividades de lazer, esporte e pesca, entre outras, os seres humanos provocam mudanças na paisagem. Para a geração de eletricidade a partir do movimento das águas, por exemplo, são inundadas extensas áreas, o que pode causar o desaparecimento de espécies vegetais e animais (figuras 7 e 8).

Figuras 7 e 8. Comparar as modificações nas paisagens é uma das ações mais importantes no estudo da Geografia. Na foto menor, trecho de vale do Rio Paraná, no município de Guaíra (PR, 1978), que foi inundado por causa da barragem construída como parte da Usina Hidrelétrica de Itaipu. Na foto maior, vista da barragem e da água represada, em 2015.

SOLANO JOSÉ/AGE/AE

PARA ASSISTIR

- **Home – nosso planeta, nossa casa**
  Direção: Yan Arthur Bertrand.
  França: Europa Filmes, 2009.
  Documentário que mostra como os seres humanos transformam o planeta e as consequências dessas transformações para o meio ambiente.

Reprodução proibida. Art. 184 do Código Penal e Lei 9.610 de 19 de fevereiro de 1998.

A IDENTIDADE DOS LUGARES

Você se identifica com o lugar em que vive?

O LUGAR

Nossa casa, a rua e o bairro onde moramos, a escola onde estudamos, a casa de um amigo ou de um parente são locais que têm significado para nós. Neles, interagimos com outras pessoas, temos experiências e praticamos atividades.

O **lugar** é o espaço onde vivemos, estudamos, trabalhamos, nos relacionamos com outras pessoas e estabelecemos vínculos e laços afetivos.

CRIANDO LIGAÇÕES

Cada indivíduo se relaciona com os lugares de acordo com os significados que dá a eles. Os lugares que frequentamos no dia a dia são significativos para nós, mas podem não ser para outras pessoas.

Podemos dizer que criamos com os lugares ligações que podem ser de afeto ou não. A partir da nossa vivência, as informações sobre os lugares são armazenadas em nossa memória e se tornam gradativamente familiares para nós.

Na maioria das vezes, quando habitamos por muito tempo determinado bairro ou frequentamos todos os dias o mesmo local, percebemos que esses espaços se tornam parte da nossa vida. Na escola, por exemplo, o convívio com colegas, professores e funcionários e a familiaridade com as instalações fazem com que estabeleçamos vínculos afetivos com o local (figura 9).

Reprodução proibida. Art.184 do Código Penal e Lei 9.610 de 19 de fevereiro de 1998.

JACEK/KINO.COM.BR

Figura 9. A escola é um espaço de convivência que adquire diferentes significados para cada um. Na foto, estudantes em uma escola no município de Colinas do Sul (GO, 2016).

LUGAR E IDENTIDADE

A **identidade** dos lugares se refere ao conjunto de características próprias que os diferencia dos demais. Os lugares geralmente refletem os indivíduos que os frequentam. Expressam, portanto, a identidade de um grupo ao qual esses indivíduos pertencem, evidenciando o caráter único de cada lugar.

O lugar refere-se ao espaço que faz parte do cotidiano das pessoas. O lugar em que vive uma comunidade de pescadores, por exemplo, compreende o núcleo em que se encontram as habitações e o seu entorno, ou seja, as áreas em que as pessoas realizam suas atividades cotidianas, como o mar e a praia, onde são praticadas a pesca e a comercialização dos pescados (figura 10).

Entorno: arredores; área adjacente a um núcleo em que habita uma população.

Figura 10. Comércio de peixes frescos no município de Santarém (PA, 2015).

QUADRO

Identidade e arte nas margens do Rio São Francisco

Nas cidades de Juazeiro (BA) e Petrolina (PE), separadas pelo Rio São Francisco, peças artesanais conhecidas como carrancas expressam a história e a identidade de parte da população.

Pode-se identificar a influência das culturas europeia, indígena e africana na construção das carrancas. A influência dos cristãos portugueses pode ser relacionada à crença de proteção contra espíritos malignos, atribuída pelos navegantes a esse artefato.

Hoje, as carrancas permanecem na cultura popular na forma de objetos artísticos de decoração. O artesanato é uma das fontes de renda da população e uma forma de preservação da identidade das comunidades banhadas pelo Rio São Francisco.

- **Atualmente, qual é a importância das carrancas para as comunidades que as produzem?**

INES CALIXTO/PULSAR IMAGENS

As carrancas são esculturas talhadas manualmente em madeira e têm como principal característica a "cara feia", que mistura traços humanos e animais. As primeiras carrancas, surgidas no final do século XIX, adornavam a proa (parte dianteira) das embarcações que percorriam o Rio São Francisco. Na foto, carrancas à venda em uma loja de artesanatos no município de Petrolina (PE, 2011).

RUBENS CHAVES/PULSAR IMAGENS

LUGAR E CULTURA

Os elementos culturais refletem a maneira como determinado grupo se organiza e modifica o lugar em que vive.

Os lugares são habitados por grupos com diferentes características e culturas. As paisagens resultam e refletem a cultura dos indivíduos que vivem em determinado lugar. Construções, monumentos, obras de arte e outros elementos podem revelar a identidade cultural dos lugares e das sociedades que os habitam (figura 11).

As paisagens também revelam o modo como determinada população se relaciona com o lugar em que vive e como ela está organizada.

Cultura: conjunto dos padrões de ideias, comportamentos, costumes, crenças, saberes, técnicas, artefatos etc. que caracterizam determinado grupo de pessoas.

Figura 11. A tradição dos orixás e o candomblé, de origem africana, estão presentes em diversas partes do Brasil, principalmente nas cidades onde houve maior presença de africanos durante o período da escravidão. Na foto, esculturas de orixás no Dique do Tororó, no município de Salvador (BA, 2017).

Reprodução proibida. Art.184 do Código Penal e Lei 9.610 de 19 de fevereiro de 1998.

QUADRO

Um bairro diferente

O bairro da Liberdade, na cidade de São Paulo (SP), já abrigou a maior comunidade japonesa fora do Japão.

Hoje, a Liberdade é um bairro predominantemente comercial, que concentra pessoas de origem asiática, principalmente japoneses, coreanos e chineses.

Quem circula pelas ruas do bairro encontra lojas, restaurantes e construções com características orientais, que revelam a origem das pessoas que vivem ali. Esse é um exemplo de como os lugares apresentam características que os diferenciam de outros e criam uma identidade própria, conferida pelas pessoas que neles se estabelecem.

- **Pense sobre o lugar em que você vive. Quais são as características dele que mais lhe agradam? De que você sentiria falta se fosse viver em outro lugar?**

ALEXANDRE TOKITAKA/PULSAR IMAGENS

Portal e luminárias orientais no bairro da Liberdade, no município de São Paulo (SP, 2014).

SAIBA MAIS

Onde estão os povos indígenas

"Você sabia que há povos indígenas em quase todos os cantos do Brasil?

Por aqui, boa parte da população indígena vive em áreas chamadas de Terras Indígenas. Existem hoje 704 Terras Indígenas no país. [Dado de 2017.]

Em quase todos os estados brasileiros existem Terras Indígenas reconhecidas – exceto no Piauí. Mas os índios não vivem apenas nas terras indígenas.

Há comunidades indígenas circulando por beiradões de rios, em cidades amazônicas e até em algumas capitais brasileiras. Isso acontece principalmente porque, para os povos indígenas, os espaços em que se mora, planta, caça ou caminha vão além das fronteiras criadas pelo homem branco. E porque ninguém deixa de ser índio por estar em uma região considerada urbana, fora das fronteiras definidas para suas terras.

Para os índios, o lugar em que se vive não é apenas um cenário, é um território: um espaço totalmente conectado com um jeito tradicional de estar no mundo, conectado com suas culturas. Por isso, cada povo tem um jeito de explicar seus modos próprios de ocupar um território.

[...]

Hoje em dia muitos povos sofrem com o fato de não poderem circular como antes da invenção das cidades, das fronteiras, do mundo dos brancos.

Veja o exemplo dos Xavante

Os Xavante, que tinham o costume de caminhar muito por seu território, estão hoje obrigados ao sedentarismo. Sedentarismo quer dizer ficar no mesmo lugar, ou seja, não se movimentar no espaço. Embora eles ainda realizem pequenas excursões de caça e coleta dentro das suas áreas, o território em que podiam caminhar diminuiu muito."

ISA. PIB Mirim. Onde estão. Disponível em: <https://pibmirim.socioambiental.org/onde-estao>. Acesso em: 7 set. 2017.

RENATO SOARES/PULSAR IMAGENS

Crianças indígenas aprendendo os costumes do povo Xavante, no município de General Carneiro (MT, 2010).

ATIVIDADES

1. Explique por que o lugar não é entendido da mesma forma por todos os povos indígenas. Copie em seu caderno um trecho do texto que justifique sua resposta.
2. De que maneira a construção e o avanço das cidades alterou o lugar dos Xavante?

PARA PESQUISAR

- **Povos indígenas no Brasil – Instituto Socioambiental <pibmirim.socioambiental.org>**

  Nessa página do Instituto Socioambiental, você vai conhecer melhor o modo de vida dos indígenas, os lugares onde vivem e os recursos que utilizam para sua sobrevivência.

ATIVIDADES

ORGANIZAR O CONHECIMENTO

1. Quais são os dois conjuntos de elementos que constituem as paisagens? Dê três exemplos para cada um deles.
2. Com base no que você estudou até aqui, cite três intervenções humanas que provocam transformações nas paisagens.
3. Por que se pode afirmar que cada lugar tem uma identidade própria?

APLICAR SEUS CONHECIMENTOS

4. No Brasil e em vários países, a criação de áreas protegidas é uma medida que tem entre seus objetivos preservar paisagens. Conheça melhor o que são essas áreas no texto abaixo e, em seguida, faça o que se pede.

"As áreas protegidas são partes do território sob atenção e cuidado especial, em virtude de algum atributo específico ou até único que elas apresentam. [...] Se nossa relação com o ambiente fosse mais equilibrada, talvez não houvesse necessidade de estabelecer essas áreas.

Desde a criação do Parque Nacional de Yellowstone, nos Estados Unidos, em 1872, a criação de áreas protegidas vem se consolidando como o mais frequente instrumento para a proteção da paisagem e da biodiversidade. Essa primeira iniciativa cujo objetivo seria conservar belas paisagens virgens para as futuras gerações, áreas desabitadas onde o ser humano seria sempre um visitante, nunca habitante, serviu de modelo à criação de muitas outras mundo afora."

ISA. Unidades de Conservação no Brasil. O que são áreas protegidas? Disponível em: <https://uc.socioambiental.org/introdu%C3%A7%C3%A3o/o-que-s%C3%A3o-%C3%A1reas-protegidas>. Acesso em: 7 set. 2017.

MLADEN ANTONOV/AFP/GETTY IMAGES

Vista aérea de vale com queda-d'água no Parque Nacional de Yellowstone, em Wyoming (Estados Unidos, 2016).

a) Qual é a importância de estabelecer áreas protegidas?

b) Interprete o trecho "Se nossa relação com o ambiente fosse mais equilibrada, talvez não houvesse necessidade de estabelecer essas áreas".

c) Se a paisagem fotografada não fizesse parte de uma área protegida, que ações humanas poderiam provocar impacto ambiental?

Reprodução proibida. Art.184 do Código Penal e Lei 9.610 de 19 de fevereiro de 1998.

5. **Observe as fotos da cidade de São Paulo e leia os textos para responder às questões.**

ACERVO ICONOGRAPHIA

A

Vista geral do Brás a partir do Palácio das Indústrias. Ao fundo, prédio do Moinho Matarazzo (SP, c. 1910).

GERO/FOTOARENA

B

Vista aérea parcial do bairro do Brás. Em primeiro plano, comércio ambulante e movimentação de pessoas no Largo da Concórdia durante o período de compras de Natal (SP, 2014).

Texto 1

"[...] O Brás era um bairro cinzento, com ruas de paralelepípedo e poucos automóveis. Ao meio-dia as sirenes anunciavam a hora do almoço nas fábricas. Como não existiam prédios, de toda parte viam-se chaminés e as torres da igreja de Santo Antônio apontando para o céu. [...]"

VARELLA, Drauzio. Os italianos. *Nas ruas do Brás*. São Paulo: Companhia das Letrinhas, 2009. p. 25.

Texto 2

"[...] Na década de 70, com a construção das estações Brás, Pedro 2º e Bresser do Metrô, centenas de casas foram desapropriadas e milhares de pessoas perderam suas casas. Hoje, as ruas do bairro são sinônimo de comércio popular [...]."

GHEDINE, André. História dos bairros paulistanos – Brás. *Banco de Dados Folha*. Disponível em: <http://almanaque.folha.uol.com.br/bairros_bras.htm>. Acesso em: 7 out. 2017.

a) Que elementos podem ser observados em cada uma das paisagens retratadas?

b) Há predominância de elementos naturais ou culturais nas imagens?

c) Com base nos textos e nas imagens, aponte mudanças e permanências na paisagem. Pelas características observadas nas paisagens fotografadas, pode-se dizer que as funções do bairro nos dias de hoje são as mesmas de antigamente?

6. **Observe a paisagem no trajeto entre sua moradia e a escola em que você estuda e questione os adultos de seu convívio sobre as transformações ocorridas na paisagem do lugar onde você vive nas últimas décadas. Se possível, peça a eles que mostrem fotos antigas.**

De acordo com o relato dos adultos e com suas observações, identifique o que mudou nessa paisagem ao longo do tempo.

Ao final, organize suas ideias e faça um texto com a descrição das mudanças procurando responder às seguintes perguntas:

- As transformações foram causadas por processos naturais ou pelas pessoas?
- Alguma transformação alterou a rotina dos moradores?
- Como esta atividade ajudou você a perceber que as paisagens mudam no decorrer do tempo?

ATITUDES PARA A VIDA

Para que seu texto seja claro e responda a todas as perguntas, procure iniciá-lo com uma descrição precisa das mudanças relatadas pelos adultos.

Reprodução proibida. Art.184 do Código Penal e Lei 9.610 de 19 de fevereiro de 1998.

ESPAÇO GEOGRÁFICO

Como as pessoas transformam o espaço?

DELFIM MARTINS/PULSAR IMAGENS

RUBENS CHAVES/PULSAR IMAGENS

O ESPAÇO GEOGRÁFICO

O **espaço geográfico** é o conjunto integrado das paisagens resultantes de fenômenos naturais e da ação humana. Ele é construído e reconstruído permanentemente pelo trabalho humano e pela natureza.

Cada porção do espaço geográfico pode apresentar diferentes formas ou funções, conforme a atividade principal que nele se desenvolve: lazer, comércio, moradia etc.

PRODUÇÃO DO ESPAÇO GEOGRÁFICO

Constantemente, as pessoas estabelecem relações entre si e satisfazem suas necessidades de alimentação, moradia, vestuário, lazer, saúde e educação.

Os produtos que consumimos e os lugares que frequentamos no cotidiano resultam do trabalho de muitas pessoas em diferentes locais. Os seres humanos transformam a natureza e produzem o espaço geográfico por meio do **trabalho**.

O espaço geográfico está em constante transformação. Isso fica claro quando observamos a paisagem do lugar onde moramos e percebemos as transformações que nele ocorrem ao longo do tempo. Com o passar dos anos, casas são erguidas, reformadas ou demolidas para dar lugar a edifícios; estabelecimentos comerciais são abertos, fechados ou transformados em outro ramo de atividade; árvores são derrubadas ou plantadas; praças são construídas; terrenos vazios são ocupados; áreas verdes são aproveitadas para pastagem de animais ou cultivos; e assim por diante. As paisagens registram os resultados do trabalho humano (figuras 12 e 13).

Figuras 12 e 13. O trabalho humano transforma as paisagens. Na foto acima, vista aérea de fazenda de café no município de São Roque de Minas (MG, 2017). Na foto ao lado, edifícios em construção no município de Manaus (AM, 2014).

Reprodução proibida. Art.184 do Código Penal e Lei 9.610 de 19 de fevereiro de 1998.

AS ATIVIDADES ECONÔMICAS

Para satisfazer nossas necessidades cotidianas, dispomos de uma série de serviços e produtos desenvolvidos por meio de diferentes tipos de **atividade econômica**. A palavra "econômica" deriva de **Economia**, ciência que estuda as leis que regulam a produção, a distribuição e o consumo de bens.

As atividades econômicas geram riqueza mediante a exploração dos recursos da natureza, com o objetivo de atender a necessidades humanas como alimentação, educação e segurança. As principais atividades econômicas são:

- **Extrativismo**: atividade que consiste em extrair elementos da natureza, como madeira, minérios e alimentos, para fins comerciais ou industriais (figura 14).
- **Agropecuária**: conjunto de atividades praticadas no campo, constituído pela **agricultura**, que tem por objetivo o cultivo do solo para a obtenção de alimentos ou de matérias-primas para as indústrias; e pela **pecuária**, que consiste na criação de animais.
- **Indústria**: atividade responsável pela fabricação de produtos por meio da utilização de matérias-primas.
- **Comércio**: atividade relacionada à compra e à venda de mercadorias oriundas da indústria, do extrativismo e da agropecuária (figura 15).
- **Prestação de serviços**: envolve atividades relacionadas a serviços prestados para atender a diferentes necessidades das pessoas, como educação, saúde, turismo e lazer.

GABRIEL LORDÊLLO/ OPÇÃO BRASIL IMAGENS

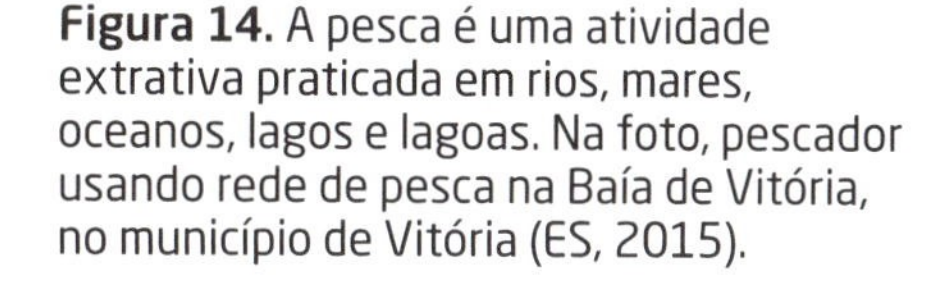

Figura 14. A pesca é uma atividade extrativa praticada em rios, mares, oceanos, lagos e lagoas. Na foto, pescador usando rede de pesca na Baía de Vitória, no município de Vitória (ES, 2015).

Matéria-prima: material em estado natural e bruto utilizado no processo de fabricação de produtos.

Reprodução proibida. Art.184 do Código Penal e Lei 9.610 de 19 de fevereiro de 1998.

ROGERIO REIS/TYBA

Figura 15. Frutas e legumes à venda no Mercado Central de São Luís (MA, 2016).

DIVISÃO SOCIAL DO TRABALHO

Você já parou para pensar em quantas pessoas trabalharam na construção da escola em que você estuda ou em quantas pessoas trabalham na produção dos alimentos que você consome?

Na atualidade, o trabalho é marcado pela diversidade de atividades econômicas desenvolvidas e de profissionais que as desempenham em uma sociedade: médicos, dentistas, vendedores, padeiros, agricultores, motoristas, pedreiros, advogados, professores etc. Essa divisão dos trabalhadores em diferentes funções é chamada **divisão social do trabalho**. O trabalho humano é considerado social, pois atende às necessidades da sociedade (figura 16).

JUNIOR ROZZO/ROZZO IMAGENS

Figura 16. Agente de trânsito controlando o tráfego no município de São Paulo (SP, 2017). Os diversos profissionais auxiliam no funcionamento da sociedade e são de extrema importância para sua manutenção.

DIVISÃO TERRITORIAL DO TRABALHO

Existe também uma divisão espacial das atividades econômicas, chamada **divisão territorial do trabalho**. Isso significa que há locais em que predominam determinados tipos de atividades.

Nos centros urbanos, por exemplo, destacam-se atividades industriais, turísticas ou de prestação de serviços, enquanto nas áreas rurais prevalecem a produção agrícola e a criação de animais (figuras 17 e 18).

De olho nas imagens

Relacione os profissionais retratados em cada foto com a atividade econômica em que estão inseridos.

ERNESTO REGHRAN/PULSAR IMAGENS

Figuras 17 e 18. A divisão territorial do trabalho reflete as diferenças na organização das sociedades e sua relação com o espaço. A foto menor retrata operários trabalhando em uma fábrica de móveis, no município de Arapongas (PR, 2014). A foto abaixo mostra uma fisioterapeuta de cavalos exercendo a profissão, no município de Palmares do Sul (RS, 2016).

LUCIANA WHITAKER/PULSAR IMAGENS

TRABALHO E PAISAGEM

As paisagens podem evidenciar a especialização das atividades desenvolvidas nos locais e a divisão territorial do trabalho.

Em grandes zonas industriais, é possível identificar elementos característicos da indústria, como fábricas e galpões, enquanto nas áreas agrícolas podemos observar o predomínio de plantações. Há também paisagens nas quais prevalecem as atividades extrativistas. Para ser exercida, cada atividade econômica exige determinadas condições (estradas, armazéns, campos para cultivo etc.) que podem ser observadas nas paisagens (figuras 19 e 20).

DELFIM MARTINS/PULSAR IMAGENS

TALES AZZI/PULSAR IMAGENS

Figuras 19 e 20. Acima, vista de reservatórios em área de refinaria que produz derivados de petróleo, no município de Cubatão (SP, 2014). Ao lado, terreno organizado para a produção de sal, em salina no município de Galinhos (RN, 2017).

Reprodução proibida. Art.184 do Código Penal e Lei 9.610 de 19 de fevereiro de 1998.

A COMPREENSÃO DO ESPAÇO GEOGRÁFICO

Como o estudo do espaço geográfico nos ajuda a entender o mundo em que vivemos?

GEOGRAFIA E ANÁLISE DA REALIDADE

A Geografia nos permite compreender o mundo por meio das relações entre a sociedade e o espaço.

Podemos iniciar a análise do espaço geográfico pela observação da paisagem, identificando nela elementos naturais e culturais, do passado e do presente. Podemos, ainda, verificar elementos da cultura dos grupos que por ali passaram ao longo do tempo, deixando suas marcas.

No entanto, a análise geográfica vai muito além da identificação dos elementos e das características presentes na paisagem. É preciso investigar e compreender quando e como eles foram criados e transformados. Quando investigamos os motivos que influenciaram a formação e a transformação das paisagens, estamos estudando Geografia.

NATUREZA E SOCIEDADE

Ao analisar os elementos que constituem determinado espaço, podemos identificar uma enorme diversidade de ambientes e compreender de que forma os seres humanos alteram o seu meio de acordo com os recursos à sua disposição (figuras 21 e 22).

A análise das condições naturais de determinada localidade pode nos auxiliar a entender o modo de vida da sociedade que o habita e como essa sociedade se organiza.

PARA ASSISTIR

- **BBC – Planeta humano**
  Direção: John Hurt.
  Reino Unido: Log on DVD, 2010.
  Conheça diferentes modos de vida ao redor do planeta por meio de uma série de episódios que retratam diversas partes do mundo. O filme ilustra várias maneiras pelas quais os seres humanos se transformam o espaço.

Reprodução proibida. Art.184 do Código Penal e Lei 9.610 de 19 de fevereiro de 1998.

RENATA MELLO/TYBA

LINEU KOHATSU/OLHAR IMAGEM

Figuras 21 e 22. A carnaúba é uma palmeira da qual são extraídas matérias-primas para contrução de muitos objetos. Acima, interior de uma casa com cobertura feita de palha de carnaúba, no município de Barreirinhas (MA, 2012). Ao lado, parede construída com troncos de carnaúba, no município de Curaçá (BA, 2012).

ASPECTOS SOCIAIS, ECONÔMICOS E CULTURAIS

No espaço geográfico, os seres humanos manifestam sua cultura e seu conjunto de valores morais, religiosos e políticos em construções, como casas, edifícios, templos etc. Todos esses elementos contribuem para criar espaços diferentes uns dos outros (figura 23).

O desenvolvimento dos meios de comunicação e de transporte intensificou a interação entre diferentes culturas. Se tomarmos como referência diversos países ou mesmo o país onde vivemos, poderemos notar que há pessoas com costumes e traços culturais muito distintos uns dos outros.

MARCIA MINILLO/OLHAR IMAGEM

Figura 23. O budismo é uma religião que teve origem na Ásia há milhares de anos. Em razão das interações culturais, hoje ele é praticado em muitos lugares no mundo. Na foto, Templo Quan-Inn no município de São Paulo (SP, 2016).

DESIGUALDADES SOCIAIS E ECONÔMICAS

As desigualdades sociais e econômicas existentes nas sociedades também podem ser observadas nas paisagens e analisadas no estudo do espaço geográfico.

A existência de cidades ou bairros mais ricos que outros e de áreas com maior ou menor disponibilidade de meios de transporte e tecnologia são exemplos de como a sociedade se organiza, privilegiando, em muitos casos, uma parcela reduzida da população (figura 24).

Trilha de estudo

Vai estudar? Nosso assistente virtual no *app* pode ajudar! <http://mod.lk/trilhas>

Figura 24. A paisagem desta imagem evidencia a convivência de pessoas com diferentes condições de vida no mesmo espaço. No primeiro plano, observa-se um conjunto de construções precárias e, ao fundo, edifícios de alto padrão, no município de São Paulo (SP, 2016).

JUNIOR ROZZO/ROZZO IMAGENS

ORGANIZAR O CONHECIMENTO

1. **Observe os itens a seguir e, em seu caderno, relacione-os às respectivas definições.**

I. Divisão territorial do trabalho
II. Lugar
III. Paisagem
IV. Divisão social do trabalho
V. Trabalho
VI. Espaço geográfico

a) Especialização das atividades desenvolvidas pelas pessoas.

b) Especialização das atividades econômicas no espaço geográfico.

c) Constitui tudo o que observamos, incluindo elementos naturais e culturais.

d) Espaço com o qual criamos vínculos e pelo qual desenvolvemos um sentimento de afetividade e identidade.

e) É formado pelos elementos naturais e culturais e pelas relações humanas.

f) Por meio dele os seres humanos exploram os recursos do meio para alterá-lo e obter seu sustento.

2. **Complete o quadro no caderno.**

Atividade econômica	Característica
	Fabricação de produtos por meio da utilização de matérias-primas.
Extrativismo	
Prestação de serviços	
Agropecuária	
	Compra e venda de mercadorias e de produtos oriundos da indústria, do extrativismo e da agropecuária.

APLICAR SEUS CONHECIMENTOS

3. **As pinturas reproduzidas a seguir foram feitas no início do século XX. Essas obras são exemplos de um movimento cultural denominado Modernismo, que envolvia artes plásticas, música, literatura e poesia. No Brasil, uma das características desse movimento é a busca da identidade brasileira.**

ROMULO FIALDINI/TEMPO COMPOSTO - TARSILA DO AMARAL EMPREENDIMENTOS-COLEÇÃO RUBENS TAUFIC SCHAHIN, SÃO PAULO, SP

Tarsila do Amaral, *A gare*, 1925.
Óleo sobre tela, 84,5 cm × 65 cm.

ROMULO FIALDINI/TEMPO COMPOSTO - TARSILA DO AMARAL EMPREENDIMENTOS-COLEÇÃO DE ARTES VISUAIS DO INSTITUTO DE ESTUDOS BRASILEIROS - USP, SÃO PAULO

Tarsila do Amaral. *O mamoeiro*, 1925. Óleo sobre tela, 65 cm × 70 cm.

a) Descreva cada obra relatando o tema e os elementos da paisagem nelas representados. Em qual delas os elementos naturais da paisagem aparecem em maior quantidade? Por quê?

b) As duas pinturas são inspiradas em paisagens brasileiras. Escolha uma delas e descreva em um pequeno texto como você imagina o cotidiano de uma família que vivesse nesse lugar no início do século XX.

Reprodução proibida. Art.184 do Código Penal e Lei 9.610 de 19 de fevereiro de 1998.

4. **Leia o texto.**

"[...] Outro dia, caminhando para o Viaduto do Chá, observava como tudo havia mudado em volta ou quase tudo. O Teatro Municipal repintado de cores vivas ostentava sua qualidade de vestígio destacado do conjunto urbano. Nesse momento descobri, sob meus pés, as pedras do calçamento, as mesmas que pisei na infância. Senti um grande conforto. Percebi com satisfação a relação familiar dos colegiais, dos namorados, dos vendedores ambulantes com as esculturas trágicas da ópera que habitam o jardim do teatro. Os dedos de bronze de um jovem reclinado numa coluna da escada continuam sendo polidos pelas mãos que o tocam para conseguir ajuda em seus males de amor. As pedras resistiram e em íntima comunhão com elas os meninos brincando nos lances da escada, os mendigos nos desvãos, os namorados junto às muretas, os bêbados no chão [...]."

BOSI, Eclea. *Memória e sociedade*: lembranças de velhos. 2. ed. São Paulo: Edusp, 1987. p. XIII. (Prefácio).

Assinale a alternativa que corresponde à descrição do texto e copie o trecho que justifica a sua escolha.

a) Lugar pelo qual a autora não possui um sentimento de afeto.

b) Lugar ao qual a autora esteve intimamente ligada no passado.

c) Espaço geográfico cuja função é apenas comercial, sem lugares para o lazer.

d) Paisagem em que predominam elementos culturais construídos recentemente.

5. **Milton Santos, um dos mais importantes geógrafos brasileiros, dedicou parte de seus estudos às consequências da divisão do trabalho. Leia a frase a seguir, extraída de um de seus livros, e relacione-a com cada uma das fotos.**

"A divisão do trabalho constitui um motor da vida social e da diferenciação espacial."

SANTOS, Milton. *A natureza do espaço*: técnica e tempo, razão e emoção. 4. ed. São Paulo: Edusp, 2008. p. 129.

JUNIOR ROZZO/ROZZO IMAGENS

Agente de trânsito, fiscal de transportes, motorista de ônibus e taxista trabalhando em uma rua no município de São Paulo (SP, 2017).

THOMAZ VITA NETO/PULSAR IMAGENS

Vista de usina produtora de álcool e açúcar no município de Barra Bonita (SP, 2016).

DESAFIO DIGITAL

6. **Assista ao vídeo *Sociedade e natureza*, disponível em <http://mod.lk/od1dp>, e responda às questões.**

a) Qual é a atividade econômica representada no início do vídeo?

b) Quais intervenções humanas são possíveis de serem observadas nas paisagens apresentadas ao longo do vídeo? Explique citando exemplos de elementos culturais.

c) Quais impactos ambientais decorrentes das atividades humanas são citados no vídeo?

Mais questões no livro digital

Reprodução proibida. Art.184 do Código Penal e Lei 9.610 de 19 de fevereiro de 1998.

REPRESENTAÇÕES GRÁFICAS

Leitura de paisagens

Entender o mundo em que vivemos é, em parte, entender as paisagens. Elas são essenciais aos estudos geográficos.

Quando viajamos, podemos observar as paisagens pela janela do ônibus ou do carro, prestando atenção nos elementos à nossa volta.

As fotografias são registros que auxiliam na análise de uma paisagem. É possível que cada imagem seja decomposta em unidades paisagísticas que se organizam em planos sucessivos, como no exemplo desta página.

Na paisagem que vemos reproduzida abaixo, há uma combinação de elementos naturais e culturais que formam uma unidade, uma vez que estão todos relacionados.

Observe a fotografia. Nela, podemos identificar três planos.

JOÃO PRUDENTE/PULSAR IMAGENS

Lavoura de café no município de São Roque de Minas (MG, 2011).

Reprodução proibida. Art.184 do Código Penal e Lei 9.610 de 19 de fevereiro de 1998.

ATIVIDADES

1. Que elementos naturais e culturais podem ser observados? Que tipo de paisagem a fotografia representa?
2. Descreva com precisão o que você vê em cada um dos três planos da imagem.
3. Você acha que teria conseguido descrever os elementos da fotografia sem a divisão em planos? Justifique sua resposta.

Da moradia à escola

No Japão, é comum que as crianças façam o trajeto da moradia até a escola a pé e em grupo, sendo orientadas pelos colegas mais velhos, pais e professores.

As crianças se reúnem em um horário e um local combinado previamente e que seja próximo de suas moradias. O caminho é determinado pela administração da escola, que verifica o trajeto com menos riscos de acidentes.

Leia no texto a seguir o que é feito para que a caminhada seja organizada e segura.

> "Todas as crianças que se reúnem em determinado ponto de encontro são 'chefiadas' pelas crianças mais velhas do grupo, com a função de *hantyo*, um coordenador, líder (são crianças do quinto ou sexto ano).
>
> [...]
>
> Quem determina a função de *hantyo* é a escola, orientando esta criança em como deve conduzir o grupo com segurança. Recebe orientação também de como atravessar ruas, semáforos e outros cuidados com veículos, como bicicletas e motos. [...]
>
> Em muitas escolas, os pais são encarregados de fazerem plantão em determinados pontos perigosos, como faixa de pedestre em grandes avenidas [...].
>
> Na frente da escola, os professores também mantêm revezamento todas as manhãs para garantir a segurança das crianças que estão indo para as aulas e receber os alunos com saudoso *ohayou gozaimasu* (bom dia)."

AZ Blog. É assim que as crianças vão a pé para a escola no Japão, 20 set. 2016. Disponível em: <https://www.az-blog.com/e-assim-que-as-criancas-vao-a-pe-para-escola-no-japao/>. Acesso em: 25 maio 2017.

AFLO CO.LTD./ALAMY/FOTOARENA

Crianças japonesas atravessando a rua para ir à escola (Japão, 2015).

Reprodução proibida. Art.184 do Código Penal e Lei 9.610 de 19 de fevereiro de 1998.

ATIVIDADES

1. Pense em todos os cuidados que são tomados para garantir que a caminhada das crianças seja segura e assinale as atitudes que você considera mais necessárias para isso.
   ( ) **Esforçar-se por exatidão e precisão.**
   ( ) **Pensar e comunicar-se com clareza.**
   ( ) **Assumir riscos com responsabilidade.**
   ( ) **Pensar de maneira interdependente.**

2. Como essas atitudes são colocadas em prática? Por quem? Justifique cada atitude que você assinalou na atividade 1.

COMPREENDER UM TEXTO

Caiçara é o nome dado às populações tradicionais que habitam o litoral dos estados do Paraná, de São Paulo e do Rio de Janeiro e que sempre se caracterizaram por desenvolver a pesca e a agricultura para sobreviver. A palavra "caiçara" tem origem na palavra *kaaï'as*, da língua indígena tupi antiga, que designava uma cerca de ramos de árvores.

Até as décadas de 1940 e 1950, os povoados caiçaras eram formados, em geral, por um conjunto de casas isoladas umas das outras e localizadas próximas às praias, em meio à Mata Atlântica.

A partir desse período, transformações na economia e na ocupação do litoral acarretaram diversas mudanças na organização social e no modo de vida dessas populações.

Os caiçaras: ontem e hoje

"[O caiçara] usa, por exemplo, para localizar endereços, referenciais da natureza, tais como rios, pedreiras e árvores (jaqueiras, mangueiras, taquarais etc). Outros marcos expressivos dentro de seu universo são também tomados como referências espaciais, tais como 'a bomba de gasolina', 'o matadouro', 'o Grupo velho' etc. Para a ideia de tempo, utiliza imagens retiradas do cotidiano e do mundo natural, como, por exemplo, para expressar altas horas da madrugada, refere-se à 'hora em que o galo cantava treis veis'.

A grandeza do mar, as distâncias, as montanhas que o separam do resto do mundo não lhes são desconhecidas. O caiçara sabe que existe um mundo além do seu, e parece estar informado de tudo o que se passa fora de seu âmbito de ação. Em Ubatuba, é comum se ouvir a expressão 'lá fora' para a área situada além do município, ou a expressão 'serra-acima' para as regiões do interior.

[...]

Taquaral: aglomerado de taquaras em determinada área; bambuzal.

Matadouro: estabelecimento onde animais para o consumo humano são abatidos.

Balneário: espaço público onde as pessoas podem tomar banho de mar, rio, lago etc.

Empreendimento: empresa, negócio.

THOMAZ FARKAS/ACERVO INSTITUTO MOREIRA SALLES

Pescadores em Guaratiba, no município do Rio de Janeiro (RJ, década de 1940).

O caiçara do litoral paulista, particularmente das regiões disputadas como áreas nobres para a implantação de núcleos balneários e empreendimentos turísticos, foi, desde meados dos anos 1960, deixado à margem desses empreendimentos e empurrado para a periferia das cidades, muitas vezes na condição de favelado, ou foi obrigado, para viver ou sobreviver, a ocupar áreas de preservação ambiental. [...]"

SETTI, Kilza. A cultura caiçara. In: Projeto Acervo Memória Caiçara, 2008. Disponível em: <http://www.memoriacaicara.com.br/caicara.html>. Acesso em: 7 set. 2017.

Banhistas na praia da Barra de Guaratiba, no município do Rio de Janeiro (RJ, 2016). No decorrer dos anos, a ocupação humana alterou a paisagem do local e o seu uso predominante. Hoje, a praia que era destinada à pesca é cercada por construções e se tornou um destino turístico.

VITOR MARIGO/TYBA

Reprodução proibida. Art. 184 do Código Penal e Lei 9.610 de 19 de fevereiro de 1998.

ATIVIDADES

OBTER INFORMAÇÕES

1. Que elementos os caiçaras utilizam para identificar endereços e outros locais? Classifique esses elementos em dois tipos e explique qual é a diferença entre eles.

2. Que expressão contida no texto reproduz um modo de falar dos caiçaras? O que ela significa?

3. De acordo com o texto, o que tem prejudicado a sobrevivência e a manutenção da cultura desse povo?

INTERPRETAR

4. Identifique elementos e descreva como pode ser a paisagem de um lugar habitado por uma população caiçara.

5. O texto relata uma mudança no uso do espaço geográfico no litoral. Qual é essa mudança?

6. Uma área de preservação ambiental é uma área destinada à manutenção da natureza local, e nela a atividade humana não pode alterar os processos naturais. Com base nessa informação, é possível compreender por que algumas populações caiçaras ocuparam áreas de preservação? Explique.

REFLETIR

7. Debata em sala as seguintes questões:
   a) Considerando as atividades desenvolvidas pelos caiçaras para sobreviver e preservar sua cultura, vocês entendem que a ocupação de áreas de preservação por essas populações deve ser incentivada? Por quê?
   b) Pensem em outras medidas que podem ser tomadas para que as populações caiçaras possam continuar a viver de acordo com seu modo de vida e organização social.

UNIDADE 2

CARTOGRAFIA

A Cartografia é uma linguagem fundamental para o estudo da Geografia. Por meio da leitura de mapas, interpretamos os fenômenos que ocorrem no espaço geográfico.

Após o estudo desta Unidade, você será capaz de:

- compreender que os avanços tecnológicos são fundamentais para a Cartografia;
- reconhecer a importância das coordenadas geográficas para localizar pontos na superfície;
- calcular a distância entre dois locais utilizando a noção de escala;
- selecionar o tipo de representação cartográfica adequada para cada finalidade.

ATITUDES PARA A VIDA

- Pensar com flexibilidade.
- Esforçar-se por exatidão e precisão.
- Aplicar conhecimento prévio a novas situações.

COMEÇANDO A UNIDADE

1. Observe a imagem e responda: em sua opinião, por que o artista que criou a escultura *Cloud Gate* utilizou um material que reflete a paisagem de modo distorcido?

2. Você já imaginou que pode haver semelhança entre essa obra de arte e os mapas? Em sua opinião, os mapas representam a realidade de maneira precisa ou distorcida? Justifique.

3. Os mapas podem ser usados para diversas finalidades. Em que situações você precisou consultar algum mapa?

EDUCATION IMAGES/UIG VIA GETTY IMAGES

A *Cloud Gate* é uma escultura metálica instalada no centro de uma praça da cidade de Chicago, produzida pelo artista plástico indiano Anish Kapoor. A obra reflete a paisagem urbana ao redor com várias distorções (Estados Unidos, 2015).

TEMA 1

A IMPORTÂNCIA DA CARTOGRAFIA

Para que as pessoas consultam mapas?

A CARTOGRAFIA

A **Cartografia** é responsável pela representação gráfica do espaço geográfico por meio de mapas, globos e plantas, entre outros. Esses instrumentos nos permitem identificar a localização dos lugares, estudar relações políticas e econômicas, conhecer a ocorrência de fenômenos naturais, entre outras informações que favorecem o entendimento do espaço em que vivemos e nele nos orientar (figura 1).

CARTOGRAFIA E TECNOLOGIA

As técnicas de confecção de mapas variam conforme cada época e sociedade e foram e continuam sendo utilizadas para atender a diferentes interesses ao longo da História. Durante o período das Grandes Navegações, por exemplo, a Cartografia tornou-se mais precisa, pois os navegadores utilizavam os mapas para se orientar e contratavam cartógrafos para mapear terras recém-conquistadas.

Representação gráfica: refere-se à representação de informações por meio de sinais visuais.

Grandes Navegações: viagens marítimas realizadas pelas potências europeias, do século XV ao século XVII, com o objetivo de descobrir novas terras e explorar suas riquezas.

LÉO BURGOS/PULSAR IMAGENS

Figura 1. O uso da Cartografia é frequente em nosso cotidiano. Quando as pessoas viajam, por exemplo, a consulta a mapas turísticos permite que elas saibam onde estão os locais que querem conhecer, como chegar até eles e qual é a distância a ser percorrida. Na foto, uma pessoa consulta o mapa turístico do município de Embu das Artes (SP, 2017).

As primeiras imagens obtidas da superfície terrestre eram feitas por câmeras instaladas em balões. Isso ocorria durante o século XIX. Posteriormente, as **fotografias aéreas** passaram a ser realizadas por câmeras acopladas em aviões, a partir do sobrevoo da superfície a ser fotografada (figura 2).

Atualmente, por meio de diferentes recursos tecnológicos, pode-se obter imagens a distância da superfície terrestre por meio de uma técnica chamada **sensoriamento remoto**.

Nos últimos anos, o uso de drones, equipamento que coleta dados e mapeia trechos do espaço geográfico por meio de imagens digitais aéreas, também tem favorecido o reconhecimento cada vez mais exato da superfície terrestre.

Drone: objeto voador não tripulado, manipulado e monitorado a distância por computador ou meio eletrônico.

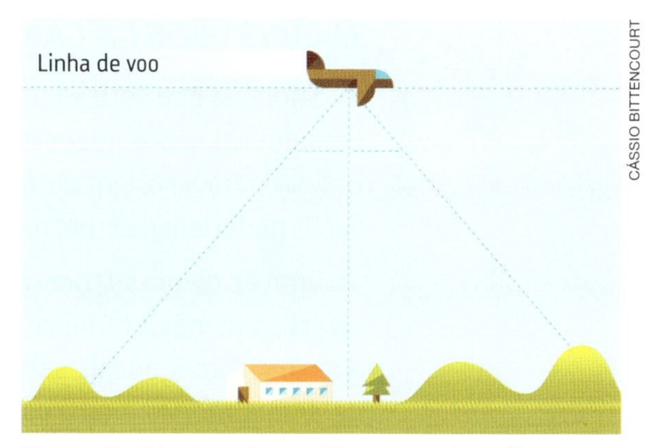

CÁSSIO BITTENCOURT

Figura 2. Máquinas fotográficas especiais são instaladas em aviões que sobrevoam os lugares. A partir das imagens obtidas, é possível elaborar mapas precisos.

Fonte: IBGE. *Atlas geográfico escolar*. 5. ed. Rio de Janeiro: IBGE, 2009. p. 27.

Outra ferramenta utilizada pela Cartografia são as **imagens de satélite**, as mais avançadas tecnologicamente. Elas são captadas por satélites artificiais – equipamentos lançados na órbita da Terra, que giram no espaço, ao redor do planeta (figuras 3 e 4).

A Cartografia está a cada dia mais moderna e precisa com a incorporação de novas tecnologias que permitem a criação de representações cartográficas com o uso de programas de computador.

NASA/NATIONAL GEOGRAPHIC/GETTY IMAGES

Figura 3. Representação da Estação Espacial Internacional (ISS) e de uma cápsula espacial orbitando a Terra (2011).

© 2018 DIGITAL GLOBE/GOOGLE EARTH IMAGES

Figura 4. Imagem de satélite de parte do município de Blumenau (SC, 2017).

Reprodução proibida. Art. 184 do Código Penal e Lei 9.610 de 19 de fevereiro de 1998.

ALGUNS USOS DA CARTOGRAFIA

Suponha que você vá fazer uma viagem de carro com sua família e surja uma dúvida sobre qual caminho seguir. Que instrumentos vocês poderiam utilizar para se orientar? Além de pedir informações para pessoas do local, vocês poderiam usar um mapa rodoviário ou um aparelho GPS, por exemplo.

Com as diversas tecnologias disponíveis, os mapas se tornaram acessíveis a um maior número de pessoas. Pela internet, podemos ter acesso a mapas e imagens de satélite de quase todo o mundo, inclusive por meio de *smartphones* e outros dispositivos móveis.

O mapeamento da superfície terrestre é estratégico para uso governamental e permite que governos tomem medidas de proteção do território, implantem políticas de preservação ambiental ou delimitem terras, entre outras ações (figura 5).

GPS: sigla em inglês para *Global Positioning System* (Sistema de Posicionamento Global). Trata-se de um sistema de navegação baseado em emissões de radiofrequência enviadas por satélites artificiais colocados em órbita ao redor da Terra. Esse sistema permite que os receptores possam determinar sua localização sobre a superfície terrestre. Atualmente, aparelhos celulares e até relógios podem ser receptores de sinais de satélite.

FIGURA 5. GOVERNADOR VALADARES (MG): OCORRÊNCIA DE DENGUE – 2012

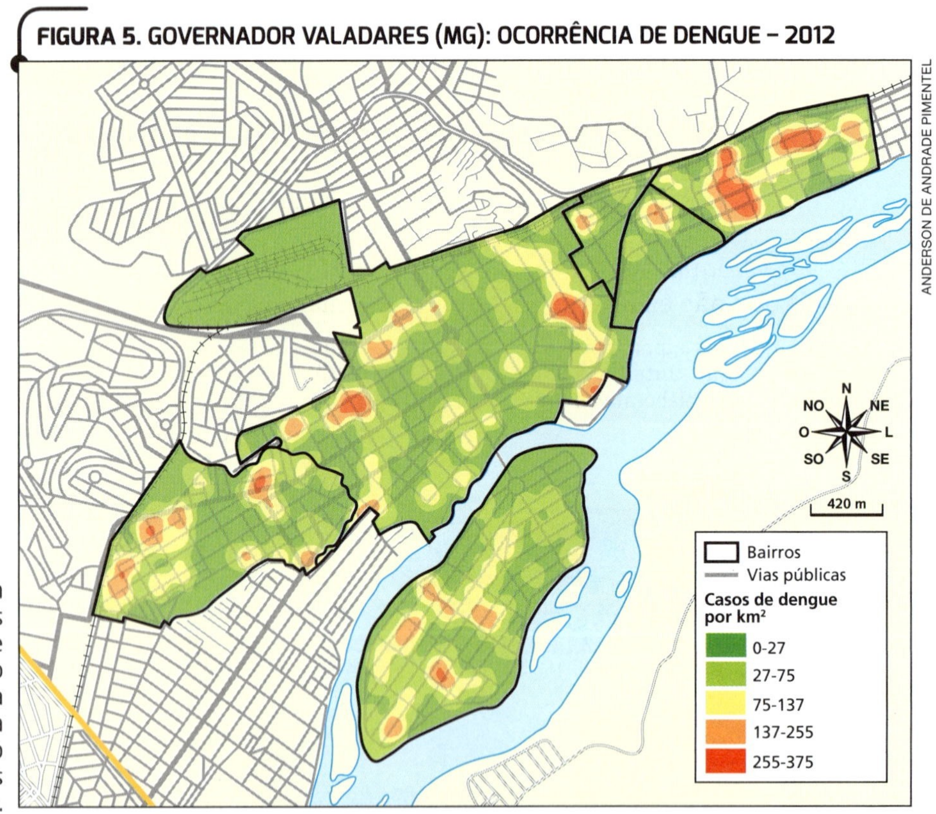

O mapeamento com o uso de tecnologias é uma importante ferramenta para o controle de doença em determinada área e permite que o governo planeje ações para combatê-la.

Fonte: CABRAL, Lorena Soares Laia; RAMOS, Luana Almeida. *Análise geoestatística da distribuição de casos de dengue em Governador Valadares (MG) e sua relação com variáveis sociais e ambientais*. Seminário de Iniciação Científica do Instituto Federal de Minas Gerais. Disponível em: <https://www2.ifmg.edu.br/sic/edicoes-anteriores/resumos-2013/analise-geoestatistica-da-distribuicao-de-casos-de-dengue-em-gov-valadares-mg-e-sua-relacao-com-variaveis-sociais-e-ambientais.pdf.>. Acesso em: 9 abr. 2018.

Para a confecção do mapa, foi utilizada a densidade de Kernel, uma ferramenta de mapeamento digital na qual temos uma visão geral da intensidade de um processo em determinada área.

Reprodução proibida. Art.184 do Código Penal e Lei 9.610 de 19 de fevereiro de 1998.

Mapas colaborativos

"Os mapas acompanham a vida das pessoas desde as primeiras aulas de Geografia até o momento de utilizar um GPS. [...] Atualmente, a internet contribuiu para ampliar uma modalidade de uso dessa ferramenta: os mapas colaborativos.

Grupo de pessoas, mesmo sem grandes conhecimentos técnicos, passaram a alimentar banco de dados virtuais e criar mapas sobre diferentes temas, como mobilidade urbana, atrações culturais, problemas de uma região ou comunidade. 'A linguagem de mapas e dos dados geolocalizados são uma das principais evoluções recentes da internet', explica o jornalista Gustavo Faleiros, que estuda o papel dos mapas colaborativos na vida das pessoas. [...]

• Mapa cultural das favelas

A facilidade técnica permitiu ao Observatório de Favelas do Rio de Janeiro construir um mapa com informações de pontos culturais distribuídos em seis comunidades pacificadas do Rio (Manguinhos, Alemão, Penha, Maré, Rocinha e Cidade de Deus). Gilberto Vieira é um dos realizadores do projeto e considera que o mapa, mesmo sendo uma tecnologia muito antiga, é bastante prática e estimula a participação porque o usuário se identifica com aquela área ou região representada. 'A gente usa o mapa para tudo. Então, a favela também precisa estar presente nesses mapas digitais', aponta.

O mapa criado resultou na publicação do Guia Cultural de Favelas, que reúne o mapeamento feito por jovens do Observatório de Favelas. O mapa permite que qualquer pessoa insira informações sobre outras práticas culturais que não estão cadastradas no sistema. [...]"

PEDROSA, Leyberson. Conheça três experiências de mapas colaborativos na *web*. *Portal EBC*, 9 set. 2014. Disponível em: <http://www.ebc.com.br/tecnologia/2014/09/conheca-tres-experiencias-de-mapas-colaborativos-na-web>. Acesso em: 9 abr. 2018.

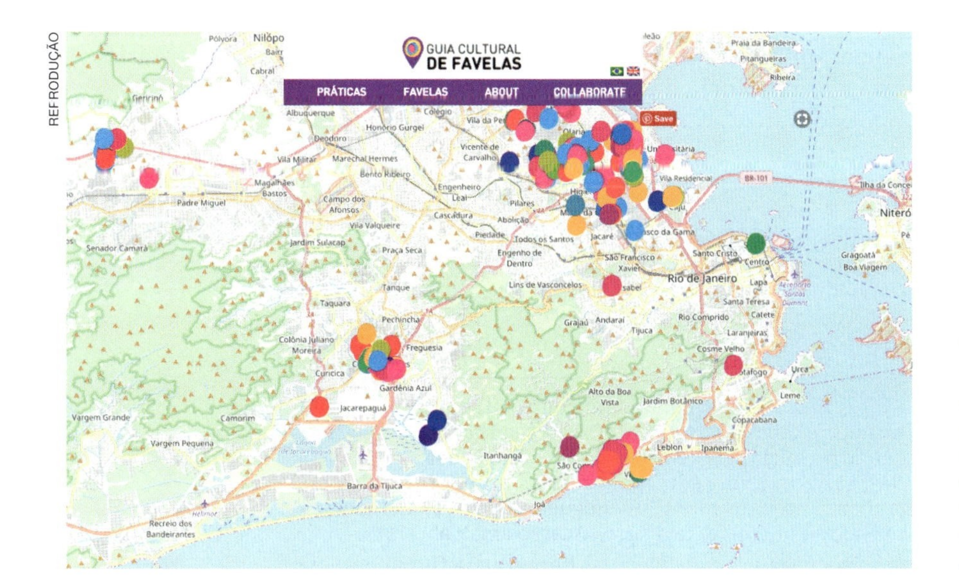

REPRODUÇÃO

Reprodução de tela da página inicial do *site* Guia Cultural de Favelas, na qual se observa o mapa colaborativo divulgado pelo portal. No mapa, cada círculo indica a ocorrência e a localização de determinada atividade cultural, e cada cor corresponde a um tipo de atividade (dança, teatro, música etc.). Tela acessada em 18 de fevereiro de 2018.

ATIVIDADES

1. Por que os mapas colaborativos podem ser uma ferramenta de inclusão social?
2. Qual é a importância do mapeamento digital no cotidiano das pessoas?
3. Sobre qual tema você faria, com outras pessoas, um mapa colaborativo?

Reprodução proibida. Art. 184 do Código Penal e Lei 9.610 de 19 de fevereiro de 1998.

ORIENTAÇÃO E LOCALIZAÇÃO NO ESPAÇO GEOGRÁFICO

Que referências você usa para se deslocar de um lugar a outro?

ORIENTAÇÃO

No nosso dia a dia, quando solicitamos ou damos orientações a alguém sobre como chegar a um lugar, costumamos usar elementos da paisagem como pontos de referência: "vire à direita depois da ponte", "dobre à esquerda depois da praça", "siga a rua em frente ao supermercado" etc. Mas como fazemos para nos orientar em locais onde não existem pontos de referência muito claros na paisagem, como em alto-mar ou em uma floresta (figura 6)?

As sociedades antigas já percebiam a necessidade de encontrar meios de se localizar no espaço. Com os conhecimentos e as técnicas de que dispunham, desenvolveram formas de orientação pela observação dos astros, como o Sol, a Lua e as estrelas.

Astro: corpo celeste, como planetas, estrelas, cometas etc.

- **O mundo em duas voltas**
  Direção: David Schürmann.
  Brasil: Schürmann Film Company, 2007.
  Em 1997, a família Schürmann decidiu realizar uma volta ao mundo seguindo o trajeto feito por Fernão de Magalhães, o primeiro navegador a realizar uma volta ao redor da Terra, no século XVI. O documentário aborda a importância das ferramentas de orientação na navegação.

ANDRE DIB/PULSAR IMAGENS

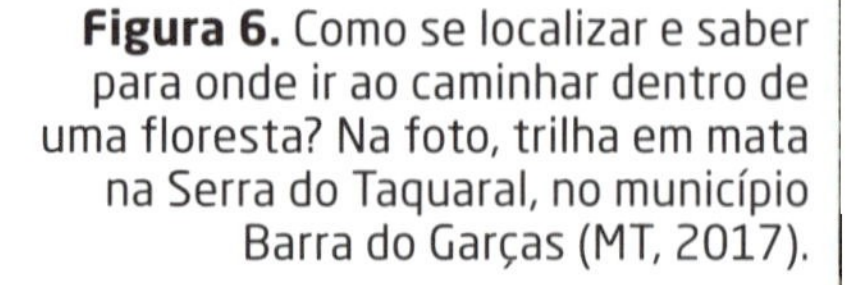

Figura 6. Como se localizar e saber para onde ir ao caminhar dentro de uma floresta? Na foto, trilha em mata na Serra do Taquaral, no município Barra do Garças (MT, 2017).

Reprodução proibida. Art.184 do Código Penal e Lei 9.610 de 19 de fevereiro de 1998.

A ORIENTAÇÃO PELO SOL

Você já reparou no nascer e no pôr do Sol? Ao observarmos a posição do Sol, ao amanhecer e ao anoitecer, podemos perceber que ele surge no horizonte de um lado e desaparece do lado oposto. Com base nessa observação, foi determinado um conjunto de direções para orientação, as **direções cardeais**: norte (N), sul (S), leste (L) e oeste (O).

Se apontarmos o braço direito para a direção em que o Sol desponta, pela manhã, descobriremos o leste. O oeste estará à esquerda. A partir daí, podemos determinar as demais direções (figura 7).

Figura 7. É possível descobrir as direções cardeais em qualquer lugar que você estiver. Pela manhã, estenda o braço direito em direção ao Sol quando ele nasce. O lado direito indica o leste, o lado esquerdo é o oeste, à sua frente é o norte e às suas costas está o sul.

JHONATA ALVES

ROSA DOS VENTOS

A rosa dos ventos é uma figura usada para representar as direções cardeais e colaterais (figura 8). As **direções colaterais** são importantes para nos orientarmos com mais precisão. Cada uma delas se situa entre duas direções cardeais. Entre o norte e o oeste fica o noroeste (NO); entre o norte e o leste, o nordeste (NE); entre o sul e o oeste, o sudoeste (SO); entre o sul e o leste, o sudeste (SE).

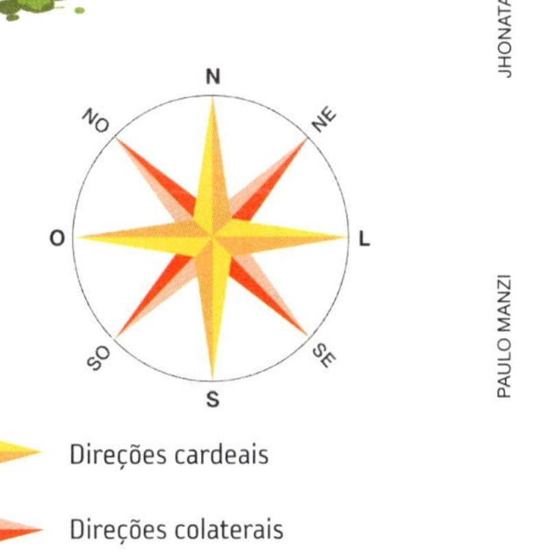

PAULO MANZI

Figura 8. A rosa dos ventos indica as direções cardeais e colaterais. Esse conjunto de referências serve para nossa orientação na superfície terrestre.

A ORIENTAÇÃO PELA BÚSSOLA

Composto basicamente de ferro e níquel, o núcleo da Terra funciona como um grande ímã. Desse centro partem campos de força em direção aos extremos norte e sul do planeta, constituindo os polos magnéticos.

Devido a esse campo magnético existente na Terra, foi possível a criação da **bússola**, instrumento de orientação que possui uma agulha imantada, ou seja, com propriedades de ímã, que está sempre alinhada na direção norte-sul. Como uma das pontas da agulha sempre aponta para o **polo magnético do norte**, devemos fazer com que ela corresponda à direção norte da rosa dos ventos desenhada na bússola, girando-a. Dessa maneira, encontramos as outras direções cardeais.

A Terra também tem o **polo norte geográfico**, que é o seu ponto mais setentrional, ou seja, localizado mais ao norte do planeta. No entanto, a localização do polo norte geográfico e a do polo magnético do norte não coincidem (figura 9).

FIGURA 9. POLO NORTE GEOGRÁFICO E POLO MAGNÉTICO DO NORTE

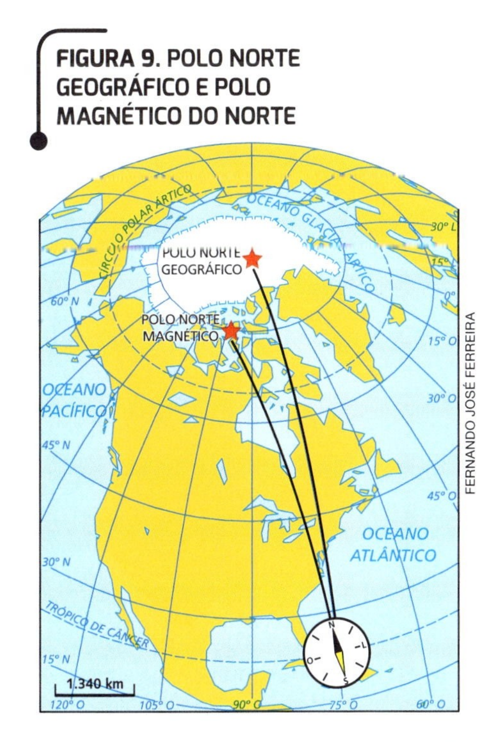

FERNANDO JOSÉ FERREIRA

Fonte: MARRERO, Levi. *La Tierra y sus recursos*. Caracas: Cultural Venezolana, 1975. p. 52.

Reprodução proibida. Art.184 do Código Penal e Lei 9.610 de 19 de fevereiro de 1998.

NOVAS TECNOLOGIAS NA ORIENTAÇÃO

Atualmente, existem instrumentos que permitem uma orientação mais precisa no espaço geográfico. Com o GPS, por exemplo, podemos localizar com precisão qualquer localidade na superfície da Terra. Conectado a uma rede de satélites artificiais colocados na órbita terrestre, o GPS é muito usado para orientar as rotas das embarcações nas navegações marítima e aérea, pelas Forças Armadas no monitoramento dos territórios para segurança e defesa, no rastreamento de veículos, em expedições ou em lugares onde não existem pontos de referência identificáveis, como florestas e regiões polares. O uso do GPS é cada vez mais comum em automóveis e celulares, principalmente para auxiliar os motoristas a encontrar caminhos nas cidades e estradas.

COORDENADAS GEOGRÁFICAS

Quando queremos indicar a alguém onde fica a nossa casa, por exemplo, podemos usar um ponto de referência, como uma avenida. Porém, se queremos localizar na superfície do planeta uma cidade ou um navio em alto-mar, é necessário recorrer a referências mais precisas.

Para localizar lugares, objetos ou pessoas com precisão na superfície terrestre, utiliza-se um conjunto de **linhas imaginárias**. Essas linhas são assim chamadas porque não existem na realidade – são traçadas em mapas e globos para facilitar a localização de pontos na superfície terrestre. As linhas imaginárias são também chamadas de paralelos e meridianos. O cruzamento de um meridiano e de um paralelo indica um ponto específico de localização, chamado de **coordenada geográfica**. Assim, é possível determinar a posição exata de qualquer ponto na superfície terrestre. Esse sistema é utilizado também na navegação aérea (figura 10).

PARA LER

- **O prêmio da longitude**
  Joan Dash.
  São Paulo: Companhia das Letras, 2002.
  Depois de muitos naufrágios da Marinha Real, o Parlamento Britânico instituiu um prêmio milionário para quem descobrisse como determinar a longitude no mar. Para uma potência naval como a Inglaterra, era inadmissível que desastres marítimos continuassem a ocorrer. O livro conta a empolgante história desse grande prêmio.

Reprodução proibida. Art.184 do Código Penal e Lei 9.610 de 19 de fevereiro de 1998.

Figura 10. As coordenadas geográficas são indicadas nos painéis de localização que se encontram nos aviões. Na foto, painel de controle em aeronave (Cingapura, 2018).

SEONGJOON CHO/BLOOMBERG/GETTY IMAGES

PARALELOS E MERIDIANOS

Os **paralelos** são linhas imaginárias horizontais que circundam o planeta. O principal paralelo é o **Equador**, que divide a Terra em duas partes: o **Hemisfério Norte** e o **Hemisfério Sul**.

Os paralelos são indicados por graus e determinados a partir do Equador (0°), podendo atingir o valor máximo de 90° a norte ou a sul. Os principais paralelos recebem denominações específicas: Círculo Polar Ártico e Trópico de Câncer, no Hemisfério Norte; Círculo Polar Antártico e Trópico de Capricórnio, no Hemisfério Sul (figura 11).

Os **meridianos** são linhas imaginárias traçadas do Polo Norte ao Polo Sul. São medidos em graus, a partir do **Meridiano de Greenwich**, que passa sobre o Observatório de Greenwich, próximo a Londres, no Reino Unido. Esse meridiano, adotado como inicial após acordo internacional estabelecido em 1884, corresponde a 0° e divide a Terra em dois hemisférios: **Hemisfério Leste** e **Hemisfério Oeste**, também denominados **Oriental** e **Ocidental**, respectivamente (figura 12). Os meridianos têm o valor máximo de 180° nos hemisférios Leste e Oeste.

FIGURA 11. PARALELOS TERRESTRES

POLO NORTE
66° 33′ N CÍRCULO POLAR ÁRTICO
23° 27′ N TRÓPICO DE CÂNCER
0° EQUADOR
23° 27′ S TRÓPICO DE CAPRICÓRNIO
66° 33′ S CÍRCULO POLAR ANTÁRTICO
POLO SUL

Hemisfério Norte
Hemisfério Sul

FERNANDO JOSÉ FERREIRA

FIGURA 12. MERIDIANOS TERRESTRES

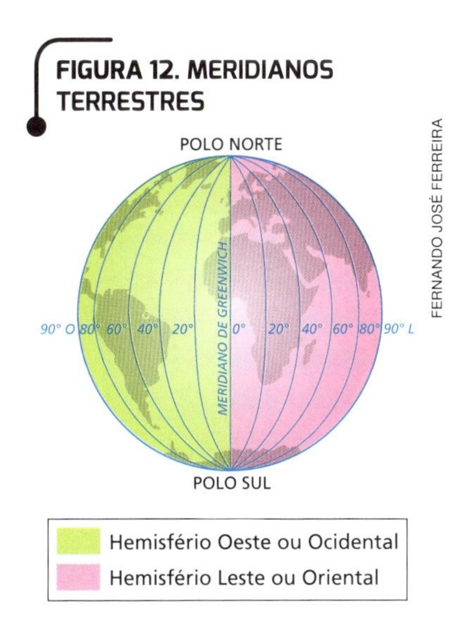

Hemisfério Oeste ou Ocidental
Hemisfério Leste ou Oriental

FERNANDO JOSÉ FERREIRA

LATITUDE E LONGITUDE

No sistema de coordenadas geográficas, cada ponto do planeta possui uma localização exata, definida pela **latitude** (paralelo) e pela **longitude** (meridiano).

A latitude é a distância de qualquer ponto da superfície terrestre em relação à linha do Equador. Todos os pontos situados sobre o mesmo paralelo têm a mesma latitude. A longitude é a distância de qualquer ponto da superfície da Terra em relação ao Meridiano de Greenwich. Todos os pontos situados sobre o mesmo meridiano têm a mesma longitude.

Essas distâncias são medidas em graus. As latitudes variam de 0° a 90° tanto para o norte quanto para o sul, a partir da linha do Equador. As longitudes variam de 0° a 180° tanto para leste quanto para oeste, a partir do Meridiano de Greenwich (figura 13).

Reprodução proibida. Art.184 do Código Penal e Lei 9.610 de 19 de fevereiro de 1998.

FIGURA 13. COORDENADAS GEOGRÁFICAS

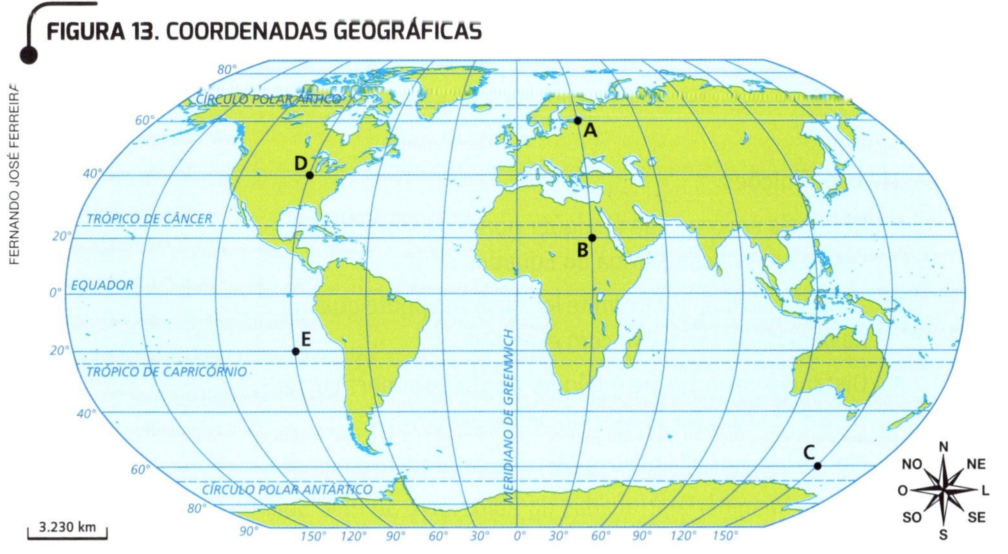

FERNANDO JOSÉ FERREIRA

Fonte: elaborado com base em IBGE. *Atlas geográfico escolar*. 5. ed. Rio de Janeiro: IBGE, 2009. p. 34.

De olho no mapa

Quais são as coordenadas geográficas dos pontos representados no mapa ao lado pelas letras de A a E? Por que é necessário indicar os hemisférios?

ORGANIZAR O CONHECIMENTO

1. O que é Cartografia? Qual é sua importância para a sociedade e como você pode utilizá-la no seu dia a dia?
2. Explique o que é sensoriamento remoto.
3. Caracterize o GPS quanto ao funcionamento e à utilização para orientação no espaço.
4. Pesquise um local seguro de onde você consiga enxergar o Sol ao amanhecer, na hora do almoço e no fim da tarde. Depois, escolha um dia para observá-lo nesses três momentos. Em uma folha sulfite ou em seu caderno, desenhe um ponto fixo de referência, indique a posição do Sol nos três momentos com o horário exato de cada observação e descreva o trajeto que ele fez no céu no decorrer do dia. Por fim, com base no movimento aparente do Sol, indique no desenho as direções leste e oeste.

APLICAR SEUS CONHECIMENTOS

5. Observe o mapa abaixo e responda às questões.

HEMISFÉRIOS NORTE E SUL

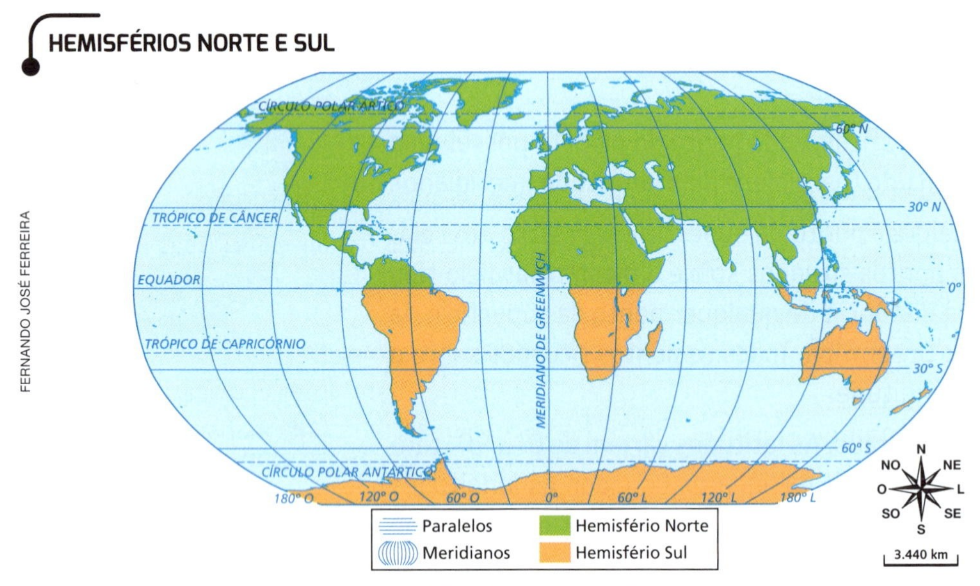

Fonte: IBGE. *Atlas geográfico escolar*. 5. ed. Rio de Janeiro: IBGE, 2009. p. 34.

a) Por que os paralelos e meridianos são chamados de linhas imaginárias? Como é feito o traçado dessas linhas no mapa ou no globo?

b) Por que o Meridiano de Greenwich e a linha do Equador são considerados, respectivamente, meridiano e paralelo iniciais?

6. Ligue os termos a seguir às suas respectivas definições.

Meridianos

Latitude

Paralelos

Coordenada geográfica

Longitude

- Distância em graus de qualquer ponto da superfície terrestre em relação à linha do Equador.
- Informação que nos permite localizar um ponto qualquer na superfície terrestre com exatidão.
- Distância em graus de qualquer ponto da superfície terrestre em relação ao Meridiano de Greenwich.
- Linhas imaginárias horizontais que circundam o planeta.
- Linhas imaginárias traçadas do Polo Norte ao Polo Sul.

Reprodução proibida. Art.184 do Código Penal e Lei 9.610 de 19 de fevereiro de 1998.

7. **Leia o texto abaixo sobre possíveis usos dos drones e, em seguida, responda às questões.**

Os drones vigiam as praias espanholas

"Conhecidos principalmente pela sua utilização militar, para fazer fotografias ou por lazer, os drones se colocaram a serviço de causas louváveis, como a cooperação para o desenvolvimento, a prevenção e a reação a tragédias ou a patrulha de áreas de difícil acesso. Eles servem para detectar banhistas que estejam em dificuldade, embarcações à deriva e colunas de fumaça suspeitas que alertam para possíveis incêndios no parque natural das proximidades, com falésias de mais de 300 metros de altura e onde existem redutos de vegetação de valor extraordinário.

[...]

A vigilância das praias é apenas uma de suas possíveis utilizações. Outras localidades empregam essas aeronaves não tripuladas para erradicar focos de criação do mosquito tigre ou da mosca negra, que podem transmitir mais de vinte tipos de doenças. Esses aparelhos atingem lugares inacessíveis e soltam ali substâncias biológicas com bastante proximidade dos possíveis focos com larvas desses insetos. Um drone espanhol é usado, por exemplo, para soltar e espalhar milhares de moscas em amplas regiões da Etiópia a fim de combater a chamada doença do sono, transmitida por um outro inseto."

VÁZQUEZ, Cristina. Os drones vigiam as praias espanholas. *El País Brasil*, 1 ago. 2016. Disponível em: <https://brasil.elpais.com/brasil/2016/08/01/internacional/1470072964_218972.html>. Acesso em: 10 abr. 2018.

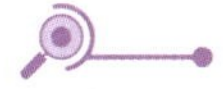

Falésia: forma de relevo litorâneo que apresenta penhascos e paredões resultantes da erosão provocada pela água do mar.

a) Cite três usos dos drones mencionados no texto.

b) Por que os drones podem ajudar no estudo de impactos ambientais sobre a vegetação?

c) Qual é a importância da tecnologia para a Cartografia?

8. **Em um papel transparente, copie a rosa dos ventos do mapa da coluna ao lado. Depois, coloque-a sobre o mapa, centralizando-a sobre Brasília, e responda às questões.**

Fonte: IBGE. *Atlas geográfico escolar*: ensino fundamental do 6º ao 9º ano. Rio de Janeiro: IBGE, 2010. p. 9.

a) Qual é seu ponto de referência?

b) Belém e Campo Grande são cidades localizadas em que direções em relação ao ponto de referência?

9. **Leia o texto e responda às questões.**

"[...] Quanto mais distanciados estiverem os pontos de referência, mais úteis os pontos cardeais serão para aqueles que deles se utilizam [...]. A orientação assim se torna possível até mesmo onde nenhum ponto de referência existe, como, por exemplo, em alto-mar. Infelizmente, não é uma operação fácil de ser realizada a qualquer momento, pois a Estrela Polar se encontra visível somente à noite e o Sol, frequentemente, se encontra encoberto por nuvens. Daí a utilidade da bússola [...]."

CLAVAL, Paul. *Terra dos homens*: a Geografia. São Paulo: Contexto, 2010. p. 18.

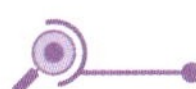

Estrela Polar: estrela que indica o norte geográfico.

a) Quais são os inconvenientes da orientação pelos astros?

b) Para nos orientarmos com maior precisão, qual conjunto de direções devemos utilizar? Justifique.

c) Explique o funcionamento de uma bússola e sua importância para a navegação.

Reprodução proibida. Art.184 do Código Penal e Lei 9.610 de 19 de fevereiro de 1998.

REPRESENTAÇÕES DO ESPAÇO: DA ESFERA AO PLANO

Como é possível representar uma forma esférica em uma superfície plana?

O ESPAÇO GEOGRÁFICO E SUA REPRESENTAÇÃO

É impossível reproduzir os elementos e as relações que compõem o espaço geográfico de maneira idêntica à real. Quando extraímos dados da realidade e fazemos sua transposição para uma folha de papel, por exemplo, criamos um modelo de representação.

Existem diversos modelos que servem para diferentes usos. Todos eles apresentam a realidade com alguma distorção, como estudaremos a seguir.

GLOBO TERRESTRE

O **globo terrestre** é um modelo tridimensional em formato esférico. É a representação mais fiel que se pode fazer da Terra, mesmo considerando que o planeta não é uma esfera perfeita.

Ao observar um globo terrestre, é possível visualizar a distribuição dos oceanos e dos continentes e suas formas. Entretanto, nesse modelo é impossível visualizar todos os continentes e oceanos ao mesmo tempo (figura 14).

PLANISFÉRIO

À representação da superfície terrestre em um plano damos o nome de **planisfério**. Nele, podemos observar todos os continentes e oceanos de uma só vez (figura 15).

Como é possível representar a superfície curva da Terra em um plano? Essa transposição só pode ocorrer com algumas distorções da realidade.

Reprodução proibida. Art.184 do Código Penal e Lei 9.610 de 19 de fevereiro de 1998.

Figura 14. Embora o globo seja a representação mais fiel da superfície terrestre, ele contém algumas imprecisões e não permite visualizá-la em conjunto.

FIGURA 15. PLANISFÉRIO

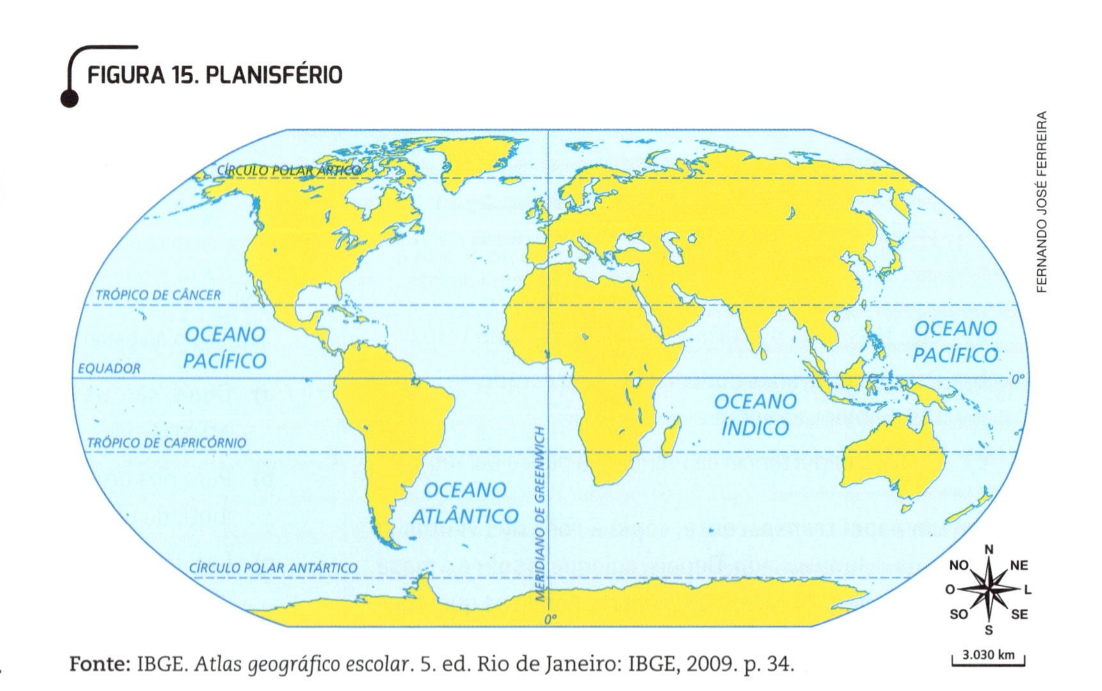

Fonte: IBGE. *Atlas geográfico escolar*. 5. ed. Rio de Janeiro: IBGE, 2009. p. 34.

PROJEÇÕES CARTOGRÁFICAS

Imagine cortar um globo terrestre ao meio, de um polo a outro, e esticá-lo até ficar plano. As áreas mais próximas às extremidades sofreriam maior distorção porque teriam de ser mais esticadas. É isso o que acontece quando é feita a transposição do globo para uma superfície plana: as formas dos continentes e dos oceanos se distorcem ao se "moldar" no plano.

Para minimizar as deformações de um mapa no momento de sua produção, foram criadas as **projeções cartográficas**. Trata-se de uma técnica para representar uma forma esférica sobre uma superfície plana. A escolha de qual projeção utilizar vai depender da intenção do cartógrafo e do uso a qual o mapa será destinado. Podem ser priorizadas as formas dos continentes ou o tamanho de suas áreas, por exemplo. Com isso, os mapas sempre terão algum tipo de distorção. Quanto mais próxima estiver a superfície projetada em relação ao plano onde é feita a projeção, menor será a distorção da superfície (figura 16).

De olho nos mapas

Compare a representação do Polo Sul e seu entorno nas três projeções. Qual delas é a mais indicada para representar essa área com menos distorções? Justifique sua escolha.

FIGURA 16. PROJEÇÕES CARTOGRÁFICAS

Projeção cilíndrica

EQUADOR

MERIDIANO DE GREENWICH

Projeção cônica

Projeção azimutal

Fonte: FERREIRA, Graça M. L. *Atlas geográfico*: espaço mundial. 4. ed. São Paulo: Moderna, 2013. p. 12.

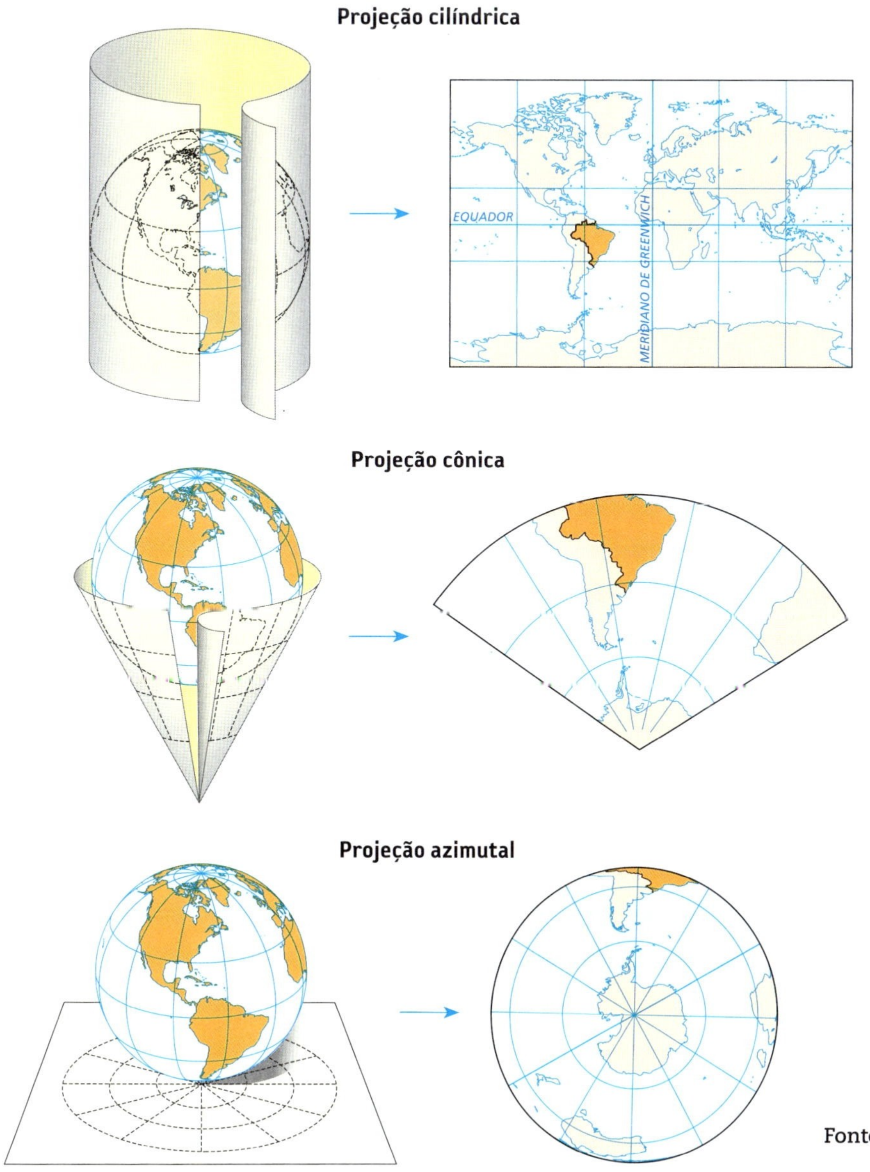

FERNANDO JOSÉ FERREIRA

Reprodução proibida. Art.184 do Código Penal e Lei 9.610 de 19 de fevereiro de 1998.

A NOÇÃO DE ESCALA

Na construção de um globo ou de um mapa, é preciso reduzir os elementos da realidade, mantendo as proporções. A relação entre as dimensões dos elementos representados no mapa e suas dimensões reais é chamada de **escala**. Quanto maior for essa redução, menor será a quantidade de detalhes do mapa.

A escala pode ser expressa de duas maneiras:

- A **escala gráfica** é representada na forma de uma linha graduada, que indica as proporções de redução do terreno no mapa. É comum o uso de uma versão simplificada da escala gráfica, que informa a medida na realidade a que corresponde cada 1 centímetro no mapa. A vantagem da escala gráfica é que ela possibilita uma leitura imediata da proporção do real em relação à área mapeada.

  1 m ou 0 1 m ou 0 1 2 3 m

- A **escala numérica** é expressa pela proporção entre as medidas no mapa (1 centímetro, por exemplo) e as medidas da área representada (100 centímetros). Nesse caso, a escala é 1:100 (lê-se um para cem). Isso significa que a **medida** real do terreno é cem vezes maior que a medida representada no mapa, isto é, cada 1 centímetro do mapa equivale a 100 centímetros da área representada.

COMO CALCULAR AS DISTÂNCIAS USANDO A ESCALA

Para calcular a distância real, em linha reta, entre dois pontos, você precisa medir a distância entre eles no mapa, em centímetros, e em seguida observar a indicação da escala, ou seja, a correspondência, no terreno, de cada centímetro no mapa (figura 17).

No caso do mapa reproduzido ao lado, a escala é 1:20.000.000, ou seja, cada 1 centímetro no mapa corresponde a 20.000.000 centímetros no terreno, ou 200 quilômetros, como informa a escala gráfica. Logo, se a distância em linha reta entre os pontos A e B no mapa é de 4 centímetros, a distância na realidade entre as duas cidades é de 800 km (200 km × 4).

FIGURA 17. AMAZONAS: LOCALIZAÇÃO DE SÃO GABRIEL DA CACHOEIRA E LÁBREA

FERNANDO JOSÉ FERREIRA

Fonte: FERREIRA, Graça M. L. *Moderno atlas geográfico*. 6. ed. São Paulo: Moderna, 2016. p. 55.

Reprodução proibida. Art.184 do Código Penal e Lei 9.610 de 19 de fevereiro de 1998.

ELEMENTOS DO MAPA

Utilizam-se vários símbolos para representar os elementos da realidade geográfica nos mapas. Para que esses símbolos sejam compreendidos por qualquer leitor, foram criadas as **convenções cartográficas**.

As cores são convenções usadas para representar determinados elementos: o azul, por exemplo, é utilizado na representação dos oceanos, rios, mares e lagos, enquanto o verde representa, geralmente, tipos de vegetação. As escalas gráfica e numérica também são convenções cartográficas.

Além das convenções cartográficas, os mapas apresentam diversos outros elementos (figura 18).

Elementos do mapa

Aprenda mais sobre os principais elementos de um mapa e confira exemplos de diferentes tipos de mapa.

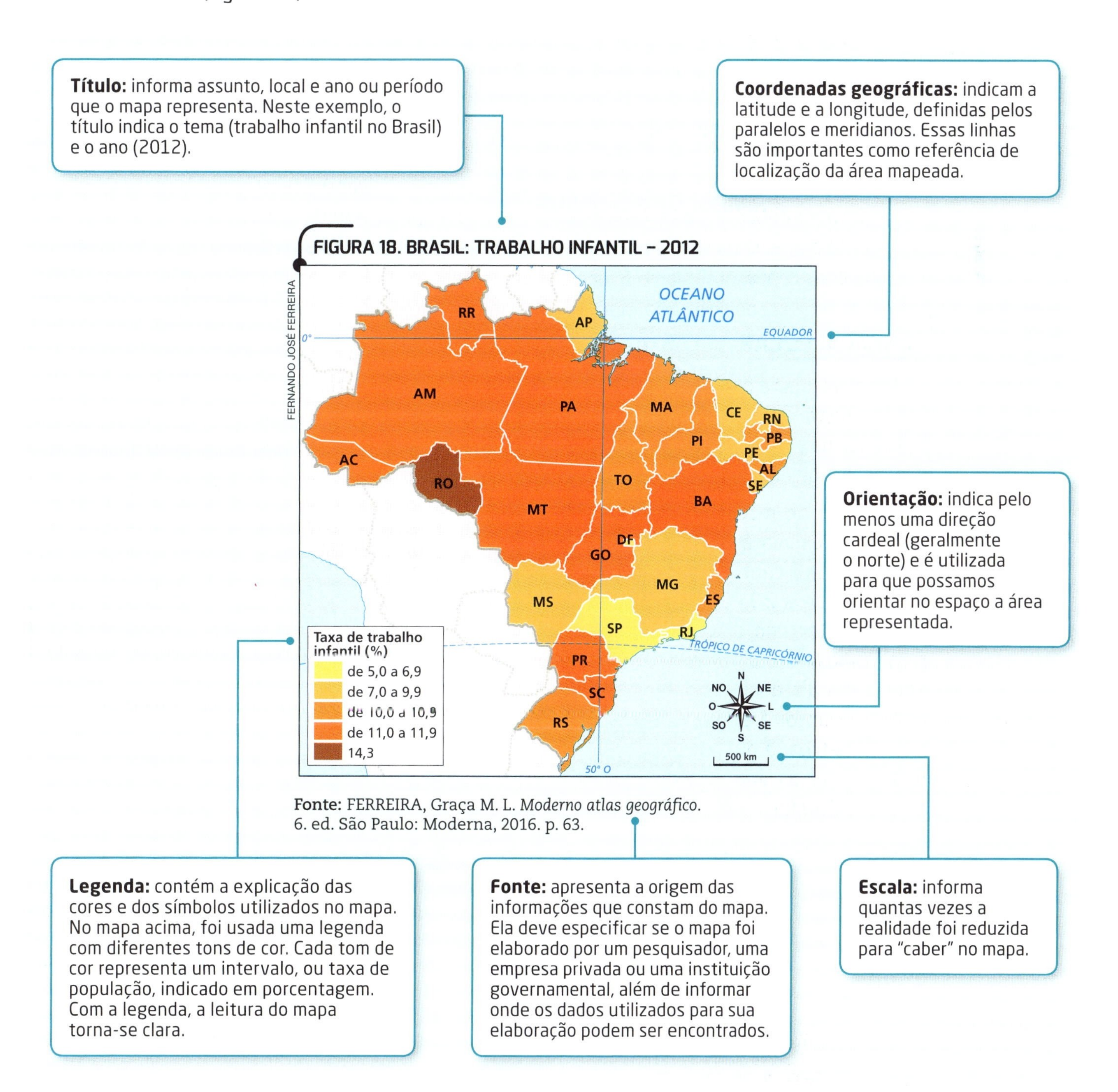

FIGURA 18. BRASIL: TRABALHO INFANTIL – 2012

Fonte: FERREIRA, Graça M. L. *Moderno atlas geográfico*. 6. ed. São Paulo: Moderna, 2016. p. 63.

Reprodução proibida. Art.184 do Código Penal e Lei 9.610 de 19 de fevereiro de 1998.

TIPOS DE MAPA E OUTRAS REPRESENTAÇÕES

Por que existem tantos mapas diferentes?

SÍMBOLOS CARTOGRÁFICOS

Os mapas são representações gráficas de aspectos econômicos, políticos, históricos e naturais, entre outros. Para facilitar sua leitura, cada tipo de informação é identificado por um conjunto de cores e símbolos.

Vejamos quais são os principais símbolos cartográficos e como são utilizados.

SÍMBOLOS PONTUAIS

Os símbolos pontuais são utilizados para representar no mapa determinado "ponto", como a localização de determinado local ou construção, como um aeroporto, uma indústria ou uma cidade, por exemplo.

SÍMBOLOS LINEARES

São símbolos utilizados para representar principalmente rios, rodovias e ferrovias. A representação linear pode ser feita de forma contínua ou descontínua e com diferentes cores e espessuras.

SÍMBOLOS ZONAIS

Os símbolos zonais são manchas de cores ou pequenos símbolos que representam fenômenos sociais ou características físicas que ocorrem em uma área delimitada. Observe no quadro (figura 19) exemplos de cada tipo de símbolo.

FIGURA 19. SÍMBOLOS CARTOGRÁFICOS

PONTUAL	LINEAR	ZONAL
Capital de estado	Rodovia pavimentada	Lago
Pico	Rodovia sem pavimentação	Represa
Ponte	Ferrovia	Alagado
Templo	Rio permanente	Praia
Petróleo	Rio temporário	Floresta
Porto	Fronteira internacional	Cultura de cana-de-açúcar

ILUSTRAÇÕES: FERNANDO JOSÉ FERREIRA

Fonte: VASCONCELOS, Regina; ALVES FILHO, Ailton P. *Atlas geográfico ilustrado e comentado*. São Paulo: FTD, 1999. p. 9.

Reprodução proibida. Art.184 do Código Penal e Lei 9.610 de 19 de fevereiro de 1998.

OS DIFERENTES MAPAS

Existem diferentes tipos de mapa, desde os que são utilizados para obter informações sobre a localização de cidades, por exemplo, até aqueles que representam a distribuição da cobertura vegetal de determinada área. Conheça a seguir alguns tipos de mapa.

- **Mapas políticos.** Representam a divisão territorial de países, estados, municípios etc. (figura 20).
- **Mapas físicos.** Representam elementos naturais do território, como corpos d'água e formas de relevo. Neles, podemos ver o curso de alguns rios, as altitudes de um terreno e a localização de uma serra, por exemplo (figura 21).
- **Mapas temáticos.** Registram informações sobre temas específicos, como turismo, transporte, atividades econômicas, distribuição da população, uso da terra, situação da vegetação e de reservas indígenas (figura 22), entre outros.

PARA PESQUISAR

- **IBGE Educa – Jovens**
  <educa.ibge.gov.br/jovens>
  Explore os tipos de mapa e encontre diversas representações do Brasil e do mundo.

Reprodução proibida. Art.184 do Código Penal e Lei 9.610 de 19 de fevereiro de 1998.

FIGURA 20. ACRE: POLÍTICO

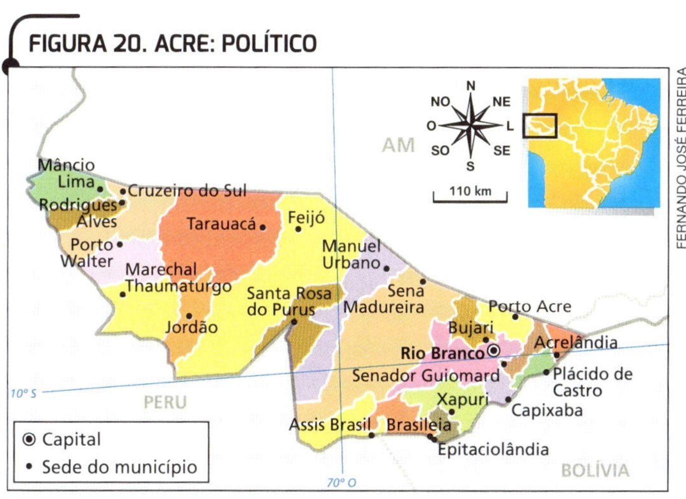

Fonte: GOVERNO DO ACRE. Disponível em: <http://www.ac.gov.br/wps/wcm/connect/b81fe28043cfa5b5be0ebf7d0da26389/07_POLITICO_CURVA2.pdf?MOD=AJPERES&CONVERT_TO=url&CACHEID=b81fe28043cfa5b5be0ebf7d0da26389>. Acesso em: 12 set. 2017.

FIGURA 21. ACRE: FÍSICO

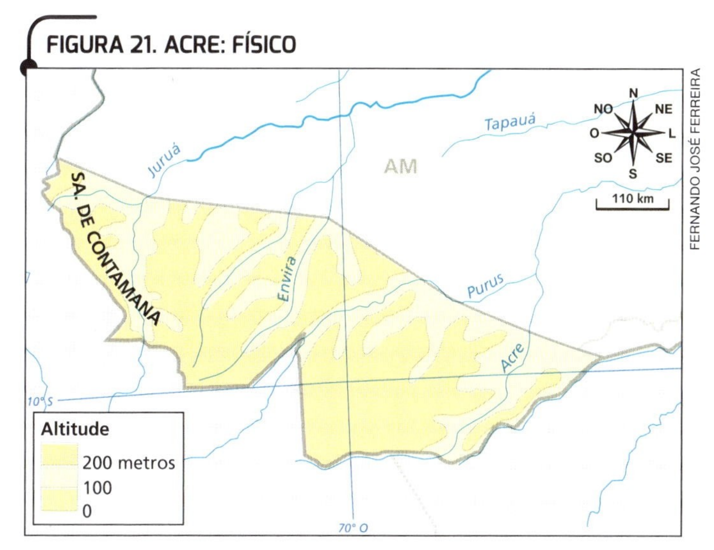

Fonte: FERREIRA, Graça M. L. *Atlas geográfico*: espaço mundial. 4. ed. São Paulo: Moderna, 2013. p. 154.

FIGURA 22. ACRE: TERRAS INDÍGENAS – 2012

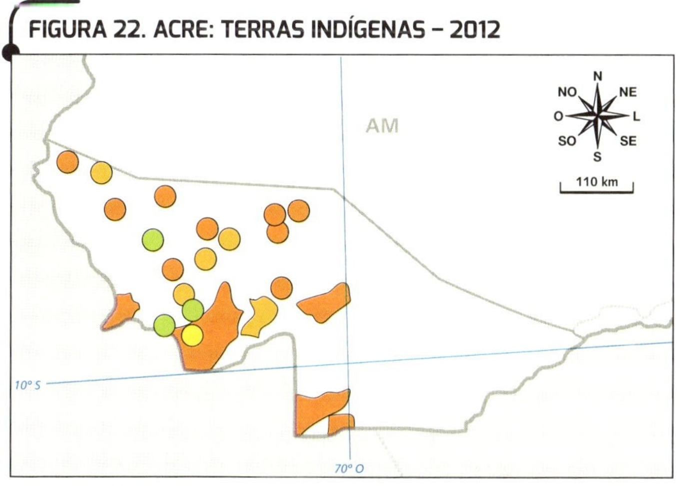

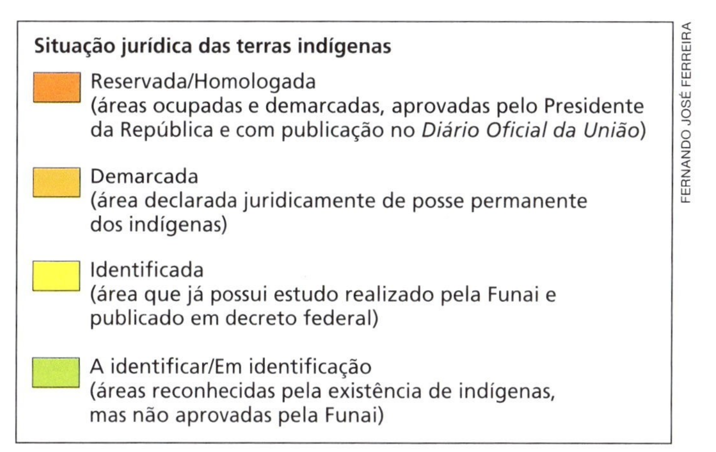

Fonte: FERREIRA, Graça M. L. *Atlas geográfico*: espaço mundial. 4. ed. São Paulo: Moderna, 2013. p. 124.

OUTRAS REPRESENTAÇÕES CARTOGRÁFICAS

Além dos mapas, existem outras importantes representações do espaço: globos, croquis, plantas e maquetes. Vamos conhecer mais sobre elas.

CROQUIS

Os **croquis** são desenhos esquemáticos ou esboços dos principais elementos de uma paisagem. Em geral, o esboço é chamado de *croqui cartográfico* quando apresenta o espaço visto de cima, em visão vertical. Esse tipo de representação não segue os critérios técnicos exigidos na construção de um mapa, pois os croquis são geralmente produzidos sem rigor cartográfico. Na elaboração de um croqui não é necessário respeitar as proporções entre os elementos representados, ou seja, não há escala. Além disso, os croquis não precisam conter legenda, coordenadas geográficas nem orientação.

Representações como o croqui são muito utilizadas no cotidiano. Um desenho feito por você para explicar a um colega como chegar até sua casa, um esquema contendo o traçado das ruas de uma cidade (figura 23) ou uma ilustração mostrando a localização de uma praça em determinado bairro são exemplos de croqui.

FIGURA 23. PIRACICABA: BAIRRO DE VILA CRISTINA

Fonte: PREFEITURA DO MUNICÍPIO DE PIRACICABA. Disponível em: <http://www.piracicaba.sp.gov.br/semuttran+propoe+-alteracao+no+sentido+de+vias+no+-bairro+vila+cristina.aspx>. Acesso em: 6 fev. 2018.

De olho no mapa

Compare a representação acima com os mapas que você observou ao longo do Tema 4 e responda: por que ela pode ser considerada um croqui?

Reprodução proibida. Art.184 do Código Penal e Lei 9.610 de 19 de fevereiro de 1998.

MAQUETES

As **maquetes** são modelos em miniatura que apresentam três dimensões: altura, largura e comprimento. Podem representar tanto aspectos naturais quanto culturais da paisagem.

As maquetes são muito utilizadas por engenheiros e arquitetos para representar projetos de obras a serem executadas (figura 24). Também são bastante usadas na elaboração de miniaturas, como cidades, rodovias etc.

FRANCO HOFF/PULSAR IMAGENS

Figura 24. As maquetes representam um espaço em miniatura. Com ela podemos observar como é ou como será a configuração desse espaço. Na foto, maquete do município de Treze Tílias (SC, 2013).

PLANTAS

As **plantas** são representações planas e detalhadas de imóveis (casas, apartamentos) ou de áreas relativamente pequenas da superfície terrestre, como bairros, terrenos e fazendas. Elas podem ser utilizadas como referência para o planejamento urbano (para indicar os locais por onde passam tubulações de abastecimento de água e esgoto em uma cidade, por exemplo) ou para o projeto de construções.

Assim como nos mapas, em uma planta devem ser respeitadas as proporções para que a representação seja o mais fiel possível à realidade. Ao contrário dos mapas, no entanto, que representam áreas maiores com escalas muito pequenas (1:10.000.000, por exemplo), as plantas, por representarem áreas menores, exigem escalas grandes (1:100, por exemplo). A relação entre o tamanho da área representada e a escala, portanto, é inversamente proporcional (figura 25).

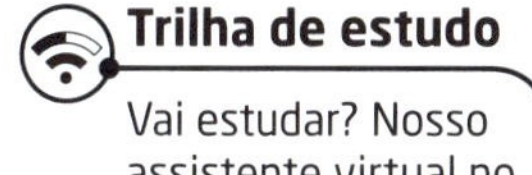
Trilha de estudo

Vai estudar? Nosso assistente virtual no *app* pode ajudar! <http://mod.lk/trilhas>

ALAN CARVALHO

Figura 25. Planta do interior de um imóvel cuja escala é 1:100.

Reprodução proibida. Art.184 do Código Penal e Lei 9.610 de 19 de fevereiro de 1998.

ORGANIZAR O CONHECIMENTO

1. Que tipo de representação mostra a superfície terrestre com menos distorções? Qual é a dificuldade que esse tipo de representação apresenta?

2. Sobre os planisférios, assinale a alternativa correta.

a) Apresentam maior distorção no centro da projeção.

b) As áreas polares são representadas da maneira mais distorcida na projeção cilíndrica.

c) Representam toda a superfície da Terra, sem distorções do contorno dos continentes e oceanos.

d) Representam apenas uma face da superfície terrestre, com distorções do contorno dos continentes e oceanos.

3. Para interpretar um mapa, é preciso estar atento aos elementos da representação cartográfica. Sobre a escala, assinale a alternativa correta.

a) Indica as direções cardeais.

b) Mostra quanto a superfície foi deformada no plano.

c) Identifica os hemisférios Leste e Oeste.

d) Indica quantas vezes o espaço real foi reduzido para ser representado.

e) Localiza um fenômeno na superfície terrestre.

4. Quais são as principais diferenças entre um mapa e um croqui?

5. Sobre as maquetes, responda.

a) O que são?

b) Como são representados os elementos?

c) Quais são seus principais usos?

APLICAR SEUS CONHECIMENTOS

6. Observe o mapa a seguir.

a) Elabore um título para o mapa.

b) Que tipo de símbolo cartográfico é utilizado nesse mapa e o que ele representa?

c) Registre a escala gráfica do mapa em seu caderno.

d) Considerando este mapa, se a distância entre duas cidades for de 7 cm, qual será a distância real entre elas em quilômetros?

Fonte: FERREIRA, Graça M. L. *Atlas geográfico*: espaço mundial. 4. ed. São Paulo: Moderna, 2013. p. 147.

Mapa elaborado com dados de 2010. 1 cm do mapa corresponde a 490 quilômetros no terreno.

Reprodução proibida. Art.184 do Código Penal e Lei 9.610 de 19 de fevereiro de 1998.

7. **Leia a reportagem abaixo e responda.**

Sistema de geoprocessamento na zona rural

"A Polícia Militar (PM) de Luz (MG) iniciou, [...], a implantação do sistema de geoprocessamento da zona rural da área da 107ª Cia. [...]

Várias fazendas do município já estão catalogadas, porém, ainda falta a inserção dos dados. Os donos das propriedades devem comparecer até a Sede do Pelotão, onde será realizado o cadastro da fazenda, e receber um código contendo três letras e quatro números. Desta forma, quando for necessário o acionamento da PM naquela propriedade, o solicitante deverá informar o código fornecido.

O rádio-operador acionará a guarnição que, de posse de um GPS e ao digitar o código informado, será direcionada ao local indicado. Após todos os cadastros, ocorrendo um delito em uma determinada fazenda, pelo código das áreas vizinhas, o rádio-operador também poderá realizar contatos telefônicos e levantar a rota de fuga."

G1. Sistema de geoprocessamento é implantado na zona rural de Luz. Disponível em: <http://g1.globo.com/mg/centro-oeste/noticia/2017/01/sistema-de-geoprocessamento-e-implantado-na-zona-rural-de-luz.html>. Acesso em: 10 abr. 2018.

a) Quais ferramentas a polícia deverá utilizar para realizar a catalogação das fazendas?

b) De acordo com as informações do texto, quais serão os benefícios dessa catalogação?

8. **Observe a foto.**

FERNANDO FAVORETTO/CRIAR IMAGEM

Representação do espaço de uma cidade.

Que tipo de representação ela mostra? Você pode elaborar um modelo tridimensional do seu quarto, da sua casa, da rua onde mora, de uma parte da cidade ou do bairro. Observe atentamente o espaço a ser representado e faça um esboço no papel, anotando todos os elementos. Fique atento à proporção dos elementos que compõem a área que será representada, tanto em relação ao tamanho de cada elemento quanto em relação à distância entre eles. Essa primeira etapa servirá de base para a elaboração da representação, para a qual você vai precisar de:

- cola, tesoura, tintas coloridas e pincéis;
- caixas de sapato ou de fósforos;
- folhas de cartolina e papel colorido;
- uma folha grande de papelão ou uma tábua fina de madeira para suporte;
- material de sucata: garrafas PET, embalagens, canudos, copos plásticos, palitos, jornais e revistas etc.

Defina um ponto de referência para iniciar o desenvolvimento da maquete. Por exemplo, caso decida representar uma parte de seu bairro, selecione um elemento de destaque, como uma praça. Do mesmo modo, caso queira representar onde estuda, comece pelo prédio de sua escola e, em seguida, vá para as ruas e construções do entorno. Selecione os materiais mais adequados para representá-los, levando em conta o tamanho e a forma dos objetos escolhidos para a confecção da maquete.

DESAFIO DIGITAL

9. **Acesse o objeto digital *Projeções cartográficas*, disponível em <http://mod.lk/j9tpk>, e faça o que se pede.**

a) Qual é a importância das projeções cartográficas?

b) Compare as projeções de Eckert II e Lagrange em relação à forma e à área dos continentes.

c) Cite a projeção que mais chamou a sua atenção e explique como os continentes estão representados nela.

Mais questões no livro digital

Reprodução proibida. Art.184 do Código Penal e Lei 9.610 de 19 de fevereiro de 1998.

REPRESENTAÇÕES GRÁFICAS

Mapas mentais

Pense no caminho que você faz da sua casa até a escola: as ruas por onde passa, os pontos de referência que vê pelo caminho, a distância percorrida etc. Nesse momento, você acabou de criar um mapa mental.

Mapas mentais são representações que formamos em nossa mente. Esse tipo de mapa é construído com base na nossa memória e na nossa percepção da realidade e, assim como os croquis, não precisam respeitar as convenções cartográficas.

Mapas mentais são, portanto, esboços da realidade que expressam como cada indivíduo percebe o seu entorno. Por isso, um mapa mental nunca será exatamente igual a outro, mesmo que ambos representem o mesmo percurso.

JUNIOR ROZZO

Menina desenha um mapa mental (SP, 2014).

ATIVIDADES

1. O que é um mapa mental?
2. Por que é pouco provável que duas pessoas elaborem mapas mentais idênticos?
3. Desenhe um mapa mental da escola onde estuda e compare-o com o de seus colegas, apontando as diferenças e as semelhanças entre eles.

Reprodução proibida. Art.184 do Código Penal e Lei 9.610 de 19 de fevereiro de 1998.

Cartografia tátil

O texto a seguir apresenta um ramo da Cartografia que se desenvolveu nas últimas décadas, em que especialistas confeccionam mapas para pessoas cegas ou com baixa visão.

"[...] Por mais populares que sejam os mapas nos dias atuais, e que possam ser acessados e vistos pela maioria da sociedade, existe uma camada minoritária desprovida do sentido da visão que não pode ver e usar esses mapas. Assim como o sentido da visão é reconhecidamente o mais importante canal para a aquisição da informação espacial e geográfica, reconhece-se que os mapas são veículos de informação visual dessas informações. Então, como seria possível tornar os mapas 'visíveis' para as pessoas com deficiência visual? Por que precisam de mapas? Ora, as informações cartográficas para essas pessoas, assim como para as que enxergam, são extremamente importantes para uma compreensão geográfica do mundo; eles possibilitam a ampliação da percepção espacial e facilitam a mobilidade.

[...] os mapas táteis, principais produtos da cartografia tátil, são representações gráficas em textura e relevo, que servem para orientação e localização de lugares e objetos às pessoas com deficiência visual. Eles também são utilizados para a disseminação da informação espacial, ou seja, para o ensino de Geografia e História, permitindo que o deficiente visual amplie sua percepção de mundo; portanto, são valiosos instrumentos de inclusão social. [...]"

LOCH, Ruth E. N. Cartografia tátil: mapas para deficientes visuais. *Portal da Cartografia*. Londrina, v. 1, n. 1, maio/ago. 2008. p. 37 e 39. Disponível em: <http://www.uel.br/revistas/uel/index.php/portalcartografia/article/view/1362/1087>. Acesso em: 5 fev. 2018.

Reprodução proibida. Art.184 do Código Penal e Lei 9.610 de 19 de fevereiro de 1998.

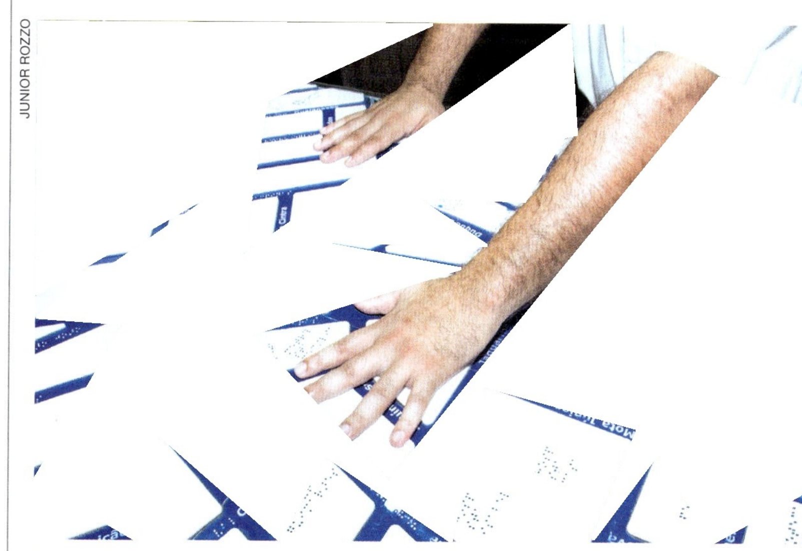
JUNIOR ROZZO

Detalhe de mesa tátil em estação de metrô no município de São Paulo (SP, 2014). Trata-se de um painel tridimensional com informações sobre o entorno da estação. A mesa apresenta ruas e edificações em alto-relevo, texto em braile (sistema de escrita com pontos em relevo, que pode ser lido pelo tato) e letras alfabéticas coloridas, recursos que auxiliam na orientação de pessoas com diferentes níveis de deficiência.

ATIVIDADES

1. **Pense sobre como é desafiador confeccionar um mapa tátil. Coloque-se no lugar de um deficiente visual e faça uma lista do que um mapa tátil deveria ter para ampliar sua percepção espacial e facilitar sua mobilidade.**

2. **Leia alguns procedimentos que devem ser seguidos durante o processo de adaptação de um mapa convencional para um mapa tátil. Use as letras para indicar a atitude mais importante para a realização de cada procedimento. Em seguida, escolha uma atitude e explique o seu significado.**

A. Selecionar os elementos do mapa convencional que serão transcritos para leitura tátil.

B. Transformar variáveis visuais (pontos, linhas e áreas) em variáveis táteis (relevo e texturas).

C. Confeccionar de modo rigoroso as texturas para facilitar a leitura do deficiente visual.

( ) **Pensar com flexibilidade.**

( ) **Esforçar-se por exatidão e precisão.**

( ) **Aplicar conhecimento prévio a novas situações.**

Cólera é uma infecção causada pela bactéria *Vibrio cholerae*. O contágio ocorre por ingestão de alimentos ou água contaminados e entre os sintomas da doença estão diarreia e vômitos. Atualmente, a cólera é bem conhecida, mas nem sempre foi assim. Leia no texto ao lado como o uso da Cartografia foi essencial para a compreensão da forma de contágio dessa doença.

Cartografia aplicada à área de saúde

"A análise da distribuição das doenças e seus determinantes nas populações, no espaço e no tempo é um aspecto fundamental da Epidemiologia e envolve como questões primordiais: Quem adoeceu? Onde a doença ocorreu? Quando a doença ocorreu?

Um estudo clássico é o realizado pelo médico britânico John Snow que, analisando uma epidemia de cólera ocorrida em Londres, no ano de 1854, procurou demonstrar associação entre mortes por cólera e suprimento de água por meio de diferentes bombas públicas de abastecimento. Duas companhias de água concorrentes forneciam água encanada aos lares de Londres: a Lambeth Company e a Southwark and Vauxhall Company. Uma das companhias, a Lambeth, pegava água do Rio Tâmisa, antes da entrada de esgoto de Londres, e a outra companhia retirava água depois desse ponto. Essa era a grande oportunidade para ver se a água contaminada pelo esgoto causava o cólera. Snow obteve uma lista das mortes por cólera na cidade e comprometeu-se a descobrir quais casas utilizavam águas de qual companhia. Os resultados foram conclusivos: enquanto em 10 mil casas abastecidas pela Lambeth Company ocorreram 37 mortes, em 10 mil supridas pela Southwark and Vauxhall Company houve 315 mortes. [...]

Com isso, foi identificada a origem da epidemia mesmo sem conhecer seu agente etiológico. Essa é uma situação em que a relação espacial entre os dados contribuiu significativamente para o avanço na compreensão do fenômeno, sendo considerado um dos primeiros exemplos da análise espacial. [...]

Os mapas temáticos são instrumentos poderosos na análise espacial do risco de determinada doença, apresentando os seguintes objetivos: descrever e permitir a visualização da distribuição espacial do evento; exploratório, sugerindo os determinantes locais do evento e fatores etiológicos desconhecidos que possam ser formulados em termos de hipóteses e apontar associações entre um evento e seus determinantes.

[...]"

HINO, Paula et al. Geoprocessamento aplicado à área de saúde. *Rev. Latino-Am. Enfermagem*, Ribeirão Preto, v. 14, n. 6, p. 939-943, dez. 2006. Disponível em: <www. revistas.usp.br/rlae/article/view/2383>. Acesso em: 30 out. 2016.

Epidemiologia: ramo da medicina que estuda propagação, distribuição, evolução e prevenção de doenças.

Primordial: que é importante.

Etiológico: causador.

LONDRES: MAPA DO CÓLERA – 1854

REPRODUÇÃO

Representação com base nos dados obtidos por John Snow de parte de um bairro de Londres em 1854. Nela, cada pequeno ponto preto representa a localização de cada caso de morte por cólera no bairro e os círculos com a letra P indicam a localização das bombas públicas de abastecimento de água. A escala do mapa foi feita em jardas, unidade de medida utilizada no Reino Unido e nos Estados Unidos, e 1 jarda equivale a 91,44 centímetros. Na representação, as ruas estão escritas na língua inglesa.

Fonte: UCLA Department of Epidemiology. *Mapping the 1854 borad street outbreak*. Disponível em: <http://www.ph.ucla.edu/epi/snow/mapsbroadstreet.html>. Acesso em: 6 fev. 2018.

ATIVIDADES

OBTER INFORMAÇÕES

1. Na representação acima, o tipo de símbolo cartográfico usado para representar as mortes por cólera e a localização das bombas de abastecimento foi o mais adequado? Justifique sua resposta.

2. Por que o número de mortes por cólera nas casas supridas por cada uma das duas companhias de abastecimento de Londres foi tão diferente?

INTERPRETAR

3. No terceiro parágrafo do texto, os autores afirmam: "Essa é uma situação em que a relação espacial entre os dados contribuiu significativamente para o avanço na compreensão do fenômeno, sendo considerado um dos primeiros exemplos da análise espacial". A que fenômeno eles se referem?

4. John Snow "procurou demonstrar associação entre mortes por cólera e suprimento de água por meio de diferentes bombas públicas de abastecimento". Ele conseguiu fazer isso? De que maneira?

PESQUISAR

5. Você conhece outros casos em que o conhecimento cartográfico foi aproveitado para auxiliar a área de saúde?
Em grupos de três alunos, pesquisem outro exemplo em que a análise espacial de algum fenômeno ajudou a compreendê-lo e expliquem para os colegas de que maneira isso ocorreu.

RELEVO

Estudar a origem, as características e as transformações que ocorrem no relevo nos ajuda a compreender a diversidade de paisagens naturais e algumas formas de ocupação humana da superfície terrestre.

Após o estudo desta Unidade, você será capaz de:

- diferenciar as camadas que formam a estrutura interna da Terra;
- compreender os movimentos das placas tectônicas e suas consequências;
- reconhecer as forças internas e externas que atuam na configuração do relevo;
- relacionar as principais formas de relevo com a ocupação do território.

Trecho da rodovia estadual SC-390 na Serra do Rio do Rastro, no município de Bom Jardim da Serra (SC, 2017).

ATITUDES PARA A VIDA

- Persistir.
- Esforçar-se por exatidão e precisão.
- Criar, imaginar e inovar.

COMEÇANDO A UNIDADE

1. Descreva a paisagem retratada na foto. Quais são os elementos naturais e culturais dessa paisagem?

2. Em sua opinião, as formas do terreno retratado na foto sempre foram assim ou se constituíram ao longo de muitos anos?

3. Com base na leitura da imagem, é possível afirmar que o estudo das formas da superfície terrestre é importante para a compreensão do espaço geográfico? Justifique sua resposta.

TALES AZZI/PULSAR IMAGENS

A ESTRUTURA DA TERRA

O que existe no interior da Terra?

Big Bang: uma das teorias sobre a formação do Universo, também chamada A Grande Explosão. De acordo com ela, o Universo teria surgido após uma grande explosão cósmica, ocorrida entre 10 bilhões e 20 bilhões de anos atrás.

Mineral: componente das rochas; corpo natural cristalino de composição química definida.

AS MODIFICAÇÕES NO PLANETA TERRA

Acredita-se que o ***Big Bang*** tenha originado os primeiros elementos do Universo, que, ao longo de bilhões de anos, formaram tudo o que existe hoje em dia: planetas, galáxias, corpos celestes que vagam pelo espaço, além de toda a matéria encontrada nos planetas, inclusive na Terra. O ar que respiramos, os minerais utilizados nas indústrias e todos os elementos encontrados na natureza formaram-se no processo de origem e expansão do Universo.

Desde o *Big Bang*, muitas transformações ocorreram no Universo e nos elementos que nele existem. A Terra, que se originou há cerca de 4,6 bilhões de anos, também apresentava outras feições (figura 1).

As transformações no interior do planeta, a formação das montanhas, a atuação da temperatura, dos ventos e das chuvas provocam intensas modificações nas paisagens. Porém, essas modificações são muito lentas para ser percebidas pelo ser humano em um curto período de tempo. O **tempo geológico** da Terra corresponde ao tempo de existência do planeta, desde a sua formação até os dias atuais.

Reprodução proibida. Art.184 do Código Penal e Lei 9.610 de 19 de fevereiro de 1998.

CARLOS BOURDIEL

Figura 1. No início, a Terra seria uma massa incandescente, e os minerais das rochas estariam sob forma pastosa. À medida que a Terra foi resfriando das camadas mais exteriores para as interiores, esses minerais se solidificaram, formando as primeiras rochas. Representação artística.

Fonte: FONT-ALTABA, M.; ARRIBAS, A. S. M. *Atlas de geologia*. Rio de Janeiro: Livro Ibero-Americano, 1975. p. H-1.

A ESTRUTURA INTERNA DA TERRA

As informações sobre o interior da Terra têm aumentado nas últimas décadas. Mesmo assim, ele continua pouco conhecido. As limitações tecnológicas impedem que as camadas mais profundas do planeta sejam alcançadas: a mais profunda escavação chegou a aproximadamente 13 quilômetros de profundidade, podendo ser considerada insignificante, pois a distância entre o centro e a superfície do planeta é de aproximadamente 6.400 quilômetros.

Apesar disso, com o desenvolvimento de modernos equipamentos e novas técnicas de pesquisa, os cientistas obtiveram alguns dados sobre as camadas mais profundas do planeta sem examinar diretamente seu interior. Dessa forma, foi possível definir que a estrutura interna da Terra é formada por três camadas principais: a **crosta terrestre**, o **manto** e o **núcleo** (figura 2).

FIGURA 2. ESTRUTURA INTERNA DA TERRA

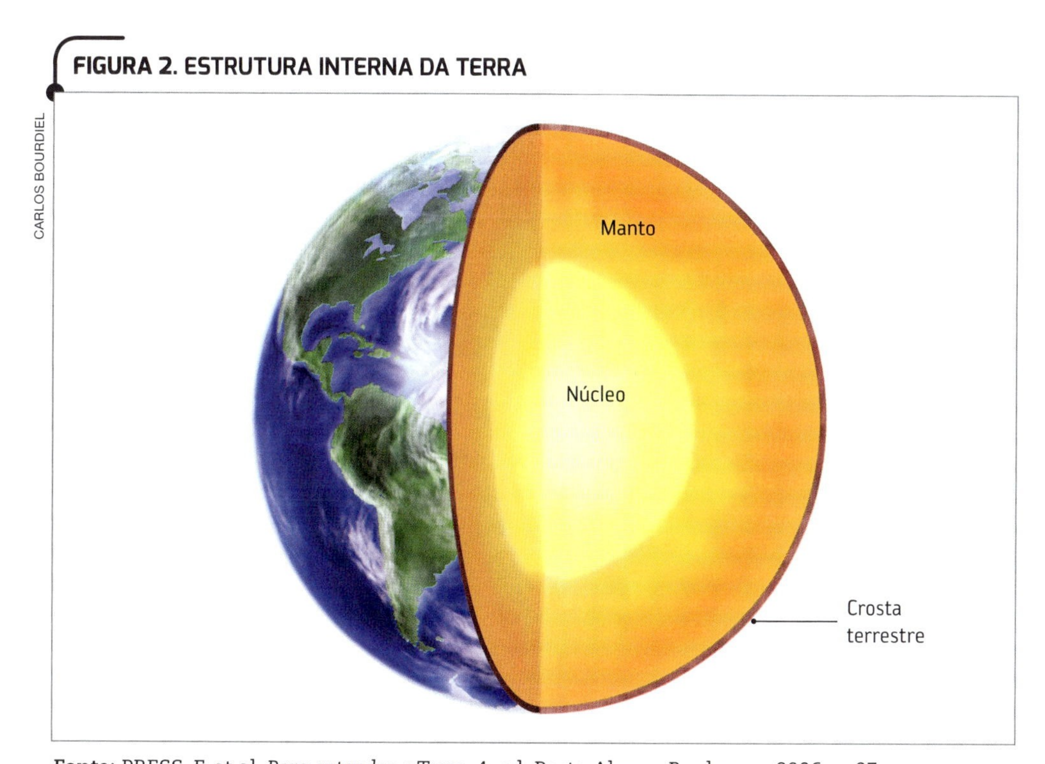

Fonte: PRESS, F. et al. *Para entender a Terra*. 4. ed. Porto Alegre: Bookman, 2006. p. 37.

Reprodução proibida. Art.184 do Código Penal e Lei 9.610 de 19 de fevereiro de 1998.

De olho na imagem

De acordo com a imagem e com seus conhecimentos, crie hipóteses para explicar por que só é possível a existência de formas de vida na crosta terrestre.

CROSTA TERRESTRE

É a camada externa do planeta Terra, formada por minerais e rochas. A crosta terrestre está dividida em duas partes, que têm espessuras diferentes: a crosta oceânica e a crosta continental. A crosta oceânica situa-se abaixo dos oceanos e mares. A crosta continental, mais espessa que a oceânica, forma os continentes e pode atingir 70 quilômetros sob as altas cadeias de montanhas.

Trata-se da camada em que os seres humanos e a natureza constroem e reconstroem o espaço geográfico. A diversidade de formas da crosta terrestre constitui aquilo que chamamos de **relevo**.

MANTO

É a camada intermediária e mais espessa do interior do planeta, com aproximadamente 2.900 quilômetros. A temperatura no manto pode chegar a 3.000 °C. Essa camada é composta de rochas sólidas, porém, a partir de determinada temperatura, pode formar um material pastoso e extremamente quente, chamado **magma**.

NÚCLEO

É a camada mais distante da superfície terrestre. O núcleo é composto principalmente de ferro e níquel e apresenta temperaturas muito elevadas, de cerca de 6.000 °C.

AS PLACAS TECTÔNICAS E OS CONTINENTES

Você consegue imaginar os continentes se deslocando?

A DERIVA CONTINENTAL

No início do século XX, o cientista alemão Alfred Wegener desenvolveu uma teoria chamada **deriva continental**. Segundo essa teoria, os continentes atuais são originários de um único continente que existiu há centenas de milhões de anos, denominado **Pangeia**.

Wegener chegou a essa conclusão após observar, por exemplo, que a costa leste da América do Sul parecia se encaixar na costa oeste do continente africano. Além disso, alguns fósseis de animais e vegetais que viveram há milhões de anos foram encontrados tanto na América quanto na África e em outros continentes, como o mesossauro, pequeno réptil que viveu há cerca de 300 milhões de anos. Ele se deslocava em terra e também conseguia nadar distâncias curtas em água doce.

Fósseis: vestígios de animais ou vegetais que viveram há milhões ou bilhões de anos e que permanecem conservados no solo ou nas rochas, ou registros de seres vivos nas rochas que compõem a crosta terrestre.

Com base nessas e em outras evidências, Wegener concluiu que, muito tempo atrás, os continentes formavam um bloco único e que, ao longo de milhões de anos, esse bloco foi se fragmentando até chegar à disposição atual dos continentes.

Wegener não conseguiu explicar naquela época o que fazia os continentes se moverem. Apenas durante a década de 1950, os cientistas puderam atribuir às correntes de convecção, que estudaremos neste Tema, a causa dos movimentos dos continentes. Mais tarde, no fim da década de 1960, foi finalmente proposta como explicação para esses movimentos a teoria da **tectônica de placas**, atualmente a mais aceita (figura 3). Podemos concluir, assim, que o planeta Terra é dinâmico.

FIGURA 3. MOVIMENTOS DOS CONTINENTES

Há 230 milhões de anos

Há 135 milhões de anos

Dias atuais

Daqui a 150 milhões de anos

Fontes: IBGE. *Atlas geográfico escolar*. 5. ed. Rio de Janeiro: IBGE, 2009. p. 12 e 34; *Paleomap Project*. Disponível em: <www.scotese.com/future1.htm>. Acesso em: 5 abr. 2018.

ILUSTRAÇÕES: PAULO MANZI

Reprodução proibida. Art.184 do Código Penal e Lei 9.610 de 19 de fevereiro de 1998.

AS PLACAS TECTÔNICAS

No Tema 1 desta Unidade, estudamos que a crosta terrestre é composta de minerais e rochas. Essa camada é dividida em diversos pedaços que se encaixam como um grande quebra-cabeça. Cada "peça" desse quebra-cabeça é chamada de **placa tectônica**. A superfície dos oceanos e dos continentes é formada por grandes placas tectônicas – Norte-Americana, Sul-Americana, Africana, Euro-Asiática, Indo-Australiana, do Pacífico, da Antártica – e por outras menores, entre as quais se destacam a Placa de Nazca, a das Filipinas, a Arábica e a Indiana.

As placas se deslocam lentamente sobre o manto, ora se aproximando, ora se afastando uma da outra. Esses movimentos atuam na constituição do relevo e são responsáveis por diversos fenômenos que ocorrem na superfície terrestre. Eles explicam, por exemplo, a formação de cadeias montanhosas e a ocorrência de terremotos.

Observe na figura 4 as principais placas e a direção de seus movimentos.

Reprodução proibida. Art. 184 do Código Penal e Lei 9.610 de 19 de fevereiro de 1998.

FIGURA 4. PLACAS TECTÔNICAS

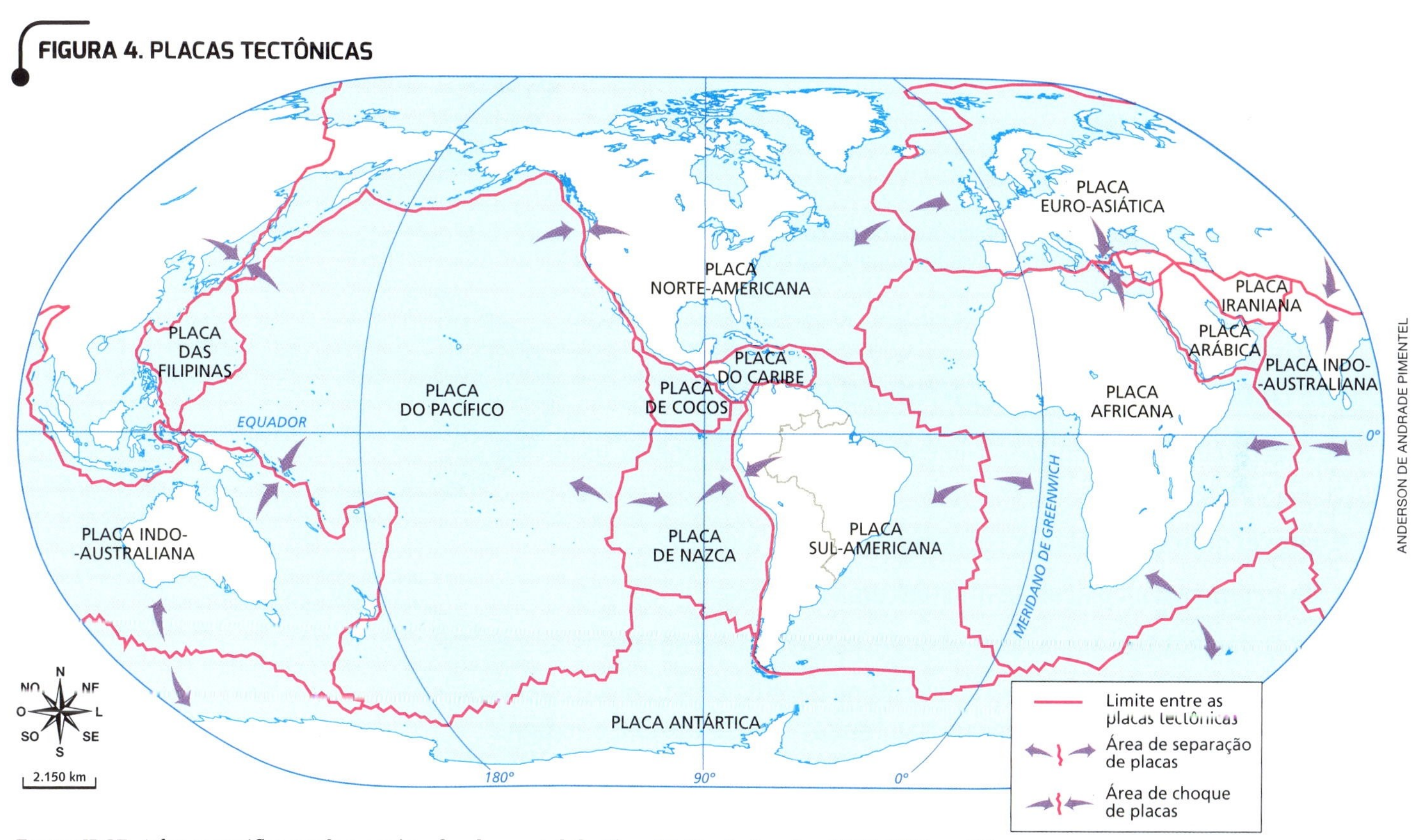

Fonte: IBGE. *Atlas geográfico escolar*: ensino fundamental do 6º ao 9º. Rio de Janeiro: IBGE, 2010. p. 103.

PARA LER

- **A vida dos dinossauros**
  Rosicler Rodrigues Martins. São Paulo: Moderna, 2002.

  Embarque em uma viagem ao mundo dos dinossauros e descubra alguns de seus hábitos e características. O livro aborda também a importância do estudo de fósseis e o trabalho de cientistas e paleontólogos.

O MOVIMENTO DAS PLACAS TECTÔNICAS

Você já observou a água fervendo em uma panela? Algo semelhante acontece no interior de nosso planeta. Graças às chamadas **correntes de convecção**, materiais mais quentes das porções mais profundas do manto são levados para perto da base da crosta terrestre. Ao chegar, eles perdem calor e descem, dando lugar aos materiais mais quentes que estão subindo. Nesse deslocamento, pressionam a parte inferior das placas, fazendo-as se movimentar (figura 5).

FIGURA 5. CORRENTES DE CONVECÇÃO

ILUSTRAÇÕES: PAULO MANZI

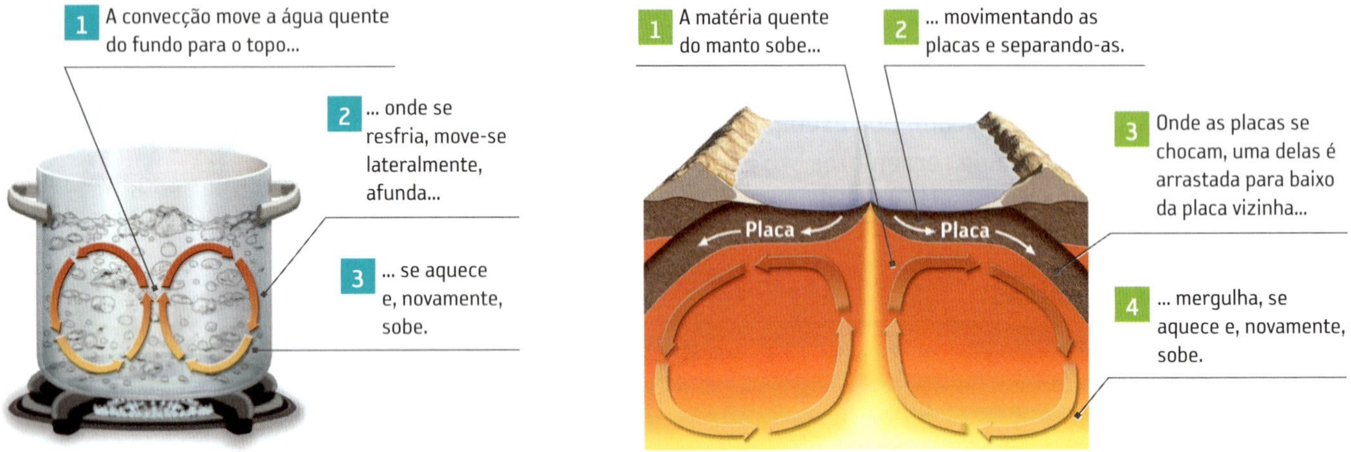

1 A convecção move a água quente do fundo para o topo...

2 ... onde se resfria, move-se lateralmente, afunda...

3 ... se aquece e, novamente, sobe.

1 A matéria quente do manto sobe...

2 ... movimentando as placas e separando-as.

3 Onde as placas se chocam, uma delas é arrastada para baixo da placa vizinha...

4 ... mergulha, se aquece e, novamente, sobe.

Placa

Placa

A água fervendo na panela é um exemplo cotidiano de corrente de convecção. Na segunda ilustração, observa-se uma visão simplificada das correntes de convecção no interior da Terra.

Fonte: PRESS, F. et al. *Para entender a Terra*. 4. ed. Porto Alegre: Bookman, 2006. p. 39.

Reprodução proibida. Art.184 do Código Penal e Lei 9.610 de 19 de fevereiro de 1998.

O QUE OCORRE NOS LIMITES ENTRE AS PLACAS

De acordo com a direção do movimento das placas tectônicas, os limites entre elas podem ser:

- **convergentes:** as placas colidem uma contra a outra;
- **divergentes:** as placas se afastam uma da outra;
- **transformantes:** as placas se atritam, passando uma ao lado da outra.

A pressão exercida pela matéria quente na base da crosta produz rupturas (falhas) e divisões das placas. Nas fendas que se abrem, o magma sobe e extravasa, solidificando-se e formando rochas que passam a fazer parte da crosta. Esses movimentos, quando se repetem continuamente, podem dar origem a uma Cordilheira Mesoceânica, que se constitui em **limite divergente de placas tectônicas** onde ocorrem formação e expansão do fundo oceânico.

Observe na figura 6 a separação das placas Norte-Americana e Euro-Asiática e o afastamento dos continentes, com a Cordilheira Mesoceânica ao centro.

Cordilheira Mesoceânica: cadeia montanhosa submarina, geralmente situada na parte central dos oceanos. Muitas ilhas são os pontos mais altos dessas montanhas, que se elevam acima do nível do mar.

ILUSTRAÇÕES: PAULO MANZI

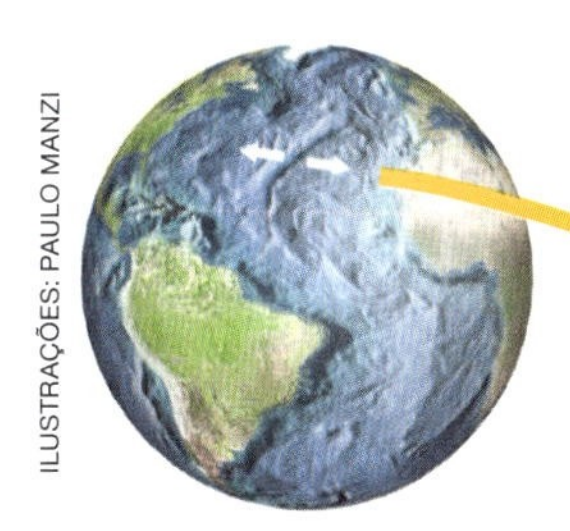

Figura 6. Os cientistas comprovaram a ampliação dos oceanos analisando amostras do fundo oceânico: eles descobriram que as rochas na Cordilheira Mesoceânica são mais recentes que as existentes perto dos continentes.

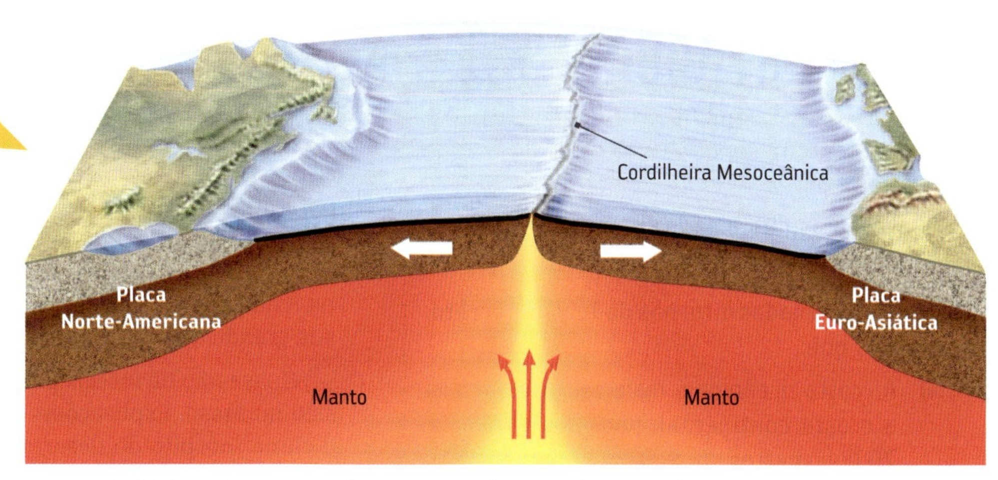

Fonte: PRESS, F. et al. *Para entender a Terra*. 4. ed. Porto Alegre: Bookman, 2006. p. 54.

Como o processo de geração de crosta é contínuo, há locais onde ela é destruída; caso contrário, a superfície da Terra iria se expandir cada vez mais. A destruição da crosta ocorre nos **limites convergentes das placas**. Muitas vezes, quando duas placas se chocam, ambas se deformam, elevando-se. Foi assim que se formou a Cordilheira do Himalaia, na Ásia. Em outros casos, a borda de uma das placas entra embaixo da outra, produzindo dobramentos na placa de cima, como ocorre nos Andes (figura 7).

Reprodução proibida. Art.184 do Código Penal e Lei 9.610 de 19 de fevereiro de 1998.

ILUSTRAÇÕES: PAULO MANZI

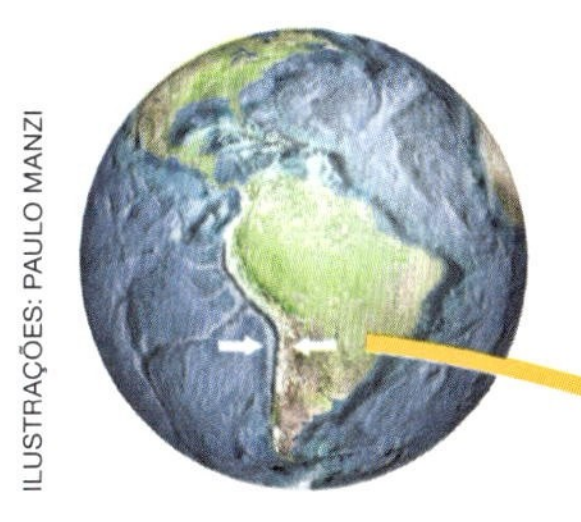

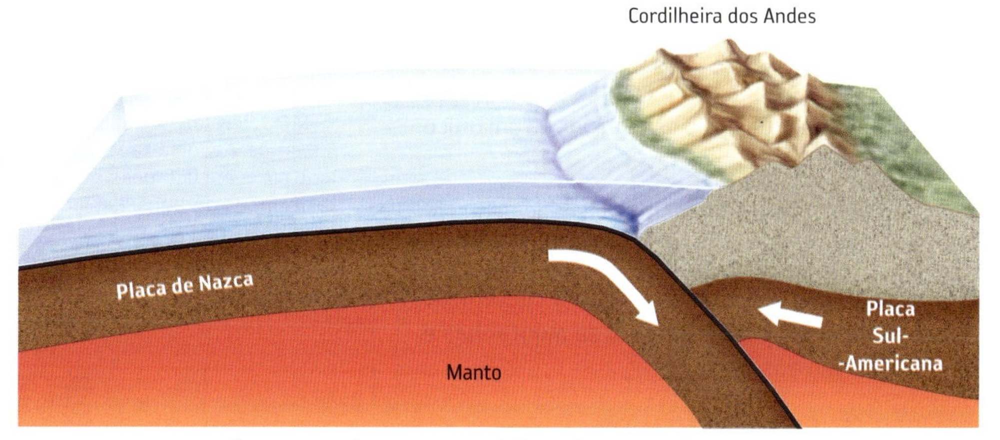

Figura 7. Área de choque entre a Placa de Nazca e a Placa Sul-Americana. A Placa de Nazca é "engolida" pelo manto e ocorre o dobramento da Placa Sul-Americana, formando a Cordilheira dos Andes.

Fonte: PRESS, F. et al. *Para entender a Terra*. 4. ed. Porto Alegre: Bookman, 2006. p. 57.

Nos locais onde as placas deslizam lateralmente uma em relação à outra, não há formação nem destruição da crosta terrestre. Nesses limites se formam **falhas transformantes**. O exemplo mais conhecido é a falha de San Andreas, na Califórnia, em uma zona em que ocorrem intensos terremotos pelo atrito entre a Placa do Pacífico e a Placa Norte-Americana.

PARA PESQUISAR

- **Placas tectônicas – infográfico <apps.univesp.br/placas-tectonicas/>**

  Explore no mapa interativo imagens e outras informações sobre locais caracterizados pelo contato entre placas tectônicas. O *link* também traz um questionário em que você pode testar seus conhecimentos.

ORGANIZAR O CONHECIMENTO

1. **Quais são as dificuldades para o ser humano explorar o interior do planeta Terra?**

2. **Sobre as camadas internas da Terra é correto afirmar que:**

   a) A crosta oceânica é mais espessa do que a crosta continental, podendo chegar a 70 quilômetros em áreas de montanhas.

   b) O magma é um material que se forma no núcleo, sendo este a camada mais afastada da superfície terrestre.

   c) Abaixo do manto as placas tectônicas se movimentam e as temperaturas são muito baixas.

   d) A crosta terrestre é composta de minerais e rochas e é onde natureza e seres humanos produzem o espaço geográfico.

   e) O manto é composto de ferro, níquel e rochas sólidas, que podem derreter e transformar-se em magma.

3. **Com base em quais evidências o cientista Alfred Wegener chegou à conclusão de que os continentes atuais são originários de um único continente?**

4. **O que provoca o movimento das placas tectônicas? Explique.**

5. **Como os movimentos das placas tectônicas podem ocasionar a formação de montanhas e a expansão dos oceanos?**

APLICAR SEUS CONHECIMENTOS

6. **Observe o mapa da figura 4, na página 71, e faça o que se pede:**

   a) Escreva os nomes de duas placas que estão em área de separação e de duas que estão em área de choque.

   b) Comente a localização do Brasil em relação às placas tectônicas.

7. **Leia o texto e responda às questões.**

"No período Jurássico, entre 201 e 145 milhões de anos atrás, a América do Sul e a África encontravam-se unidas. Ficavam bem no meio do antigo megacontinente Gondwana. As correntes de ar saturadas de umidade do antigo oceano Pantalássico não tinham força para atingir o distante centro de Gondwana. Daí a formação de um imenso deserto, o deserto Botucatu. É o mesmo processo que se vê hoje na Ásia Central, cujo clima desértico se deve à sua grande distância dos oceanos.

Quase não há fósseis preservados do Jurássico no Brasil. Explicações, para tanto, seriam o clima inóspito do deserto e também a difícil preservação de fósseis num ambiente de dunas. [...]

Há 140 milhões de anos, a América do Sul e a África começaram a se separar para dar início à abertura do Atlântico Sul. 'O fenômeno que provocou a ruptura de Gondwana foi o surgimento de fraturas profundas na crosta terrestre', diz Batezelli. Por essas fraturas começou a extravasar magma do interior do planeta em quantidades descomunais. À medida que as fendas iam se alargando, e os continentes se afastando, mais lava extravasava, num processo contínuo e muito prolongado, que perdurou de 137,4 a 128,7 milhões de anos atrás."

MOON, Peter. Como era o Brasil há 100 milhões de anos. Agência Fapesp, 3 fev. 2016. Disponível em: <http://agencia.fapesp.br/como-era-o-brasil-ha-100-milhoes-de-anos/22636/>. Acesso em: 4 dez. 2018.

Oceano Pantalássico: na teoria de Alfred Wegener, foi o nome dado ao oceano que rodeava o continente Pangeia.

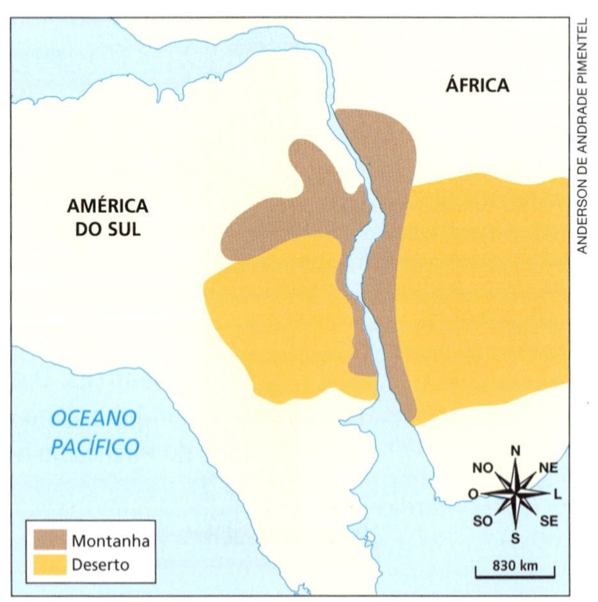

Fonte: A origem da Serra da Canastra. *História das paisagens*. Disponível em: <https://www.historiadaspaisagens.com.br/origem-da-serra-da-canastra/>. Acesso em: 8 fev. 2018.

Reprodução proibida. Art. 184 do Código Penal e Lei 9.610 de 19 de fevereiro de 1998.

a) O texto refere-se a uma teoria que busca explicar o processo de formação dos continentes que existem atualmente na Terra. Qual é o nome dessa teoria e como ela explica esse processo?

b) Além da formação dos continentes, essa teoria explica como o Oceano Atlântico chegou a ter a dimensão que tem hoje em dia. No decorrer do tempo geológico, o Oceano Atlântico expandiu-se ou diminuiu de tamanho? Por quê?

8. **Observe as imagens abaixo e responda às questões.**

DAVID JALLAUD/ALAMY/FOTOARENA

Cordilheira do Himalaia, no Tibete (China, 2017).

Reprodução proibida. Art.184 do Código Penal e Lei 9.610 de 19 de fevereiro de 1998.

B

FRANCOIS GOHIER/SCIENCE SOURCE/FOTOARENA

Falha de San Andreas, na Califórnia (Estados Unidos, 2011).

a) Que tipos de movimento de placas tectônicas ocorreram para a formação das paisagens vistas nas fotos A e B? Explique-os.

b) O que são falhas transformantes?

OS PROCESSOS DE FORMAÇÃO E TRANSFORMAÇÃO DO RELEVO

O que ocasiona transformações no relevo?

AGENTES INTERNOS OU ENDÓGENOS

Agentes internos ou **endógenos** são nomes dados às forças que atuam do interior para o exterior da Terra, provocando modificações na superfície. O tectonismo e o vulcanismo são importantes agentes internos de modificação do relevo.

TECTONISMO E VULCANISMO

O **tectonismo** corresponde à manifestação das forças internas da Terra. O choque entre placas tectônicas, por exemplo, leva à formação de montanhas a partir do enrugamento ou dobramento do relevo nas bordas das placas, como ocorre na Cordilheira dos Andes.

Existem também movimentos de rebaixamento e elevação de grandes extensões que não são causados pelo deslocamento horizontal das placas. Entretanto, esses movimentos são mais difíceis de ser percebidos, pois ocorrem em ritmo muito lento.

As falhas que ocorrem nas zonas de bordas de placas constituem outra expressão de tectonismo. A Serra do Mar originou-se a partir de uma falha e está relacionada à separação continental entre a América do Sul e a África (figura 8).

Figura 8. A Serra do Mar é um conjunto de elevações no litoral brasileiro, estendendo-se do estado do Rio de Janeiro até o norte do estado de Santa Catarina. Na foto, trecho da Serra do Mar, no município de Cubatão (SP, 2015).

Reprodução proibida. Art.184 do Código Penal e Lei 9.610 de 19 de fevereiro de 1998.

Os terremotos são vibrações na crosta terrestre causadas pelo movimento das placas tectônicas, que vão acumulando tensão nas bordas até atingir o limite de resistência das rochas, causando rupturas ou falhas. Eles contribuem para a formação e a transformação do relevo, pois, dependendo da intensidade, podem erguer terrenos ou provocar seu afundamento parcial. Os terremotos acontecem no planeta há milhões de anos, e sua ocorrência em áreas muito habitadas tem provocado a morte de pessoas e a transformação de paisagens.

Todos os dias ocorrem milhares de tremores que não são percebidos pelos seres humanos. Somente equipamentos como os sismógrafos podem registrá-los. Graças a esses equipamentos, e com base em estudos sobre os movimentos das placas tectônicas, há profissionais que sabem quais são as áreas mais propensas a terremotos.

Quando a placa tectônica sofre uma ruptura, o magma, em condições de alta temperatura e pressão, tende a escapar por ela. Se o material extravasa para a superfície, ocorre o fenômeno do **vulcanismo**, isto é, a erupção de vulcões.

O material expelido se solidifica e se transforma em rochas, podendo formar montanhas, planaltos vulcânicos e ilhas. Portanto, o vulcanismo causa alterações no relevo e na paisagem, além de ser uma rica fonte de pesquisa para os cientistas, uma vez que traz para a superfície materiais do interior do planeta.

Veja na figura 9 os locais mais suscetíveis à ocorrência de terremotos e vulcanismo.

Reprodução proibida. Art.184 do Código Penal e Lei 9.610 de 19 de fevereiro de 1998.

FIGURA 9. ZONAS SÍSMICAS E VULCÕES

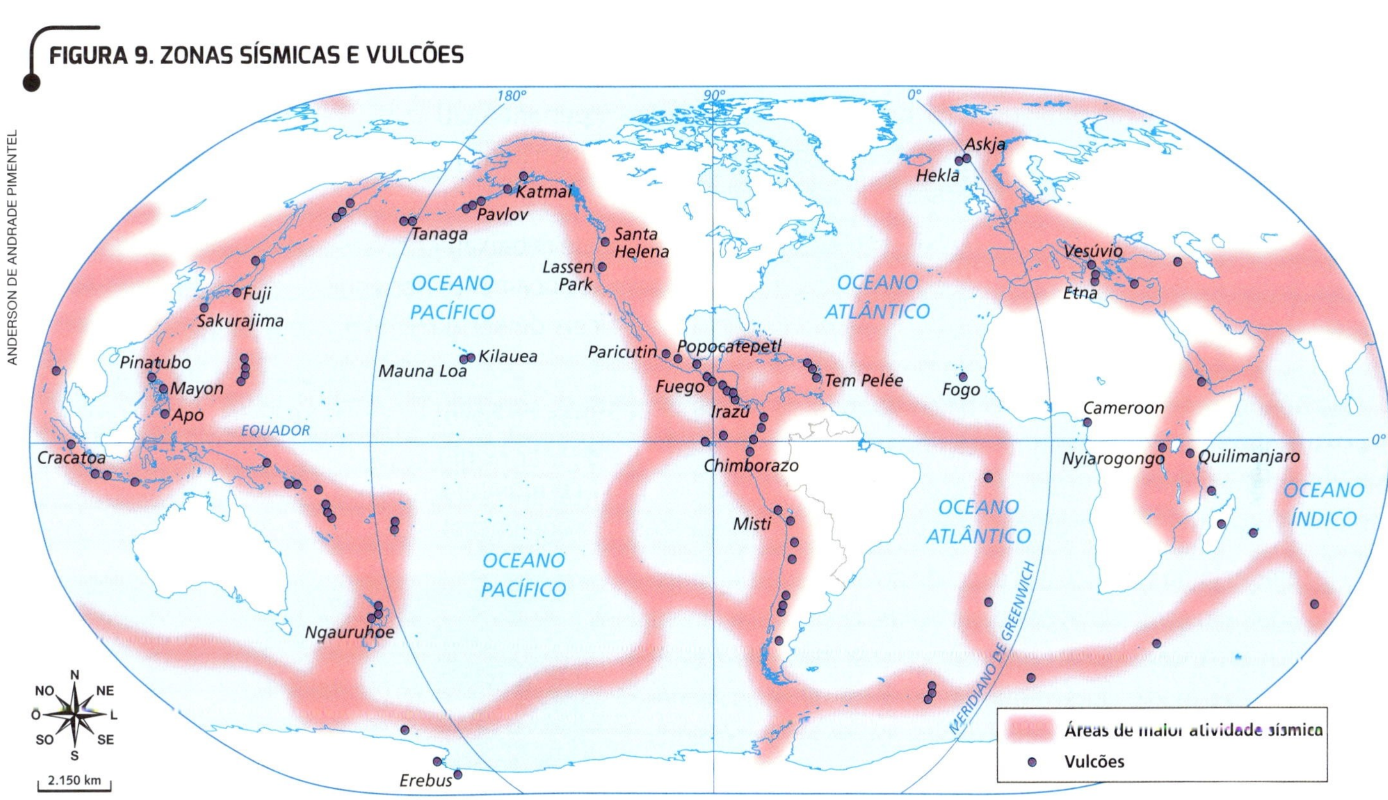

Fonte: IBGE. *Atlas geográfico escolar*: ensino fundamental do 6º ao 9º ano. Rio de Janeiro: IBGE, 2010. p. 103.

De olho no mapa

Compare a localização das áreas de maior atividade sísmica com a forma das placas tectônicas mostradas no mapa da figura 4, da página 71.

PARA PESQUISAR

- **Painel global – Monitoramento da Terra em tempo real <www.painelglobal.com.br>**

  Explore os ícones e as informações do mapa interativo para acompanhar, em tempo real, a localização e a magnitude dos terremotos no planeta e relacioná-los com os contornos das placas tectônicas.

AGENTES EXTERNOS OU EXÓGENOS

Agentes externos ou exógenos são nomes dados aos agentes responsáveis pelo desgaste das rochas, que esculpem o relevo. A água, o vento, as variações de temperatura, os animais e os vegetais são agentes externos do relevo.

As condições climáticas predominantes em determinada área interferem no modo como cada agente atua. Em áreas quentes e úmidas, que ocorrem em grande parte do Brasil, por exemplo, a água é o agente que exerce maior influência sobre o relevo.

Intemperismo e erosão

O recurso audiovisual apresenta as principais causas e consequências dos processos de intemperismo e erosão.

INTEMPERISMO

O conjunto de processos causados pela ação dos agentes externos que ocasiona desintegração e decomposição das rochas é conhecido como **intemperismo**.

O **intemperismo físico** é provocado pelas variações de temperatura diárias. Esse processo, chamado de termoclastia, é produzido pela contração/dilatação dos minerais e das rochas, resultantes do aquecimento e do resfriamento ao longo do dia. As estações climáticas não afetam propriamente esse fenômeno, mas eventualmente podem aumentar ou diminuir sua ocorrência. Com o passar do tempo, esse processo faz com que as rochas sofram fraturas e se fragmentem. O intemperismo físico é mais comum em ambientes desérticos, onde chove pouco e há grande amplitude térmica, ou seja, acentuada variação diária de temperatura.

Contração: ato ou efeito de contrair(-se); encolhimento.
Dilatação: ampliação; aumento do volume de um corpo.

Também ocorre intemperismo físico quando as raízes de plantas exercem pressão sobre as rochas, fragmentando-as (figura 10), e em regiões muito geladas do planeta, onde a água penetra as fendas das rochas e, ao congelar, se expande. Dessa forma, as fraturas nas rochas aumentam e estas se fragmentam.

De olho na imagem

Que tipo de intemperismo físico pode ser caracterizado na foto abaixo? Justifique sua resposta com evidências presentes na imagem.

O **intemperismo químico** é provocado pelas reações químicas entre a água e os componentes das rochas, resultando em sua decomposição. A ação da matéria orgânica exerce influência nesse processo. Musgos e liquens que se instalam sobre as rochas, quando morrem, geram matéria orgânica e, consequentemente, ácidos orgânicos, que vão atuar no intemperismo químico. Pequenos animais, como as minhocas, as formigas e os cupins, também contribuem para o processo de decomposição das rochas. Eles abrem buracos no solo, permitindo que a água atinja a rocha.

PH9362/ALAMY/FOTOARENA

Figura 10. Raízes de uma árvore entre rochas, em Tarbolton (Escócia, 2016).

PARA PESQUISAR

- **Orogênese e epirogênese <http://mecflix.mec.gov.br/video/orogenese-e-epirogenese>**

  Assista ao vídeo para aprofundar o estudo da ação dos agentes internos e externos de modificação do relevo.

O SOLO

A camada superficial de terra com presença de microrganismos vivos, formada a partir de processos mecânicos, químicos e biológicos, é chamada solo.

O solo é uma estrutura em que se pode observar a inter-relação entre clima, relevo e ação de organismos vivos. Nele, se fixam e desenvolvem as plantas e se pratica a agricultura (figura 11).

PARA LER

- **O solo e a vida**
  Rosicler Rodrigues Martins. São Paulo: Moderna, 2013.
  A autora mostra a importância do solo e das rochas e discute a necessidade de preservar esses recursos naturais.

FIGURA 11. EVOLUÇÃO E PERFIL DO SOLO

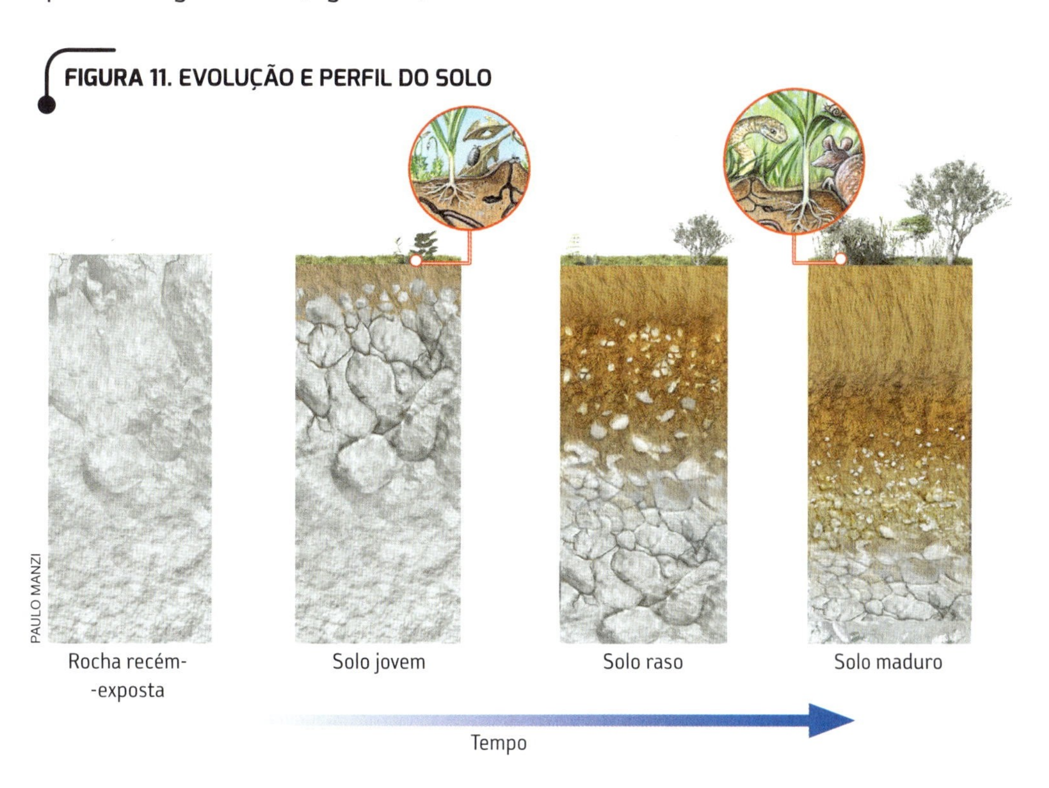

Fonte: FONT-ALTABA, M.; SAN MIGUEL ARRIBAS, A. *Atlas de geologia*. Rio de Janeiro: Livro Ibero--Americano, 1980. p. E-1; GUERRA, Antônio Teixeira; GUERRA, Antônio José T. *Novo dicionário geológico--geomorfológico*. Rio de Janeiro: Bertrand Brasil, 1997. p. 345.

Reprodução proibida. Art.184 do Código Penal e Lei 9.610 de 19 de fevereiro de 1998.

Algumas características usadas para descrever o solo são: **cor** (indica o material de origem), **porosidade** (solos porosos têm maior proporção de espaços ocupados por gases e líquidos), **permeabilidade** (relaciona-se à condição de circulação de água) e **textura** (refere-se ao tamanho das partículas que o compõem). A combinação dessas características indica diferentes tipos de solo.

EROSÃO E SEDIMENTAÇÃO

A **erosão** envolve processos de desgaste das rochas e transporte do material desgastado e de parte do solo. Quando o material removido é depositado em um novo local, ocorre o processo chamado **sedimentação**.

Os processos erosivos podem ser mais lentos ou mais rápidos, de acordo com a intensidade em que atuam os agentes externos. Há diferentes tipos de erosão, como veremos a seguir.

EROSÃO PLUVIAL

Nome dado à erosão provocada pelas águas das chuvas, que atuam tanto na desagregação das rochas como no transporte e na deposição dos sedimentos em zonas mais baixas do terreno. As águas das chuvas que escoam pela superfície são agentes da erosão pluvial (figura 12).

Figura 12. Com a retirada da cobertura vegetal, o impacto da chuva no solo é maior, a infiltração é menor e as águas escorrem mais rápido, carregando maior quantidade de sedimentos. Na foto, enxurrada em uma estrada rural no município de Cambé (PR, 2016).

ERNESTO REGHRAN/PULSAR IMAGENS

EROSÃO FLUVIAL

Ação realizada pelas águas correntes dos rios. As águas fragmentam as rochas e transportam esse material particulado, depositando-o ao longo de seu leito e na desembocadura, em locais onde ocorre sedimentação.

A ação da água corrente no terreno pode escavar vales com extensão de vários quilômetros (figura 13).

Ao longo do rio, também podem-se formar curvas e laços sinuosos, chamados de **meandros**. Quando um meandro perde a ligação direta com o rio, denomina-se **meandro abandonado**.

Vale: depressão alongada, situada na base de um monte ou entre elevações do terreno, como colinas e montanhas, ou cavada pelas águas de um rio ou de uma geleira.

ANDRE DIB/PULSAR IMAGENS

Figura 13. Cânion do Xingó, formado a partir de um processo de erosão fluvial, no município de Delmiro Gouveia (AL, 2016).

EROSÃO MARINHA

A força da água dos mares modifica o relevo nos litorais destruindo as paredes rochosas e formando sedimentos.

As correntes marinhas movimentam esses sedimentos, somados aos provenientes do continente, e os depositam na zona costeira, formando as **praias**. O movimento dessas correntes, quando paralelas à costa, pode dar origem às **restingas**, que são depósitos alongados de areia. A erosão provocada pelas águas do mar pode formar paredões escarpados íngremes, que são as **falésias** (figura 14).

TALES AZZI/PULSAR IMAGENS

Figura 14. Vista de falésias na Praia das Ostras, no município de Prado (BA, 2017).

EROSÃO GLACIÁRIA

Ocorre em regiões de clima frio e temperado. Consiste no deslizamento do gelo, acumulado em zonas mais elevadas, junto com detritos de rocha. A passagem da geleira escava vales, fragmentando a rocha e transportando esse material, que dará origem a depósitos chamados **morainas**.

Os **fiordes** são exemplos de vales glaciais estreitos e profundos que foram escavados pela erosão glaciária e posteriormente preenchidos pela água do mar.

EROSÃO EÓLICA

O processo de erosão eólica ocorre quando as rochas são **desgastadas pelo vento**. Quando partículas de areia são carregadas, a ação erosiva do vento é mais intensa.

Mais comum em regiões litorâneas, desérticas e semiáridas, a erosão pelo vento dá origem a formas específicas (como a de um cogumelo), graças às diferenças de resistência da rocha. O vento também modifica o relevo formando e movimentando dunas de areia.

EROSÃO ACELERADA

Erosão causada pela ação do ser humano e de outros seres vivos.

Para construir casas e pontes e produzir alimentos e bens que usam em seu dia a dia, os seres humanos modificam bastante a superfície terrestre. Seja o corte em uma montanha para passagem de uma estrada, seja o desmatamento de solos ou a extração de minérios, as ações humanas provocam grandes mudanças – e de maneira muito rápida – no relevo.

SAIBA MAIS

Conservar o solo para preservar a água e reduzir a fome

"A ONU declarou 2015 o Ano Internacional do Solo. O objetivo é reduzir o número de pessoas que ainda passam fome no mundo, visto que o aumento da erosão de solos reduz as terras férteis e, logo, a produção de alimentos. [...]

O solo é um recurso essencial para a humanidade, porém visto como um recurso renovável, cuja degradação pode ser revertida rápido. Ao contrário, a formação dos solos é um processo lento, em escala de tempo geológica, durante a qual se formam os minerais e as rochas se desagregam. [...]

De acordo com os fatores de formação, o solo pode apresentar maior concentração de elementos orgânicos, de argila, de ferro, entre outros, o que caracterizará o tipo de atividade para o qual é propício. Por exemplo, para a construção de edificações o solo deve ser coeso, sem grande concentração de areia, um material que se esfarela. Já para a atividade agrícola, deve conter matéria orgânica e elementos essenciais para o crescimento das plantas. [...]

A **FAO** destaca que 33% dos solos mundiais estão degradados.

A atividade agrícola sem cuidados em áreas íngremes pode prejudicar o solo, assim como a mecanização inadequada pode compactá-lo. O arado e a passagem de máquinas produzem erosão pela concentração de água da chuva em pequenos **sulcos**. O processo erosivo favorece a perda de nutrientes para o desenvolvimento das plantas, e pode provocar o empobrecimento [...] do solo, principalmente quando ocorrem queimadas. [...]"

RANGEL, Luana. Conservar o solo para preservar a água e reduzir a fome. *O Eco*, 16 abr. 2015. Disponível em: <http://www.oeco.org.br/colunas/colunistas-convidados/29070-conservar-o-solo-para-preservar-a-agua-e-reduzir-a-fome/>. Acesso em: 5 abr. 2018.

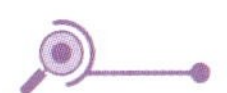

FAO: sigla em inglês para Organização das Nações Unidas para a Alimentação e a Agricultura, órgão da ONU.

Sulco: marca no terreno resultante da erosão provocada pela água das chuvas.

Reprodução proibida. Art.184 do Código Penal e Lei 9.610 de 19 de fevereiro de 1998.

ANDRE DIB/PULSAR IMAGENS

Prática de queimada no Parque Nacional da Serra do Divisor, no município de Mâncio Lima (AC, 2017).

ATIVIDADES

1. De acordo com o texto, qual é a importância da preservação dos solos?
2. Como a ação antrópica pode interferir nos solos?
3. Que tipo de erosão é citada no último parágrafo do texto?

AS PRINCIPAIS FORMAS DO RELEVO TERRESTRE

O relevo influencia a ocupação humana na superfície terrestre?

RELEVO E SOCIEDADE

Como vimos, o relevo é constituído pela diversidade de formas da crosta terrestre. O conjunto de formas da superfície apresenta altitudes e declividades variadas que facilitam ou dificultam a ocupação do espaço e o desenvolvimento das atividades humanas. Por isso, o estudo do relevo é essencial.

Podemos perceber como o relevo terrestre influencia a produção do espaço geográfico se pensarmos em como é difícil abrir ruas ou construir casas e edifícios em terrenos muito irregulares. Para contornar as limitações impostas pelo relevo, os seres humanos desenvolvem técnicas de engenharia cada vez mais sofisticadas (figura 15).

Altitude: distância vertical de um ponto da superfície terrestre em relação ao nível médio do mar (altitude zero).

Declividade: grau de inclinação de uma superfície.

Figura 15. A Rodovia dos Imigrantes, que liga a Região Metropolitana de São Paulo à Baixada Santista, possui uma série de pontes, viadutos e túneis para transpor a Serra do Mar. Na foto, Rodovia dos Imigrantes (SP-160) no município de Cubatão (SP, 2013).

DELFIM MARTINS/PULSAR IMAGENS

O RELEVO EMERSO

As terras emersas são aquelas acima do nível do mar. A seguir, vamos conhecer as principais formas do relevo emerso: montanhas, planaltos, depressões e planícies.

MONTANHAS

As **montanhas** são grandes elevações do terreno com desnível superior a 300 metros em relação à base. Um conjunto de montanhas recebe o nome de **cadeia de montanhas** ou **cordilheira**.

A ocupação do espaço nesse tipo de relevo é dificultada pelas altitudes elevadas e pela disposição íngreme do terreno. No entanto, apesar do difícil acesso, existem áreas montanhosas ocupadas pelo ser humano. A Cordilheira dos Andes, por exemplo, nos territórios de Peru, Bolívia, Argentina e Chile, abriga cidades e povoados (figura 16).

Nessas áreas, a prática de atividades econômicas, como a agricultura, é possibilitada por algumas técnicas desenvolvidas para que essas atividades possam ser realizadas. Uma dessas técnicas é o **terraceamento**, que consiste na construção de degraus nas montanhas. Como cada degrau apresenta uma área plana, nela as pessoas podem plantar (figura 17).

Reprodução proibida. Art.184 do Código Penal e Lei 9.610 de 19 de fevereiro de 1998.

RAYINTS/SHUTTERSTOCK

Figura 16. Povoado na Montanha Pinculluna, na cidade de Ollantaytambo (Peru, 2017). A ocupação dessa localidade é anterior à chegada dos europeus na América.

Figura 17. O terraceamento evita que a água das chuvas escorra com força pelas encostas das montanhas. Os terraços de arroz nas Cordilheiras das Filipinas foram construídos a mais de 2.000 anos e são um Patrimônio Mundial da Unesco, em Ifugao (Filipinas, 2018).

MUNDOSEMFIM/SHUTTERSTOCK

PLANALTOS

Os **planaltos** são terrenos de altitude relativamente elevada onde predomina o desgaste de rochas pela ação das águas das chuvas e dos rios, como também dos ventos.

Os planaltos estão associados a formas variadas de relevo, como chapadas, morros, colinas e serras.

As **chapadas** são superfícies, por vezes horizontais, com mais de 600 metros de altitude e bordas escarpadas devido ao processo de erosão. A **escarpa** é um desnível acentuado no terreno, semelhante a um degrau (figura 18).

ANDRE DIB/PULSAR IMAGENS

Figura 18. Chapadas no Parque Nacional da Chapada Diamantina, no município de Palmeiras (BA, 2016).

Os **morros** são montes arredondados com amplitude de relevo entre 100 e 200 metros. As **colinas**, como os morros, são elevações no terreno, porém com declives mais suaves. Já **serra** é um termo usado para descrever terrenos acidentados com fortes desníveis.

Amplitude de relevo: diferença entre a altitude do cume e a da base de uma forma de relevo.

DEPRESSÕES

As depressões são áreas com altitude inferior à das áreas vizinhas.

As **depressões relativas**, localizadas acima do nível do mar, são rebaixadas em relação ao entorno devido a processos de desgaste (figura 19).

ANDRE DIB/PULSAR IMAGENS

Figura 19. Depressão Sertaneja, grande extensão localizada próxima de áreas mais elevadas do Planalto da Borborema, no município de Teixeira (PB, 2014).

As **depressões absolutas** são áreas continentais situadas abaixo do nível do mar. É o caso do Mar Morto, na Ásia, localizado na área continental de menor altitude da superfície terrestre, a 395 metros abaixo do nível do mar.

PLANÍCIES

As **planícies** são extensões de terrenos pouco acidentados onde predominam os processos de **sedimentação**, ou seja, acúmulo de sedimentos trazidos pela água, pelo vento ou pelo gelo das áreas mais altas. As planícies localizam-se predominantemente no litoral (figura 20) e nas margens de rios, em áreas de baixa altitude, mas também ocorrem no interior de áreas planálticas e montanhosas.

Figura 20. Vista aérea da Praia Rasa, em área de planície, no município de Armação dos Búzios (RJ, 2015).

RICARDO AZOURY/PULSAR IMAGENS

Reprodução proibida. Art.184 do Código Penal e Lei 9.610 de 19 de fevereiro de 1998.

O RELEVO SUBMERSO

Assim como as terras emersas, as terras submersas apresentam diversas formas de relevo, com destaque para as margens continentais, as bacias oceânicas e as cordilheiras mesoceânicas (figura 21).

FIGURA 21. RELEVO SUBMERSO

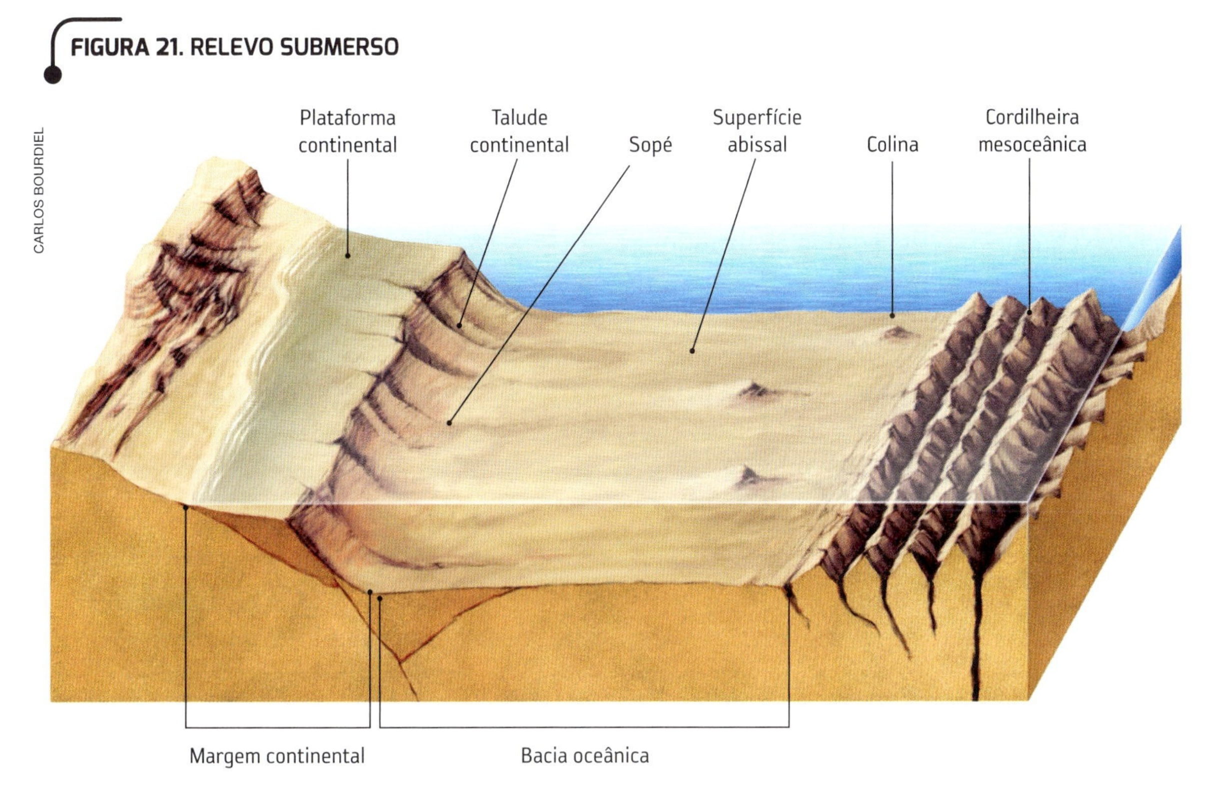

Fonte: SUERTEGARAY, Dirce M. A. (Org.). *Terra*: feições ilustradas. Porto Alegre: UFRGS, 2003. p. 24, 28, 34, 44, 45, 46 e 47.

Reprodução proibida. Art.184 do Código Penal e Lei 9.610 de 19 de fevereiro de 1998.

MARGENS CONTINENTAIS

As **margens continentais** limitam a crosta continental e a crosta oceânica. São os terrenos submersos situados nas bordas dos continentes.

A plataforma continental, o talude continental e o sopé formam a margem continental. A plataforma é a parte submersa do continente; o talude é o término da crosta continental, uma escarpa localizada entre a plataforma continental e as bacias oceânicas; e o sopé é a faixa limítrofe da margem continental, entre a planície abissal e o talude.

BACIAS OCEÂNICAS

As **bacias oceânicas** são terrenos situados em geral entre 2.000 e 5.000 metros de profundidade que se estendem entre a margem continental e as cordilheiras mesoceânicas. Na superfície das bacias encontramos o piso abissal (formado pela planície abissal e por colinas), elevações oceânicas e montes submarinos.

CORDILHEIRAS MESOCEÂNICAS

As **cordilheiras** ou **dorsais mesoceânicas** estão localizadas nas porções centrais dos oceanos. São cadeias montanhosas submarinas formadas nos locais onde há separação de placas tectônicas (limites divergentes).

Suas porções mais altas estão situadas entre 2.000 e 4.000 metros acima do assoalho oceânico, porém há picos muito elevados, que ultrapassam a superfície dos oceanos, formando ilhas, como a Islândia, na Europa.

FORMAS DE RELEVO: CURVAS DE NÍVEL

Você já reparou que as camadas que compõem mapas de relevo possuem cores diferentes? Essa variedade é determinada pelas curvas de nível, um recurso utilizado para representar a altitude de vários pontos do relevo. Para isso, técnicos visitam o terreno e marcam as coordenadas exatas de cada ponto medido. Os dados e as marcações obtidos são lançados em uma planta ou em um mapa, com o objetivo de ligar os pontos de mesma altitude, criando curvas de nível separadas por intervalos; por exemplo, de 10 em 10 metros. Cada intervalo pode ser representado por uma cor, seguindo uma sequência cromática.

Observe cada etapa da sequência representada abaixo (figura 22).

FIGURA 22. DELIMITAÇÃO DE CURVAS DE NÍVEL

1. Marcação dos pontos e dos valores das altitudes coletados em campo.

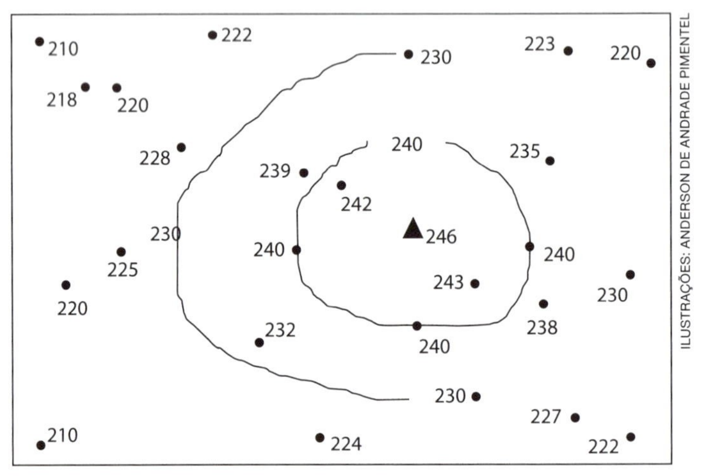

2. União dos pontos de igual altitude.

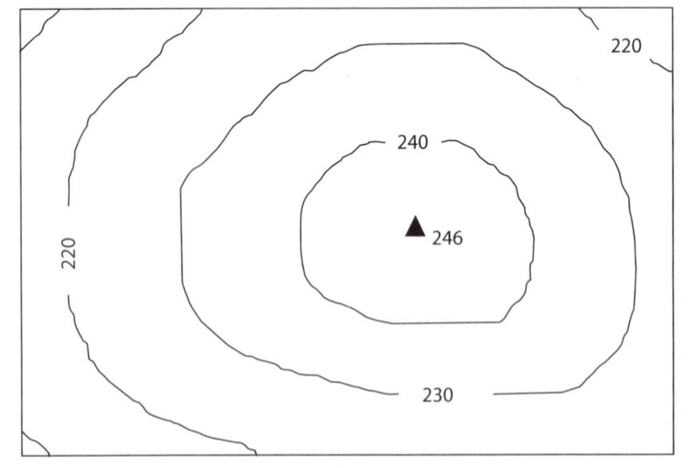

3. Finalização das curvas de nível.

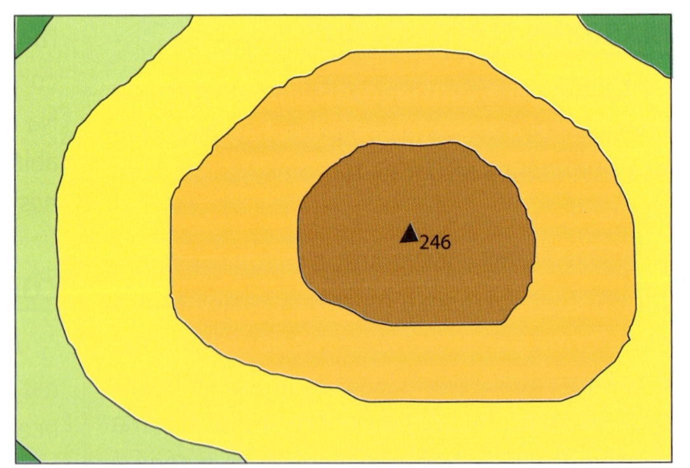

4. Coloração: verde para áreas mais baixas, amarelo para as médias, laranja para as elevadas, e marrom para as muito elevadas.

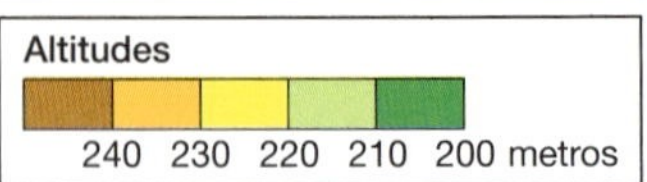

ILUSTRAÇÕES: ANDERSON DE ANDRADE PIMENTEL

Reprodução proibida. Art.184 do Código Penal e Lei 9.610 de 19 de fevereiro de 1998.

De olho na imagem

Como o uso de curvas de nível possibilita a representação do relevo em um mapa?

PERFIL TOPOGRÁFICO

Após a delimitação das curvas de nível, é possível perceber os pontos mais elevados e mais baixos da superfície terrestre. Observe no mapa o intervalo de altitudes, em metros, demarcado por curvas de nível (figura 23).

FIGURA 23. MUNDO: FÍSICO

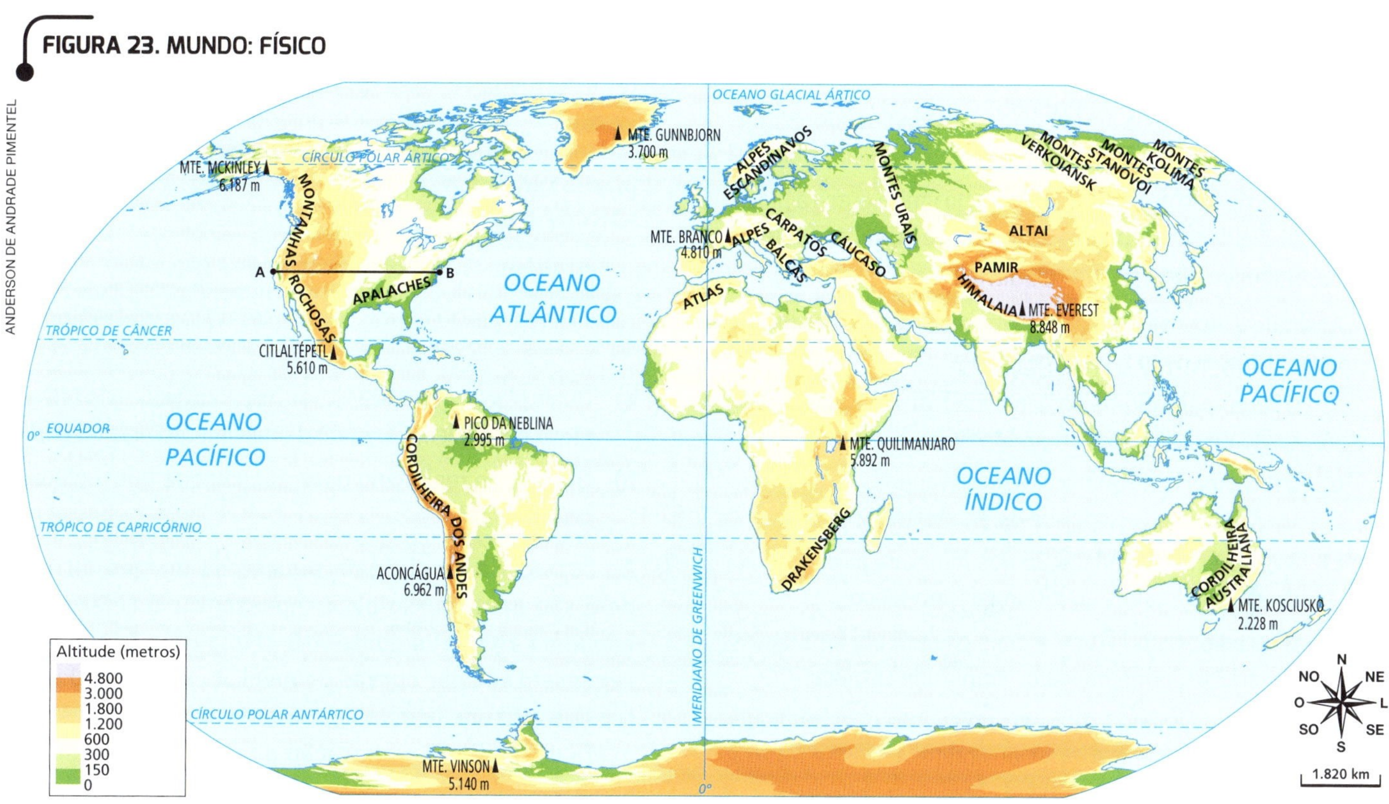

Fonte: IBGE. *Atlas geográfico escolar*. 7. ed. Rio de Janeiro: IBGE, 2016. p. 33.

Com base nas curvas de nível, pode-se elaborar outro tipo de representação do relevo. O **perfil topográfico** é a representação de um corte vertical e em linha reta da superfície terrestre, em que um eixo mostra as altitudes, e o outro, as distâncias.

Observe o perfil elaborado com base no segmento A-B traçado no mapa acima, no continente americano (figura 24).

Trilha de estudo

Vai estudar? Nosso assistente virtual no *app* pode ajudar! <http://mod.lk/trilhas>

FIGURA 24. PERFIL TOPOGRÁFICO

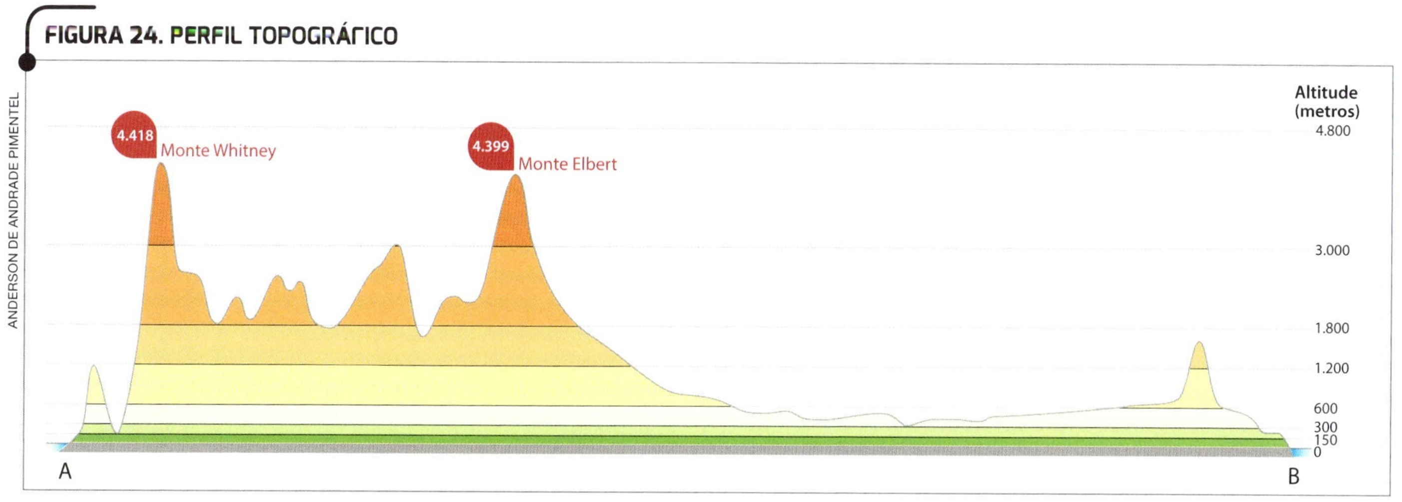

Fonte: elaborado com base em FERREIRA, Graça M. L. *Geografia em mapas*: América e África. 5. ed. São Paulo: Moderna, 2014, p. 21.

Reprodução proibida. Art.184 do Código Penal e Lei 9.610 de 19 de fevereiro de 1998.

ORGANIZAR O CONHECIMENTO

1. **Observe novamente a figura 9, presente na página 77, para responder aos itens.**

a) Em que parte da América do Sul há maior concentração de vulcões ativos?

b) Que tipo de movimento ocorre no limite entre a placa do Pacífico e a placa Euro-Asiática? Qual é a consequência desse fenômeno?

2. **Assinale a alternativa que não caracteriza corretamente o intemperismo.**

a) O intemperismo físico ocasiona fraturas e fragmentação de rochas ao longo do tempo.

b) O intemperismo químico é comum apenas em ambientes frios, já que depende da água para ocorrer.

c) A contração e a dilatação dos minerais e rochas são processos ligados ao intemperismo físico.

d) O intemperismo físico é mais comum em ambientes desérticos, onde há maior amplitude térmica.

e) Pequenos animais influenciam no intemperismo químico ao abrirem buracos por onde a água se infiltra mais facilmente.

3. **Qual é a relação entre as formas de relevo e a distribuição da população pela superfície terrestre?**

4. **Responda aos itens abaixo de acordo com as principais formas do relevo emerso.**

a) Em qual forma de relevo predomina o processo de sedimentação?

b) As chapadas e as escarpas estão relacionadas a qual forma de relevo?

c) Em qual forma de relevo é comum a prática do terraceamento? Em que consiste essa técnica?

5. **Reveja a figura que representa as formas de relevo submerso, na página 85, e responda:**

a) O que são margens continentais?

b) Qual é a relação entre as dorsais mesoceânicas e os limites divergentes de placas tectônicas?

APLICAR SEUS CONHECIMENTOS

6. **Leia o texto e observe a imagem para responder aos itens.**

"[...] A maior parte do México está sobre o extremo sudoeste da placa norte-americana. Aqui, ela se encontra com a placa de Cocos, sobre a qual descansa o Oceano Pacífico, que banha as costas ocidentais da América Central. Essa placa entra por baixo da norte-americana e é esse processo [...] que gera a tensão que, a cada determinado período de tempo, é liberada no formato de terremotos. Esse choque entre placas também é a causa da grande concentração de vulcões. [...]."

CRIADO, Miguel Ángel. Por que o México tem terremotos? *El País*, 21 set. 2017. Disponível em: <https://brasil.elpais.com/brasil/2017/09/20/internacional/1505919204_074699.html>. Acesso em: 4 abr. 2018.

a) Quais placas tectônicas foram responsáveis pelo terremoto no México? Que tipo de movimento elas fazem?

b) Qual outro fenômeno natural o choque entre placas pode gerar?

7. **As curvas de nível ligam pontos de mesma altitude e são um recurso para representar o relevo. No esquema abaixo, o corte A-B cruza uma superfície representada por curvas de nível. A curva de 20 metros de altitude já está representada no perfil topográfico. Finalize a elaboração do perfil, inserindo as outras marcações.**

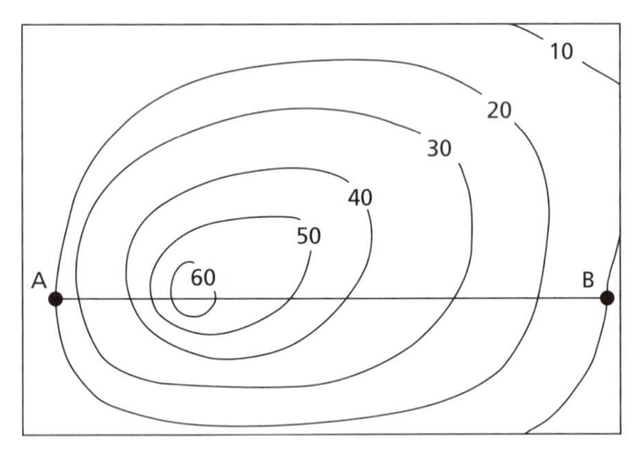

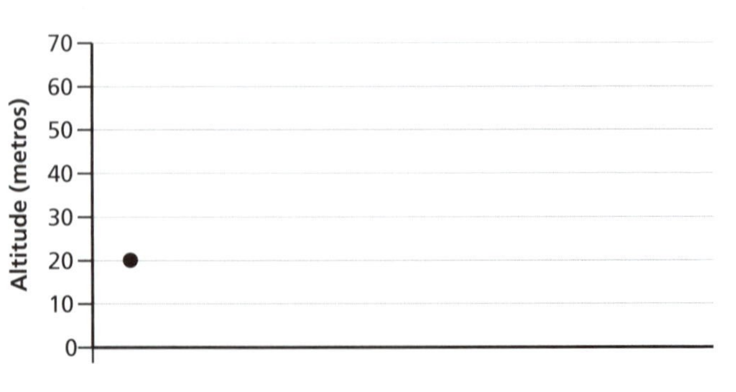

ERICSON GUILHERME LUCIANO

Reprodução proibida. Art.184 do Código Penal e Lei 9.610 de 19 de fevereiro de 1998.

8. Observe a tabela, leia o enunciado e assinale a alternativa correta.

Escala Richter	
Magnitude (graus)	**Resultado no epicentro**
0,0 a 1,9	O tremor de terra pode ser detectado apenas por sismógrafos
2,0 a 2,9	Objetos pendurados podem balançar
3,0 a 3,9	Comparável à vibração de um caminhão passando próximo
4,0 a 4,9	Pode quebrar janelas e derrubar objetos pequenos ou desequilibrados
5,0 a 5,9	A mobília se move e o reboco da parede cai
6,0 a 6,9	Dano a construções fortes; dano severo a construções fracas
7,0 a 7,9	Prédios saem das fundações; rachaduras surgem na terra; tubulações subterrâneas se quebram
8,0 a 8,9	Pontes se rompem; poucas construções resistem de pé
> 9	Destruição quase total; ondas se movendo pela terra são visíveis a olho nu

Fonte: *Revista Galileu*. Disponível em: <http://revistagalileu.globo.com/Galileu/0,6993,ECT803840-1716,00.html>. Acesso em: 6 fev. 2018.

Em 27 de fevereiro de 2010, ocorreu no Chile um terremoto de magnitude 8,8 graus na escala Richter. Em algumas localidades, os danos foram similares aos descritos na penúltima linha da tabela. Entre outros fatores, isso se deve

a) à grande quantidade de pontes existentes no Chile.

b) à localização do território chileno em uma zona sísmica.

c) à imprevisibilidade dos terremotos e de suas consequências.

d) à baixa qualidade das construções chilenas.

DESAFIO DIGITAL

9. Acesse o vídeo disponível em <http://mod.lk/y3wpp> e responda às questões.

a) Você já viu algo semelhante ao que é apresentado?

b) Descreva o que você está observando.

c) Qual é a relação entre o que está ocorrendo no vídeo e a formação do relevo?

Reprodução proibida. Art.184 do Código Penal e Lei 9.610 de 19 de fevereiro de 1998.

REPRESENTAÇÕES GRÁFICAS

O bloco-diagrama

Bloco-diagrama é um recorte esquemático que mostra em três dimensões (altura, largura e profundidade) parte da superfície terrestre.

Esse tipo de representação mostra a paisagem em uma visão oblíqua segundo a posição do observador, dando a ideia de volume.

De maneira geral, a interpretação de um bloco-diagrama é simples, pois não exige o conhecimento de convenções cartográficas ou a consulta a uma legenda. Por meio de blocos-diagramas, é possível criar esquemas explicativos da dinâmica interna do planeta ou de processos como a formação das montanhas, conforme vimos nesta Unidade.

Sua elaboração pode ser feita respeitando as proporções reais ou com exageros verticais para destacar as formas representadas. No bloco-diagrama abaixo, as proporções reais não são respeitadas.

Desenhar manualmente um bloco-diagrama exige muita habilidade. Hoje, contudo, há programas de computador especializados que produzem blocos-diagramas digitais com base em informações georreferenciadas.

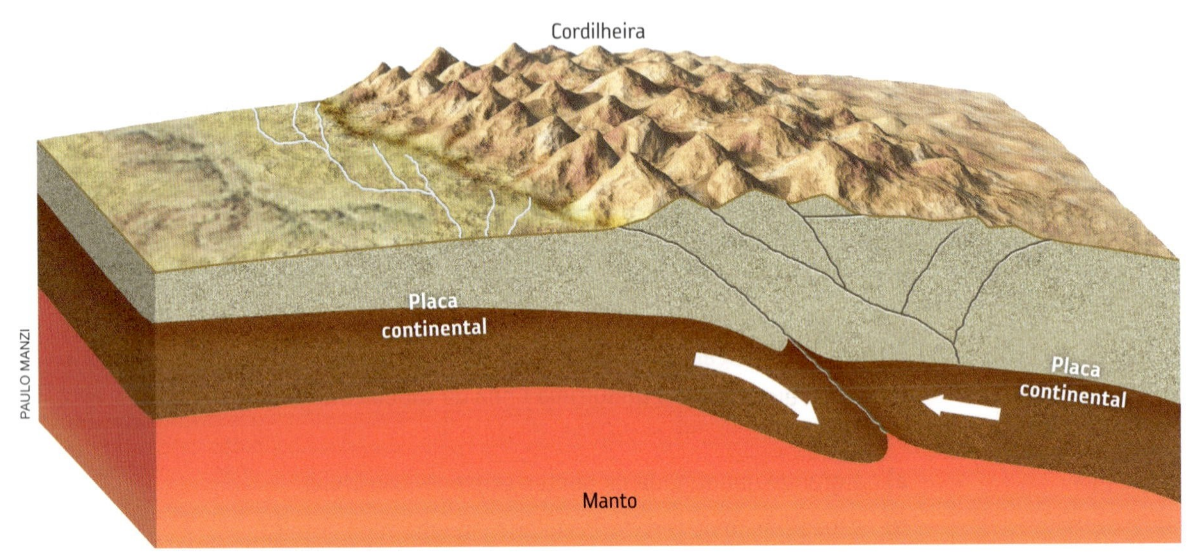

Fonte: PRESS, F. et al. *Para entender a Terra*. 4. ed. Porto Alegre: Bookman, 2006. p. 57.

Reprodução proibida. Art.184 do Código Penal e Lei 9.610 de 19 de fevereiro de 1998.

ATIVIDADES

1. Que informações sobre a estrutura representada podemos extrair desse bloco-diagrama que um mapa dificilmente mostraria?
2. Que fenômeno esse bloco-diagrama representa? Explique-o e indique suas possíveis consequências.
3. Pesquise uma imagem que permita a visualização oblíqua de uma paisagem. Em seguida, represente-a por meio de um bloco-diagrama considerando as três dimensões necessárias: altura, largura e profundidade. Troque o seu desenho com um colega de sala, para que ele indique possíveis melhorias. Após a conclusão do desenho, responda: Quais são as vantagens do uso dos blocos-diagramas para representar determinada porção do espaço?

Um homem no topo do mundo

Conheça a história de um alpinista que escalou as maiores montanhas do mundo em busca de cenários não visuais.

"Jan Riha é um alpinista tcheco que acaba de se transformar no primeiro cego a conquistar o Aconcágua, a montanha mais alta da América do Sul, através da rota mais complicada e perigosa, e agora sonha em fazer o mesmo com os chamados Sete Cumes, os picos mais altos de cada continente.

Em seu retorno a Praga, após 25 dias de expedição na Argentina, o alpinista de 37 anos disse [...] que 'as montanhas não são fáceis. Se fosse tão fácil, iria qualquer um, mas não se trata de um passeio pela cidade'.

Subir até o cimo do Aconcágua a quase 7.000 metros de altitude é um desafio para qualquer desportista, mas ainda mais para um cego que a 30 centímetros só percebe um horizonte escuro e reconhece as pessoas pela voz. [...]

Foi o final feliz de uma travessia exigente, para não dizer extenuante, sobretudo se você não vê o solo sob seus pés e deve andar por pedras e atravessar uma geleira.

[...]

'Nós quisemos andar por uma via que não tivesse sido percorrida por um cego. E saindo de Punta de Vacas, mesmo para um montanhista em todas suas faculdades, é um pesadelo', explicou Viktor Novak, um dos companheiros de Riha na expedição.

'Para mim foi muito complicado o terreno, com muita pedra, mas não foi nada dramático', minimizou o alpinista cego. [...]

Riha perdeu a vista após sofrer uma pneumonia pulmonar quando era um bebê, já que durante o tratamento lhe aplicaram oxigênio e isto afetou seus nervos oculares – o que não o impediu de começar desde cedo a praticar o atletismo e a escalada. [...]

EFE/EFEVISUAL

O alpinista tcheco Jan Riha no Aconcágua, montanha situada na Cordilheira dos Andes (Argentina, 2013).

'Sinto o som das montanhas, os animais, o vento. Os que vão comigo me descrevem. E sinto por onde vou pisando', comentou Riha, que tem um ouvido muito agudo e uma capacidade de orientação prodigiosa. [...]"

Alpinista cego quer chegar ao topo das sete montanhas mais altas do mundo. *Terra*, 24 dez. 2013. Disponível em: <https://www.terra.com.br/esportes/alpinista-cego-quer-chegar-ao-topo-das-sete-montanhas-mais-altas-do-mundo,dcc6bae006d03410VgnCLD2000000dc6eb0aRCRD.html>. Acesso em: 7 fev. 2018.

ATIVIDADES

1. Selecione trechos do texto com situações em que as atitudes abaixo foram necessárias.
   - Persistir.
   - Imaginar, criar e inovar.
   - Esforçar-se por exatidão e precisão.
2. Quando interagimos com outras pessoas e precisamos resolver algum problema, na escola ou fora dela, precisamos agir com consciência. Você se lembra de alguma situação em que teve uma das atitudes listadas na atividade anterior em sua vida? Escreva como isso aconteceu.

Reprodução proibida. Art.184 do Código Penal e Lei 9.610 de 19 de fevereiro de 1998.

COMPREENDER UM TEXTO

Ao desenterrar fósseis de animais marinhos, cientistas deixaram de lado qualquer dúvida sobre o fato de que o mar, há milhões de anos, invadiu parte da área que hoje corresponde ao Nordeste do Brasil.

Fósseis provam que o Sertão já foi oceano

"Pesquisadores da Universidade Regional do Cariri (Urca) desenterraram fósseis de duas espécies de ouriços e comprovaram que o Sertão, sim, já foi um imenso mar.

'Se restava alguma dúvida sobre a inundação do oceano no interior do Nordeste, agora isso está enterrado', diz o geólogo Alexandre Feitosa Sales. É que os ouriços são animais aquáticos exclusivos de água salgada.

O Atlântico começou a banhar o Nordeste há cerca de 120 milhões de anos. Na região do Araripe, entre o Ceará, Pernambuco e Piauí, os fósseis marinhos foram datados em 110 milhões.

O mar entrou pelo caminho aberto no meio de um antigo continente, chamado Gondwana, que estava se partindo ao meio. A separação deu origem à América e à África, além de criar o Atlântico Sul.

'Durante tempestades o mar depositava os organismos marinhos, que posteriormente eram fossilizados', descreve Sales, que realizou a pesquisa [...].

Além dos ouriços-do-mar, chamados pelos especialistas de equinoides, a equipe de Sales se deparou com mais de cinco tipos de gastrópodes (búzios) e mais de 10 bivalves, moluscos formados por duas conchas.

O levantamento da Urca, realizado em 2005, foi uma das pesquisas apresentadas à Organização das Nações Unidas para Educação, Ciência e Cultura (Unesco, na sigla em inglês) para a transformação da área num geoparque.

Gondwana: grande continente hipotético que teria existido no Hemisfério Sul e que compreendia as massas continentais da América do Sul, África do Sul, Índia e Austrália.

Reprodução proibida. Art.184 do Código Penal e Lei 9.610 de 19 de fevereiro de 1998.

Geoparques são áreas que têm suas riquezas geológicas e paleontológicas reconhecidas pela Unesco.

[...]

'Há ainda sapos, tartarugas, crocodilos, escorpiões, aranhas e invertebrados marinhos, como os equinoides', afirma Sales. 'Mas acreditamos que isso é muito pouco, ainda, diante da diversidade fossilífera que a região guarda.'

Um terço de todos os pterossauros descritos no planeta tiveram seus fósseis descobertos no local, que abriga mais de 20 ordens de insetos fossilizados, com idade estimada entre 70 e 120 milhões de anos.

Os fósseis se concentram na chamada Formação Santana, que se espalha por 250 km de extensão por 50 km de largura. A camada onde os animais e plantas petrificados são achados alcança 200 metros.

[...]

A proposta da Urca, que tem apoio do Governo do Ceará e prefeituras, é fazer do turismo científico um instrumento de geração de renda na região.

'No lugar de comprar fósseis, que é uma atividade ilegal, o visitante agora pode contemplar a área e adquirir suvenires.'"

UFCG. *Fósseis provam que o Sertão já foi oceano*. Disponível em: <www.ufcg.edu.br/prt_ufcg/assessoria_imprensa/mostra_noticia.php?codigo=6092>. Acesso em: 6 abr. 2018.

Reprodução proibida. Art.184 do Código Penal e Lei 9.610 de 19 de fevereiro de 1998.

ATIVIDADES

OBTER INFORMAÇÕES

1. De acordo com o texto, que descoberta feita por pesquisadores comprova que o Sertão brasileiro já foi um mar?

INTERPRETAR

2. Qual é a importância da teoria da deriva continental para concluir que a região do Araripe esteve coberta por água?
3. É possível que algum dia a região volte a ser mar? Justifique a sua resposta.
4. Explique a importância de um geoparque em uma região como a do Araripe.

USAR A CRIATIVIDADE

5. Construa uma história em quadrinhos que descreva a formação e o desaparecimento do mar da região do Araripe.

ILUSTRAÇÕES: FARRELL

HIDROGRAFIA

A hidrografia nos ajuda a compreender a distribuição e os usos da água no planeta. A conservação desse recurso natural é indispensável para os seres vivos.

Após o estudo desta Unidade, você será capaz de:

- caracterizar as dinâmicas do ciclo hidrológico e dos oceanos e mares;
- identificar os principais usos e problemas ambientais dos oceanos e mares;
- reconhecer a distribuição da água doce no planeta Terra;
- refletir sobre a necessidade de conservação dos recursos hídricos.

ATITUDES PARA A VIDA

- Questionar e levantar problemas.
- Imaginar, criar e inovar.

No comércio internacional, mais de 80% do volume de mercadorias são levados de um país a outro por transporte marítimo. Na foto, navio de carga transportando contêineres na entrada do Porto de Paranaguá, no município de Paranaguá (PR, 2016).

COMEÇANDO A UNIDADE

1. Observe a foto com atenção. Que tipo de uso do oceano é retratado?
2. Qual é a importância dos oceanos para o desenvolvimento das sociedades?
3. A exploração dos oceanos pode gerar problemas ambientais?

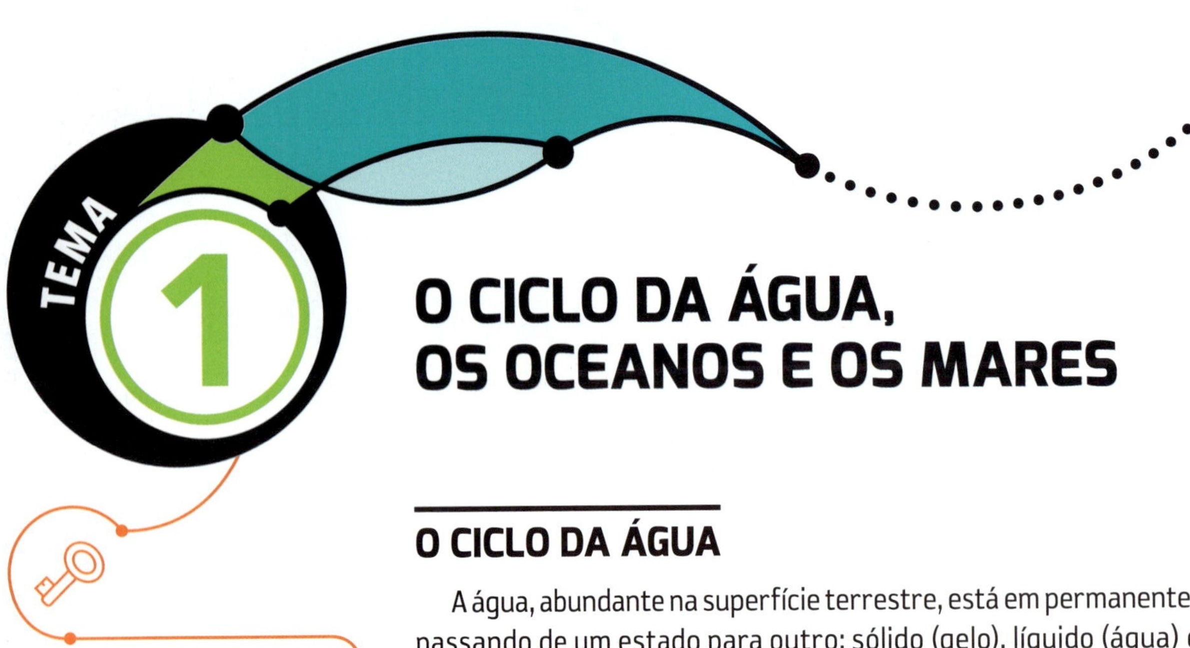

O CICLO DA ÁGUA, OS OCEANOS E OS MARES

Como a água circula no planeta?

O CICLO DA ÁGUA

A água, abundante na superfície terrestre, está em permanente transformação, passando de um estado para outro: sólido (gelo), líquido (água) e gasoso (vapor de água).

Considerando os três estados em que a água se apresenta, seu volume total no planeta se mantém praticamente constante – enquanto ocorre o processo de evaporação em uma área, há precipitação e congelamento em outras. Ao processo de transformação e circulação da água dá-se o nome de **ciclo da água** ou **ciclo hidrológico** (figura 1).

FIGURA 1. O CICLO DA ÁGUA

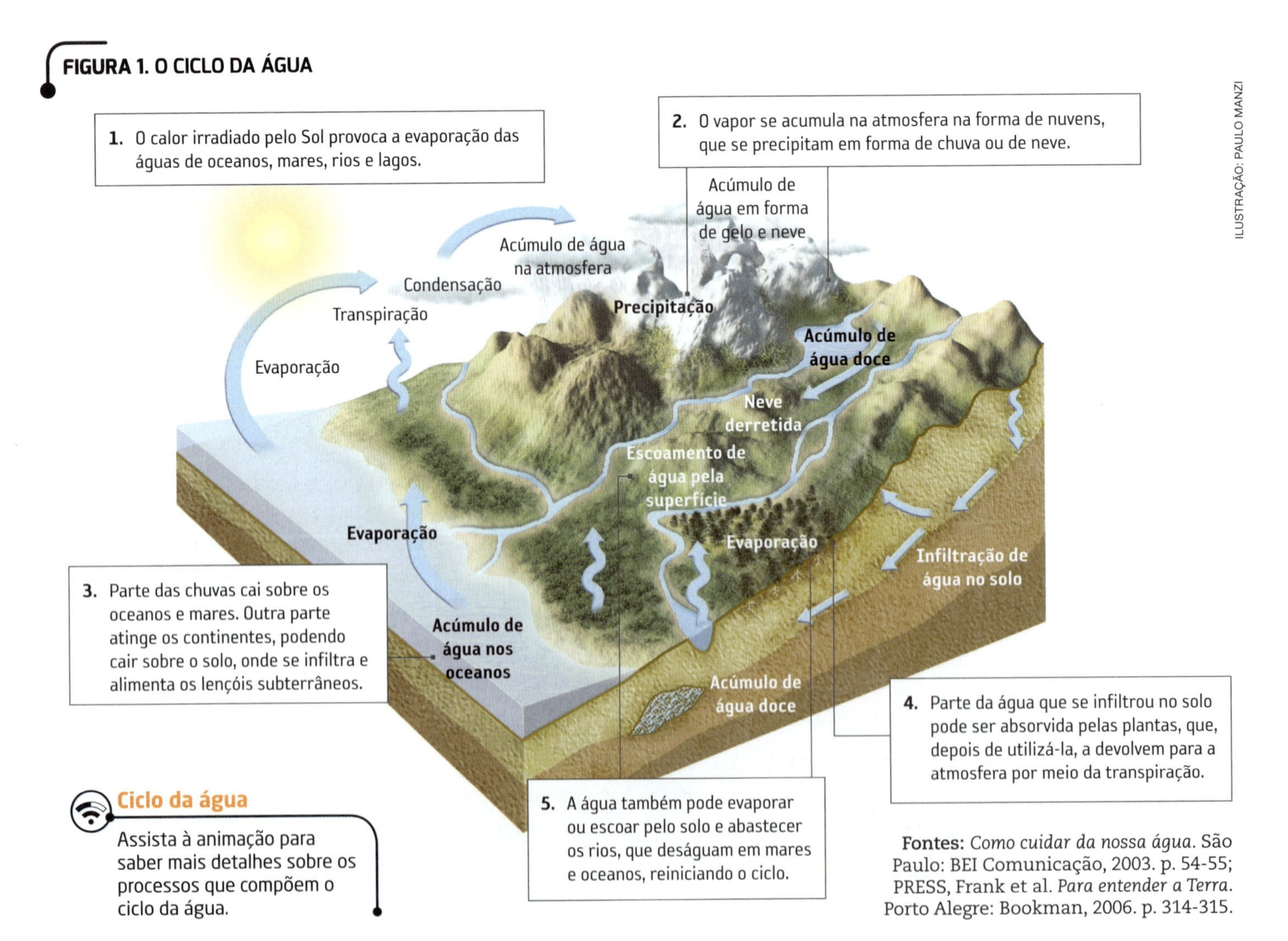

ILUSTRAÇÃO: PAULO MANZI

Fontes: *Como cuidar da nossa água*. São Paulo: BEI Comunicação, 2003. p. 54-55; PRESS, Frank et al. *Para entender a Terra*. Porto Alegre: Bookman, 2006. p. 314-315.

Ciclo da água

Assista à animação para saber mais detalhes sobre os processos que compõem o ciclo da água.

Reprodução proibida. Art.184 do Código Penal e Lei 9.610 de 19 de fevereiro de 1998.

OS OCEANOS

Quase toda a água disponível do planeta é salgada e está nos oceanos e mares. Ela é salgada porque há muitos sais dissolvidos nela. A água dos rios também tem sais, mas em quantidade muito menor. Por isso, ela é chamada de água doce.

Oceano é uma grande massa de água salgada que cobre a maior parte da superfície terrestre, circundando e separando os continentes.

Essa grande massa de água contém importantes fontes de recursos para os seres humanos. Ela é dividida em quatro oceanos: o Pacífico, o Atlântico, o Índico e o Glacial Ártico (figura 2).

De olho no mapa

Que continentes têm litoral no oceano que banha a costa brasileira?

FIGURA 2. CONTINENTES E OCEANOS

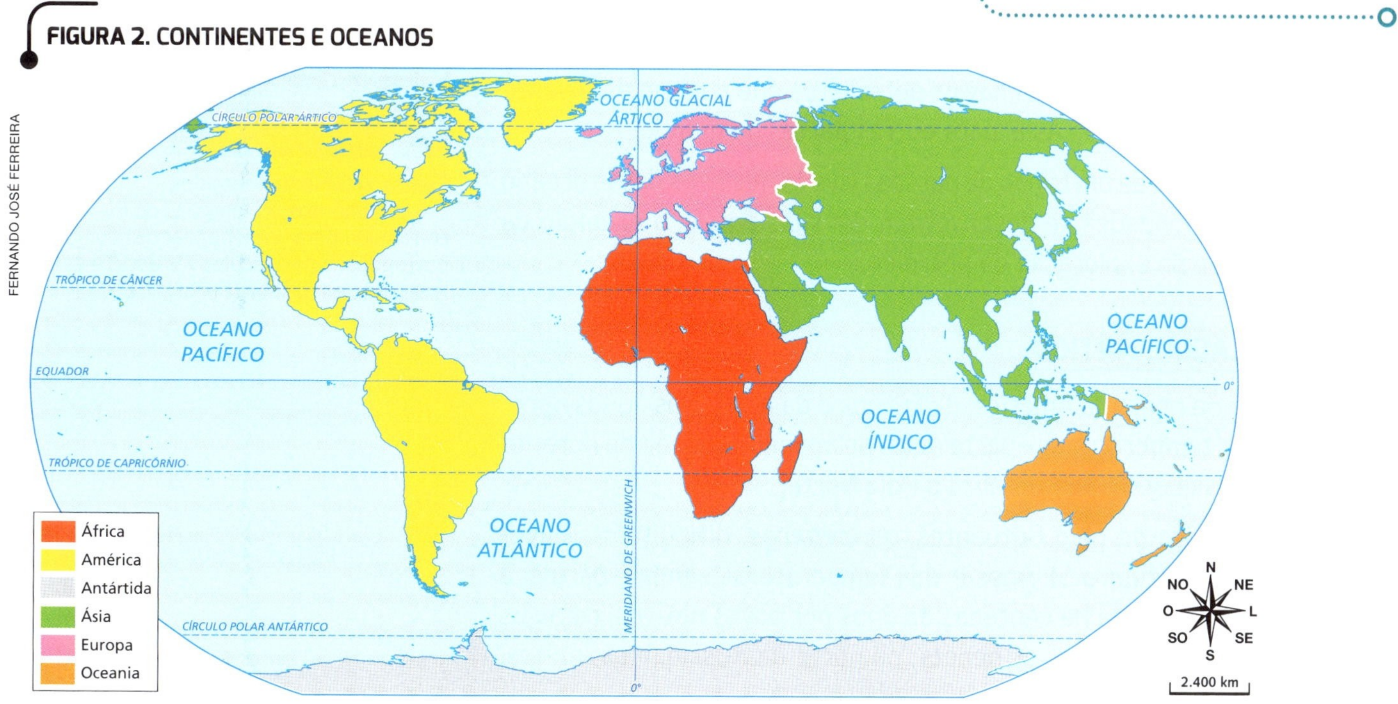

Fonte: IBGE. *Atlas geográfico escolar*: ensino fundamental do 6º ao 9º ano. Rio de Janeiro: IBGE, 2010. p. 79.

Reprodução proibida. Art.184 do Código Penal e Lei 9.610 de 19 de fevereiro de 1998.

OCEANO PACÍFICO

Localizado entre a América, a Ásia e a Austrália (Oceania), o Pacífico, maior oceano do mundo, cobre cerca de um terço da superfície terrestre. Nas suas fossas oceânicas se encontram os locais mais profundos dos oceanos. A Fossa das Marianas, localizada nas proximidades das ilhas da Micronésia, ao norte da Austrália, alcança 11.000 metros de profundidade.

Fossa oceânica: grande depressão no fundo do oceano.

Em torno do Pacífico existe uma área de instabilidade geológica chamada Círculo de Fogo. Nesse arco, ocorrem terremotos e *tsunamis* e formam-se ilhas vulcânicas e cadeias montanhosas submarinas.

O Oceano Pacífico tem aumentado sua importância estratégica comercial e militar, sobretudo entre os países da Ásia e da Oceania e os Estados Unidos. Algumas nações asiáticas voltadas para o Pacífico se tornaram grandes exportadoras de produtos industrializados, utilizando seus portos marítimos como porta de saída para as mercadorias (figura 3).

Figura 3. Navios cargueiros chineses, carregados com contêineres, entrando no Porto de Oakland, na Califórnia (Estados Unidos, 2017).

OCEANO ATLÂNTICO

Localizado entre a América, a África e a Europa, o Atlântico, segundo maior oceano do mundo, divide-se em Atlântico Norte e Atlântico Sul. Em razão do grande fluxo de navegação e de comunicação entre a Europa e a América, o Atlântico assumiu, historicamente, grande importância estratégica (figura 4).

No Oceano Atlântico, de norte a sul, há uma ampla cordilheira submarina, a **Dorsal Atlântica**. Há ocorrência de ilhas vulcânicas nessa área, como a Islândia, país insular europeu no Atlântico Norte.

OLEG ZNAMENSKIY/SHUTTERSTOCK

Figura 4. O Monumento dos Descobrimentos, às margens do Rio Tejo, foi construído para homenagear os navegadores portugueses dos séculos XV e XVI e está localizado em Lisboa (Portugal, 2017).

OCEANO ÍNDICO

Localizado entre a África, a Ásia e a Austrália (Oceania), o Índico é o terceiro maior oceano do mundo e tem sua maior parte localizada no Hemisfério Sul. É a rota de muitos navios petroleiros que partem do Oriente Médio, uma das regiões da Ásia, para outras partes do mundo.

Atualmente, mais de um bilhão de pessoas vive às margens desse oceano e importantes atividades se desenvolvem em suas águas, a exemplo da pesca do atum e da exploração de petróleo.

OCEANO GLACIAL ÁRTICO

Localizado no norte da América, da Europa e da Ásia, suas águas apresentam baixas temperaturas – parte delas permanece congelada durante todo o ano. Nesse oceano se localiza o Polo Norte.

Gigantes blocos de gelo flutuantes, os ***icebergs***, dificultam a navegação pelo Ártico (figura 5). Apesar das temperaturas sempre baixas, a região ártica é habitada há centenas de anos por povos nativos, como os lapões, no norte da Europa, os nenets, no norte da Rússia, e os inuítes, na América do Norte.

Figura 5. Embarcação turística quebra-gelo próxima à costa da Groenlândia (Dinamarca, 2015).

OS MARES

Os **mares** são massas de água salgada que se localizam próximo aos continentes ou no interior destes.

Apresentam menor profundidade que os oceanos, maior variedade de salinidade (quantidade de sal), de temperatura e de transparência das águas.

Classificam-se em mar aberto, mar interior e mar fechado.

- **Mar aberto:** também chamado de **mar costeiro**, é aquele que se comunica com o oceano por largas passagens. O Mar da China, o Mar do Caribe e o Mar do Norte (figura 6) são exemplos de mares abertos.
- **Mar interior:** também chamado de **mar continental**, comunica-se com o oceano ou com outros mares por estreitos ou canais. O Mar Negro é um mar interior, conectado ao Mar Mediterrâneo pelos estreitos do Bósforo e de Dardanelos. O Mar Mediterrâneo, que se comunica com o Oceano Atlântico pelo estreito de Gibraltar, também é um exemplo de mar interior (figura 7).
- **Mar fechado:** também chamado de **mar isolado**, é aquele que não possui nenhuma comunicação com um oceano ou outro mar. São exemplos de mar fechado o Mar Cáspio, o Mar de Aral e o Mar Morto (figura 8).

FIGURA 6. MAR DO NORTE

Fonte: IBGE. *Atlas geográfico escolar*. 7. ed. Rio de Janeiro: IBGE, 2016. p. 43.

FIGURA 7. MAR MEDITERRÂNEO

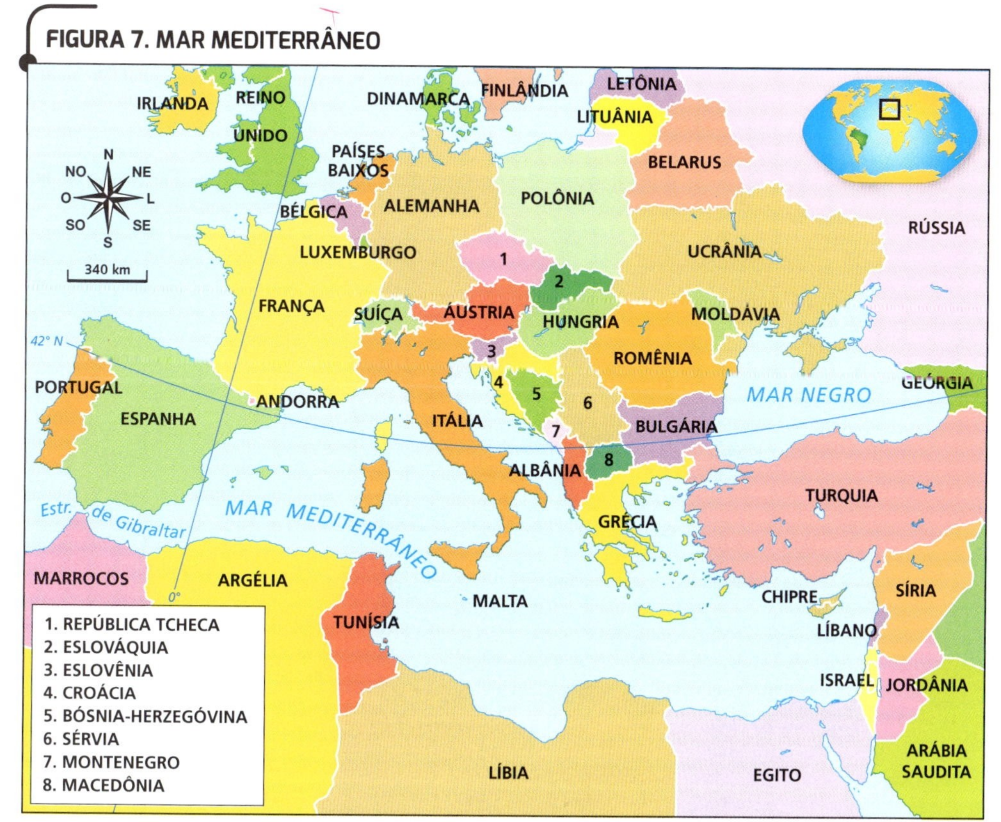

Fonte: IBGE. *Atlas geográfico escolar*. 7. ed. Rio de Janeiro: IBGE, 2016. p. 43.

FIGURA 8. MAR MORTO

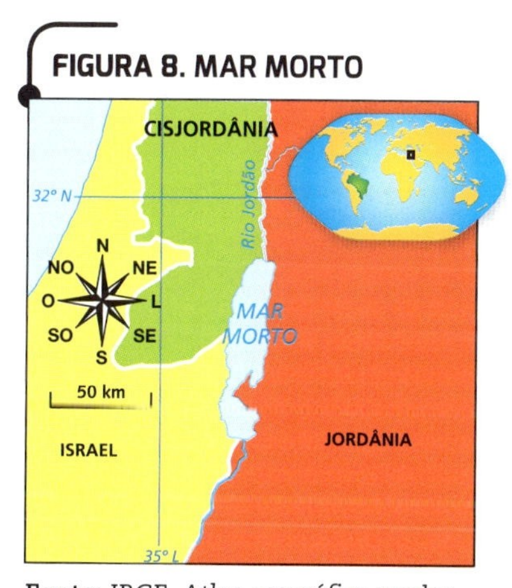

Fonte: IBGE. *Atlas geográfico escolar*. 7. ed. Rio de Janeiro: IBGE, 2016. p. 49.

Reprodução proibida. Art.184 do Código Penal e Lei 9.610 de 19 de fevereiro de 1998.

MAPAS: FERNANDO JOSÉ FERREIRA

USOS DOS OCEANOS E MARES

O que há nos oceanos que interessa aos seres humanos?

A EXPLORAÇÃO ECONÔMICA DOS OCEANOS E MARES

Desde a Antiguidade, os povos navegam nas águas dos oceanos e mares. A circulação foi se intensificando com o aperfeiçoamento das embarcações, das técnicas e dos equipamentos de navegação.

Outra das atividades mais antigas praticadas nos oceanos é a pesca. Existem dois tipos de pesca: a artesanal e a industrial.

A **pesca artesanal** é praticada em pequenas embarcações, nas proximidades dos litorais (figura 9). A **pesca industrial** pode ser praticada em alto-mar e utiliza modernas embarcações, dotadas de equipamentos que facilitam a localização dos cardumes e a sua retirada do mar.

A indústria da pesca fornece alimento para as populações e matéria-prima para a fabricação de ração animal.

Outra atividade muito importante realizada nos oceanos é a extração de **petróleo** e **gás natural**, nas chamadas plataformas continentais. Dos oceanos e mares também é extraído o **sal marinho**.

LUIS SALVATORE/PULSAR IMAGENS

Figura 9. Jangada usada na pesca artesanal, no litoral do município de Japaratinga (AL, 2015).

OBTENÇÃO DE ENERGIA

Apesar dos altos custos de desenvolvimento, meios alternativos de geração de eletricidade estão sendo experimentados em alguns países. Pode-se obter energia dos oceanos e mares de três maneiras, de acordo com a movimentação de suas águas.

- **Ação das ondas**. A usina de ondas instalada em 2012 no Porto do Pecém, no estado do Ceará, foi a primeira da América Latina (figura 10).
- **Oscilação das marés**. Mais conhecida como energia maremotriz, é utilizada em países como França, Japão, Reino Unido e Rússia.
- **Diferença térmica** entre as águas quentes superficiais e as águas frias mais profundas. Em agosto de 2015, celebrou-se a conclusão da maior usina oceânica térmica de conversão de energia do mundo, no estado estadunidense do Havaí, localizado em um arquipélago no Oceano Pacífico.

Figura 10. Mecanismos de usina geradora de energia elétrica no Terminal de Múltiplas Utilidades do Pecém, em São Gonçalo do Amarante (CE, 2012). A oscilação das ondas do mar movimenta os braços mecânicos com flutuadores. Eles ativam um sistema de bombas hidráulicas que acionam turbinas geradoras de energia elétrica. Os dois braços retratados na foto geram energia suficiente para manter o funcionamento de 60 casas.

RENATA MELLO/PULSAR IMAGENS

Figura 11. O bacalhau e o atum são exemplos de espécies muito consumidas na alimentação humana e, por isso, ameaçadas de extinção. A valorização comercial dessas espécies dificulta sua proteção. Na foto acima, pesca de atum em Barbate (Espanha, 2015).

CRISTINA QUICLER/AFP/GETTY IMAGES

SOBREPESCA E POLUIÇÃO MARINHA

Dois fatores que põem em risco a biodiversidade dos mares e oceanos são a sobrepesca e a poluição marinha.

A sobrepesca ocorre quando a pesca ultrapassa a capacidade da natureza de repor as espécies. Costuma-se associar apenas a pesca industrial à sobrepesca; entretanto, se a pesca artesanal não respeitar os limites do ambiente, também pode causar desequilíbrios (figura 11).

O despejo de esgoto e de dejetos industriais, o derramamento de óleo – sobretudo em razão da exploração petrolífera – e o vazamento de radioatividade em decorrência de acidentes em usinas nucleares são fatores que também afetam intensamente a vida e a qualidade dos recursos marinhos (figura 12). Os custos de limpeza e prevenção de acidentes com petróleo são muito altos. Muitos projetos e parcerias entre países têm sido bem-sucedidos em amenizar impactos ambientais desses acidentes, mas isso não tem sido suficiente para evitar a degradação marinha.

Biodiversidade: conjunto de espécies de seres vivos da biosfera ou de determinada região.

PARA PESQUISAR

- **Ministério do Meio Ambiente – as zonas costeiras e seus múltiplos usos <www.mma.gov.br/gestao-territorial/gerenciamento-costeiro/a-zona-costeira-e-seus-múltiplos-usos>**

  Conheça a importância estratégica da zona costeira brasileira e clique em “Zona Costeira e Oceanos” para saber como o problema do lixo marinho está sendo enfrentado pelo governo e por pesquisadores.

RONALDO BERNARDI/AGÊNCIA RBS/FOLHAPRESS

Figura 12. Em 2016, o rompimento de um duto que ligava o navio petroleiro à refinaria, no continente, provocou um vazamento de petróleo no oceano. Por causa do acidente, formou-se uma mancha de óleo com 10 km de extensão no litoral do município de Tramandaí (RS, 2016). Incidentes semelhantes ocorreram nessa região poucos anos antes.

Reprodução proibida. Art.184 do Código Penal e Lei 9.610 de 19 de fevereiro de 1998.

SAIBA MAIS

A concentração de plástico nos oceanos

"Segundo um estudo divulgado no início de 2016 pelo Fórum Econômico Mundial, se o consumo de plástico continuar a crescer no ritmo atual, os oceanos do planeta terão mais plástico do que peixes, em peso, no ano 2050.

Com o tempo, o plástico se quebra em pequenos pedaços chamados de microplásticos, mas isso não significa que ele desapareça. Ele demora para se biodegradar ou se depositar no fundo dos oceanos, e pedaços flutuantes do material se acumulam na superfície da água.

Entre 2007 e 2013, uma equipe capitaneada pelo pesquisador Markus Eriksen realizou 24 expedições para obter dados sobre esse plástico através de coletas do material e registro de concentrações na superfície. Com base nos dados obtidos, eles estimaram que há no mínimo 5,25 trilhões de partículas de plástico flutuante que, juntas, pesam 269 mil toneladas.

[...] Com base nas informações, a agência neozelandesa especializada em visualização de dados Dumpark criou um mapa interativo que mostra os pontos de maior concentração.

[...]

Uma das formações mais famosas de plástico flutuante é a Grande Porção de Lixo do Pacífico, uma aglomeração que se forma entre a altura do Havaí e da Califórnia e se estende até a costa do Japão [...]. Apesar de o nome passar a ideia de que se trata de uma espécie de ilha caminhável, a Porção de Lixo do Pacífico é na verdade uma área com concentração particularmente alta do material."

FÁBIO, André Cabette. O mapa que mostra a concentração de plástico na superfície dos oceanos. *Nexo*, 5 jul. 2017. Disponível em: <https://www.nexojornal.com.br/expresso/2017/07/05/O-mapa-que-mostra-a-concentra%C3%A7%C3%A3o-de-pl%C3%A1stico-na-superf%C3%ADcie-dos-oceanos>. Acesso em: 31 out. 2017.

Reprodução proibida. Art.184 do Código Penal e Lei 9.610 de 19 de fevereiro de 1998.

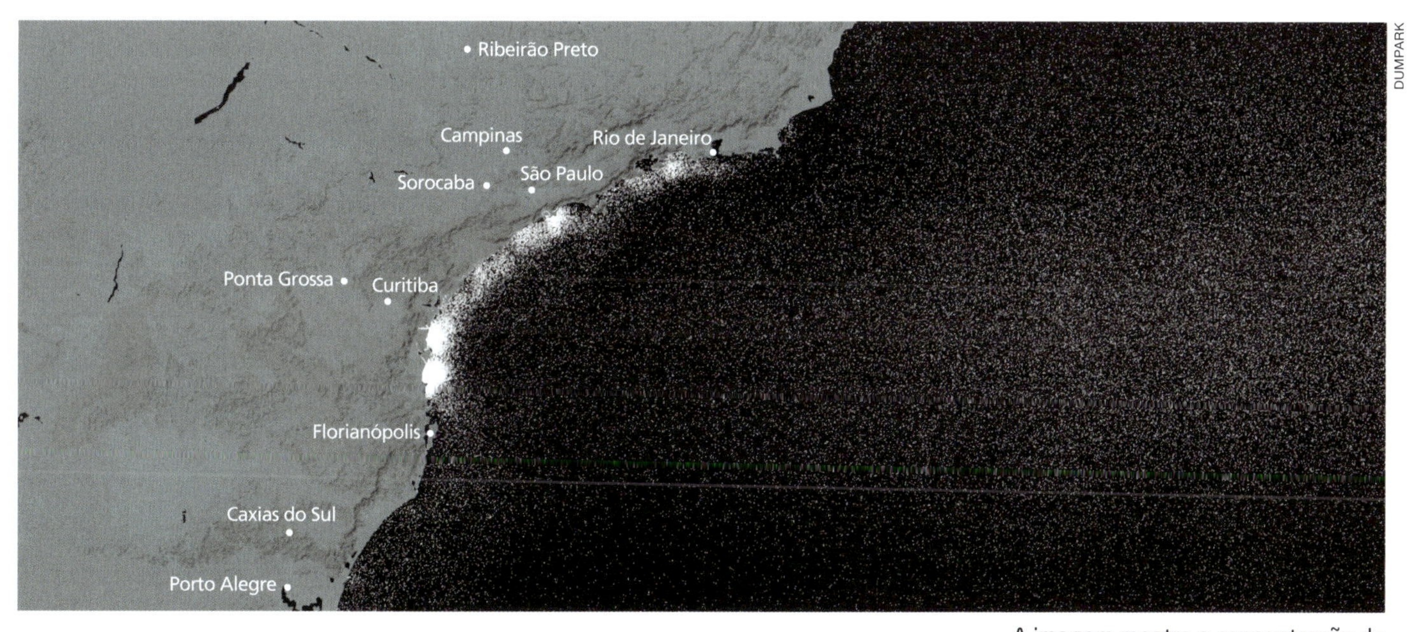

DUMPARK

A imagem mostra a concentração de plástico no litoral sul e sudeste do Brasil, em 2014. Cada um dos pontos brancos representa 20 kg de plástico no oceano.

ATIVIDADES

1. Quais problemas você imagina que o acúmulo de plástico nos oceanos pode ocasionar?
2. Por que o mapeamento do plástico concentrado nos oceanos é importante?
3. O que é a Grande Porção de Lixo do Pacífico?

ATIVIDADES

ORGANIZAR O CONHECIMENTO

1. **Ordene os processos de acordo com o ciclo da água.**

( ) Precipitação.

(1) Evaporação e transpiração.

( ) Acúmulo de água na atmosfera.

( ) Acúmulo de água na superfície.

( ) Condensação.

2. **Indique a alternativa correta sobre os mares e os oceanos e explique por que as demais estão incorretas.**

a) Os oceanos são partes dos mares, localizados próximo aos continentes ou no seu interior.

b) O fundo dos oceanos são planos e regulares.

c) Os mares fechados estabelecem comunicação com os oceanos por meio de estreitos ou canais.

d) Os mares e os oceanos oferecem recursos para a pesca, além de possibilitarem a geração de energia e a circulação de produtos e pessoas.

3. **Sobre o Oceano Pacífico, responda:**

a) O que é Círculo de Fogo?

b) Qual é a importância para os países banhados por ele?

4. **Diferencie pesca artesanal de pesca industrial.**

5. **Quais atividades põem em risco a biodiversidade dos oceanos e mares?**

APLICAR SEUS CONHECIMENTOS

6. **Leia o texto e responda às questões.**

"A energia maremotriz aproveita a diferença de altura das marés (alta e baixa) para gerar eletricidade, um modelo ainda pouco difundido. [...] 'No Brasil, a área que vai do Maranhão à Região Norte do país mostra-se bastante promissora para essa tecnologia', indica Segen Estefen [professor de estruturas oceânicas e engenharia submarina da UFRJ/Coppe].

[...]

A geração de eletricidade por fontes oceânicas pode ser uma das principais substitutas dos combustíveis fósseis no futuro. Além da energia maremotriz, uma opção que mostra-se possível é a conversão das ondas do mar em eletricidade. Um protótipo brasileiro, pioneiro na América Latina, foi instalado no Porto do Pecém, no Ceará, e testado entre os anos de 2012 e 2014, apresentando resultados satisfatórios."

PINELLI, Natasha; FERNANDES, Lucas de O. Um mar de tecnologias. *Época Negócios*, 8 jun. 2016. Disponível em: <http://epocanegocios.globo.com/Caminhos-para-o-futuro/Desenvolvimento/noticia/2016/06/um-mar-de-tecnologias.html>. Acesso em: 3 nov. 2017.

a) Como a energia maremotriz é gerada?

b) Em sua opinião, por que "a geração de eletricidade por fontes oceânicas pode ser uma das principais substitutas dos combustíveis fósseis no futuro"?

c) Pesquise sobre o uso da energia maremotriz no Brasil e faça um breve texto com as informações encontradas.

Reprodução proibida. Art.184 do Código Penal e Lei 9.610 de 19 de fevereiro de 1998.

7. **Leia o texto, observe a foto e responda às perguntas.**

"Um vazamento de petróleo [em julho de 2013] que deixou negras as praias de uma conhecida ilha tailandesa está tendo um forte impacto sobre o fluxo de turistas e pode se espalhar para a costa continental, afetando também a pesca, disseram autoridades e ambientalistas.

Os turistas estão deixando a ilha de Koh Samet, 230 quilômetros a sudeste de Bangcoc, enquanto soldados e voluntários em trajes especiais tentam retirar a camada escura que cobre a areia branca [...]"

Folha de S.Paulo, 31 jul. 2013. Disponível em: <http://www1.folha.uol.com.br/ambiente/2013/07/1319433-vazamento-de-petroleo-afeta-turismo-na-tailandia-diz-ministro.shtml>. Acesso em: 1º nov. 2017.

ATHIT PERAWONGMETHA/REUTERS/FOTOARENA

Soldados tailandeses fazem operação de limpeza em praia de Rayong, após vazamento de petróleo em oleoduto no Golfo da Tailândia (2013).

a) Localize a Tailândia em um atlas geográfico e identifique os oceanos que banham o país.

b) Qual é o incidente mencionado no texto? Como isso pode afetar o ambiente marinho?

c) Como o incidente ocorrido na Tailândia causa problemas econômicos e sociais?

8. Desde 1996, Rússia, Noruega, Islândia, Dinamarca, Canadá, Estados Unidos, Finlândia e Suécia compõem os oito Estados-Membros do Conselho do Ártico. Esses países discutem e decidem sobre pesquisas e conservação na região ártica. Observe o mapa a seguir.

TERRITÓRIOS NO CÍRCULO POLAR ÁRTICO

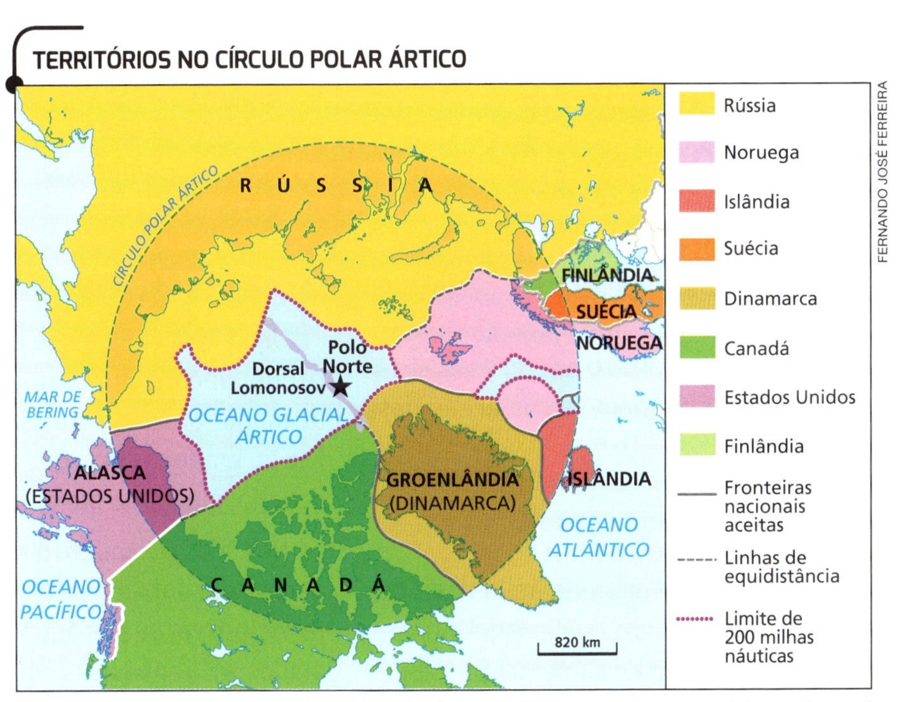

Fonte: THE ECONOMIST. Disponível em: <www.economist.com/news/international/21578040-arctic-council-admits-its-first-permanent-asian-observers-warmer-welcome>. Acesso em: 1º nov. 2017.

a) Quais países têm territórios no Círculo Polar Ártico?

b) Cite um motivo que justifique o aumento do interesse dos países representados no mapa pelo Oceano Glacial Ártico.

9. Leia o texto a seguir.

"[...] Além das atividades de exploração [...] e de produção de alimento cultivado, os oceanos prestam importantes serviços econômicos, culturais e sociais para a humanidade. As atividades de lazer, esportes e turismo tem grande oferta de opções nos ambientes costeiros e transoceânicos, movimentando um comércio de bens e serviços de trilhões de dólares no mundo todo.

O oceano como meio para transporte de cargas entre os países, num mundo globalizado, é de fundamental importância. Estima-se que 90% do comércio exterior entre as nações sejam feitos por vias marítimas. O Brasil, por exemplo, tem 95% do seu comércio exterior ligado ao transporte por navegação [...]."

GOLDEMBERG, José (Coord.); GIANESELLA, Sônia M. F.; SALDANHA-CORRÊA, Flávia M. P. *Sustentabilidade dos oceanos*. São Paulo: Blucher, 2010. p. 146. (Série Sustentabilidade v. 7.)

a) Cite algumas atividades de lazer ou turismo praticadas em ambientes costeiros.

b) Qual é a importância do transporte de cargas pelos oceanos para o comércio global e brasileiro?

Reprodução proibida. Art.184 do Código Penal e Lei 9.610 de 19 de fevereiro de 1998.

A ÁGUA NOS CONTINENTES

Onde está a água doce no planeta?

A ÁGUA NA SUPERFÍCIE

É comum ouvir as pessoas usarem a expressão "planeta água" ou "planeta azul" para se referir à Terra. Isso ocorre porque grande parte da superfície terrestre é coberta de água. Além dos oceanos, que correspondem a quase 71% da área total do planeta, os rios, as geleiras e os lagos ocupam vastas áreas das terras emersas.

OS RIOS

Rios são cursos naturais de água doce de grande importância para as sociedades humanas, pois fornecem água e alimento, possibilitam a geração de energia elétrica, a navegação e a irrigação de áreas agrícolas, além de serem utilizados para o lazer.

As águas de um rio se originam de fontes subterrâneas que afloram na superfície, do escoamento superficial (chuva) ou do derretimento de geleiras.

RIOS E BACIA HIDROGRÁFICA

Um rio corre sempre de áreas de maior altitude, onde se localiza a **nascente**, para as de menor altitude, até o local onde deságua, a **foz** ou **embocadura**, que pode ser junto de um oceano, mar, lago ou mesmo outro rio.

Nos seus cursos em direção à foz, os rios podem se encontrar e se unir. Nesse caso, um **rio principal** recebe as águas de outros rios, chamados **afluentes**. Os rios formam uma **rede fluvial**, e a área drenada por um rio principal e seus afluentes é chamada de **bacia hidrográfica** (figura 13).

FIGURA 13. REDE FLUVIAL E BACIA HIDROGRÁFICA

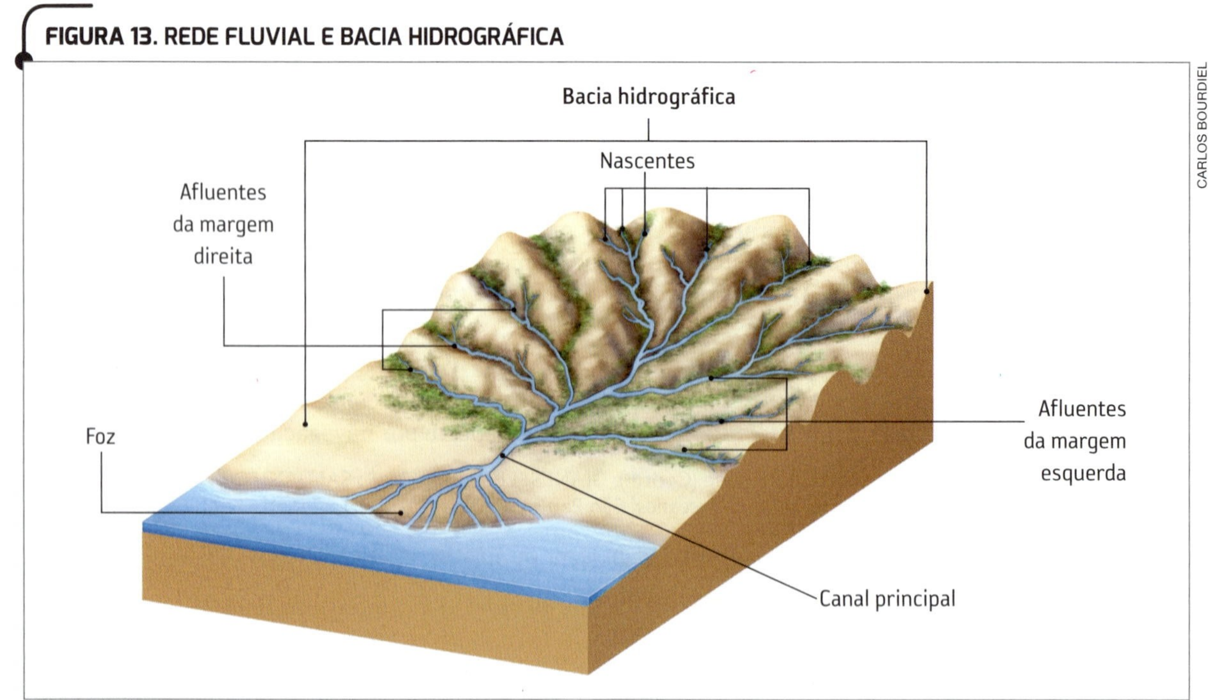

CARLOS BOURDIEL

Fonte: *Atlante geografico metodico De Agostini*. Novara: Istituto Geografico De Agostini, 2003. p. 242.

Reprodução proibida. Art.184 do Código Penal e Lei 9.610 de 19 de fevereiro de 1998.

AS BACIAS HIDROGRÁFICAS NO MUNDO

As águas que passam por um rio podem ter percorrido quilômetros e até mesmo ter se originado em outro país. Isso acontece porque a área de uma bacia hidrográfica pode abranger partes de dois ou mais países. A Bacia Amazônica, por exemplo, abrange parte dos territórios de Brasil, Bolívia, Peru, Colômbia, Equador, Venezuela e Guiana.

Os rios, além de fornecer água para diversos usos, são importantes para o transporte de pessoas e mercadorias por embarcações. Por isso, em alguns casos, os governos dos países que compartilham recursos de uma mesma bacia os administram conjuntamente.

Os mapas a seguir representam a localização das maiores bacias hidrográficas do mundo (figura 14) e a Bacia Amazônica (figura 15).

FIGURA 14. MUNDO: MAIORES BACIAS HIDROGRÁFICAS

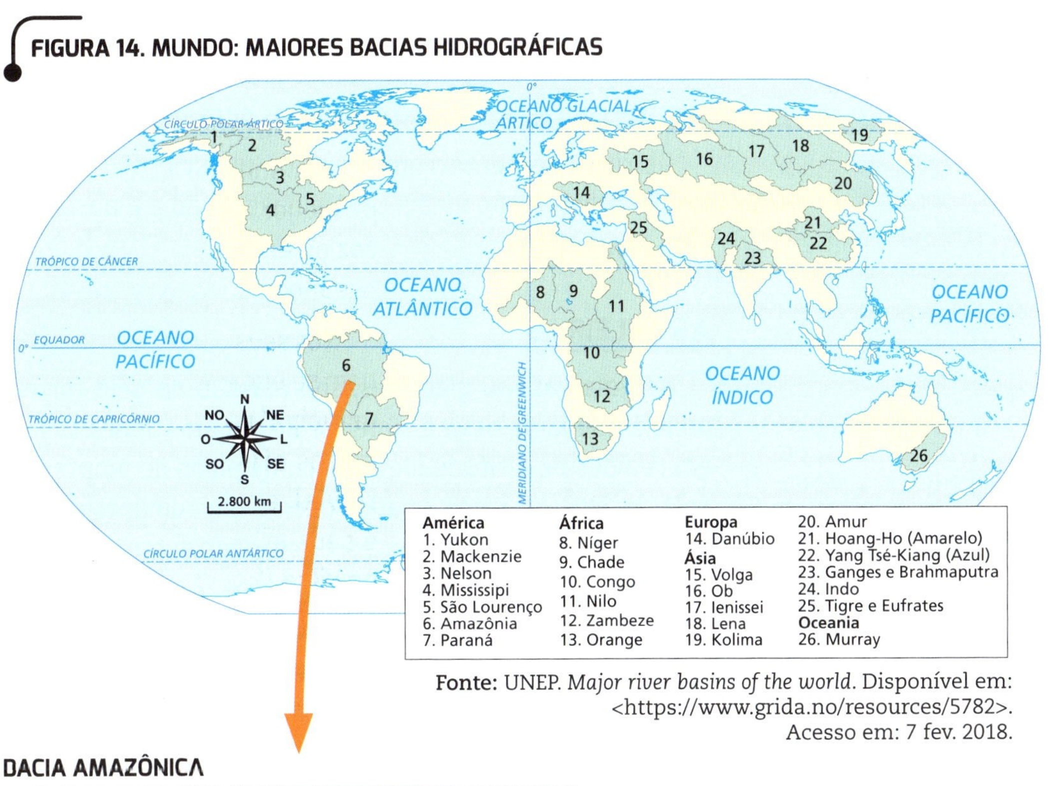

Fonte: UNEP. *Major river basins of the world*. Disponível em: <https://www.grida.no/resources/5782>. Acesso em: 7 fev. 2018.

MAPAS: FERNANDO JOSÉ FERREIRA

FIGURA 15. BACIA AMAZÔNICA

Fonte: MARETTI, C. C. et al. *State of the Amazon*: ecological representation in protected areas and indigenous territories. Brasília e Quito: WWF Living Amazon (Global) Initiative, 2014. p. 16.

As linhas que marcam o limite entre as bacias hidrográficas são chamadas **divisores de águas**. Eles estão em áreas mais elevadas do terreno e separam as águas pluviais, delimitando a área das bacias. A Bacia Amazônica tem área de 6.110.000 km², e seu rio principal é o Amazonas. Ele recebe as águas de diversos afluentes e as direciona até a sua foz, no Oceano Atlântico.

Reprodução proibida. Art.184 do Código Penal e Lei 9.610 de 19 de fevereiro de 1998.

CESAR DINIZ/PULSAR IMAGENS

Figura 16. As eclusas têm portas que controlam a saída e a entrada de água. As embarcações aguardam o aumento ou a diminuição do nível para continuar a navegação.

VOLUME DOS RIOS

Em virtude das mudanças de estação, o volume das águas dos rios sofre variação ao longo do ano. Essa variação é chamada de **regime fluvial**. Nas épocas de seca, muitos rios têm seu volume diminuído (vazante); e o contrário acontece na estação chuvosa, quando o volume de água aumenta (cheias).

Aos rios que nunca secam dá-se o nome de **rios perenes**. No entanto, alguns cursos de água, ao atravessar áreas com baixa umidade, como os desertos, podem secar devido à intensa evaporação e ao baixo índice de chuvas. Esses são os **rios intermitentes**.

RIOS E RELEVO

Os rios que cruzam áreas de planalto podem apresentar inúmeras quedas-d'água devido aos desníveis de seu curso. São os chamados **rios de planalto**. Esses rios são aproveitados para geração de energia elétrica por meio da construção de usinas hidrelétricas. Neles, a navegação só é possível com a construção de eclusas para vencer os desníveis (figura 16).

Os rios que percorrem áreas de planície não apresentam desníveis significativos e são ideais para a navegação e a pesca. São denominados **rios de planície**.

AS GELEIRAS

As **geleiras**, ou glaciares, são massas de gelo formadas em regiões onde a queda de neve é superior ao degelo (figura 17). São encontradas em regiões de altitude elevada, como picos de montanhas, ou nas zonas polares. Nessas áreas, quando ocorre um aumento da temperatura em períodos mais quentes, o gelo pode derreter e alimentar ou dar origem a lagos e rios.

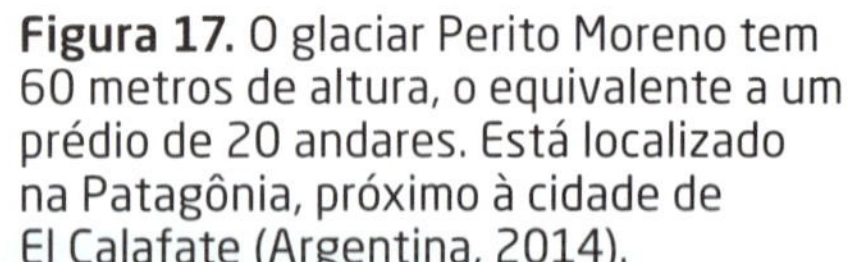

Figura 17. O glaciar Perito Moreno tem 60 metros de altura, o equivalente a um prédio de 20 andares. Está localizado na Patagônia, próximo à cidade de El Calafate (Argentina, 2014).

ANDREY KHROBOSTOV/ ALAMY/ FOTOARENA

OS LAGOS

Os **lagos** são originados pelo acúmulo de água nas áreas mais baixas de um terreno. Essa água pode provir de rios, de fontes subterrâneas, das chuvas ou do derretimento de geleiras (figura 18).

A forma, a profundidade e a extensão dos lagos variam muito. Há lagos fechados, que não possuem passagem por onde a água possa escoar. Nesse caso, todas as substâncias levadas até eles pelos rios e pelas chuvas ficam acumuladas em suas águas, que se tornam salgadas devido à concentração de sais minerais.

A maioria dos lagos, no entanto, apresenta saída de água, formando um **rio emissário**. Nesse caso, a água do lago não fica completamente parada e se caracteriza como lago de água doce.

Há também lagos artificiais, criados para atender a necessidades humanas, como as represas formadas pelas barragens das usinas hidrelétricas e os açudes.

Açude: construção destinada a represar água para abastecer populações humanas, para uso na agricultura etc., principalmente nos períodos de seca.

Figura 18. Vista do lago Humantay, situado na Cordilheira dos Andes, em Cusco (Peru, 2017).

Reprodução proibida. Art.184 do Código Penal e Lei 9.610 de 19 de fevereiro de 1998.

AS ÁGUAS SUBTERRÂNEAS

Cerca de um terço da água doce existente nos continentes é **subterrânea.** Quando essa água chega à superfície, formam-se as nascentes dos rios e dos lagos.

As águas se armazenam sob o solo devido à infiltração das chuvas. Quando chove, parte da água penetra a terra e forma reservatórios abaixo da superfície terrestre. A água também se infiltra no solo através das raízes das plantas.

Os **aquíferos livres**, ou **lençóis freáticos**, são reservatórios de água subterrânea situados mais próximos da superfície; por isso, é comum a perfuração de poços para obter e utilizar a água ali armazenada. Os lençóis ou aquíferos são, na realidade, camadas porosas de rocha ou solo onde a água fica armazenada.

Alguns aquíferos são mais profundos e se localizam entre rochas impermeáveis. Trata-se de **aquíferos confinados** (figura 19). Para extrair sua água, são necessárias máquinas capazes de perfurar rochas.

FIGURA 19. LENÇÓIS SUBTERRÂNEOS

Fonte: STRAZZACAPPA, Cristina; MONTANARI, Valdir. *Pelos caminhos da água*. 2. ed. São Paulo: Moderna, 2003. p. 19.

RECURSOS HÍDRICOS: USO E CONSERVAÇÃO

Por que devemos conservar os recursos hídricos?

A DISTRIBUIÇÃO DA ÁGUA DOCE NOS CONTINENTES

A água doce é distribuída pelo planeta de forma irregular. Apenas nove países concentram 60% da água doce disponível no mundo: Brasil, Rússia, Canadá, Estados Unidos, China, Indonésia, Índia, Colômbia e Peru (figura 20).

No entanto, por diversos motivos, a escassez pode ocorrer mesmo nos países que apresentam abundância de água. Um deles é o fato de que os recursos hídricos não se distribuem igualmente pelo território de cada país. Outros fatores são a poluição das águas, a escassez de chuvas em determinadas áreas e o nível de consumo.

A água é conhecida como "solvente universal", pois é capaz de dissolver substâncias presentes na crosta terrestre, como os minerais.

A quantidade de sais que são dissolvidos nos mares, nos oceanos e em alguns lagos e aquíferos faz com que a água se torne salgada e, portanto, imprópria para o consumo humano. Alguns países carentes de água doce realizam a **dessalinização**, que consiste no processo de retirada de sais da água, tornando-a potável. Esse tratamento, porém, tem custo muito elevado para abastecer grandes populações.

Reprodução proibida. Art.184 do Código Penal e Lei 9.610 de 19 de fevereiro de 1998.

De olho no mapa

Segundo o mapa, qual é a situação do Brasil quanto à disponibilidade de água?

FIGURA 20. MUNDO: DISTRIBUIÇÃO DA ÁGUA DOCE – 2015

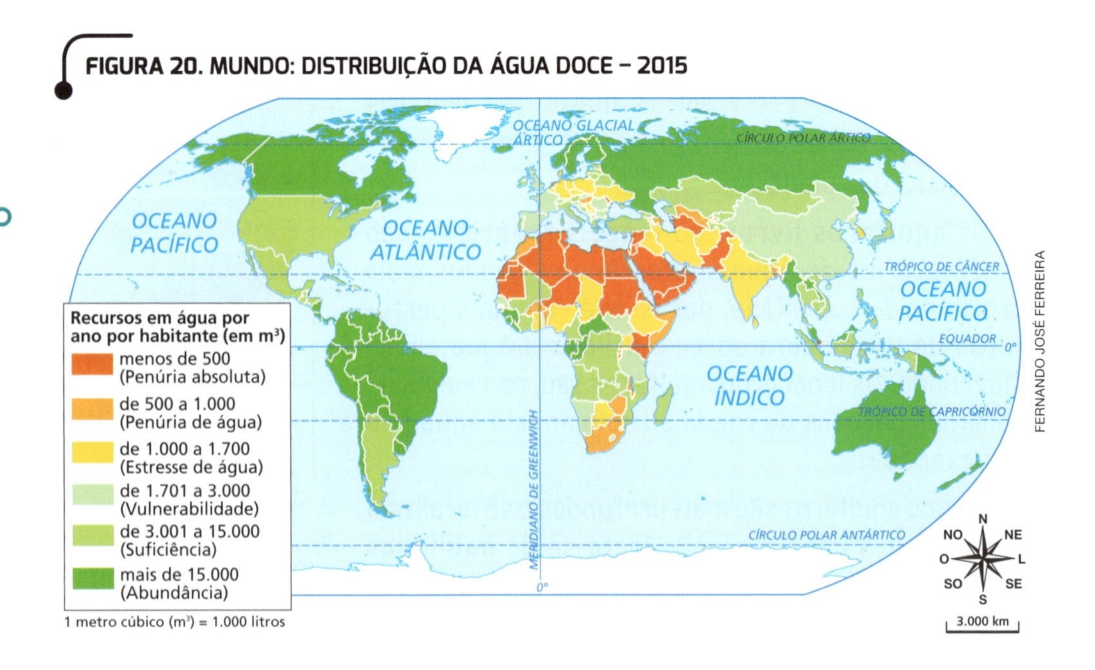

Fonte: FERREIRA, Graça M. L. *Moderno atlas geográfico*. 6. ed. São Paulo: Moderna, 2016. p. 28.

CONSUMO E DEGRADAÇÃO DOS RECURSOS HÍDRICOS

A carência de água é um dos maiores problemas da humanidade, já que esse recurso é essencial para a sobrevivência dos seres vivos. Em 1977, a Organização das Nações Unidas (ONU) realizou a primeira conferência sobre as águas em Mar del Plata (Argentina), na qual se consagrou que "todos os povos, seja qual for o seu estágio de desenvolvimento e as suas condições sociais e econômicas, têm direito a ter acesso a água potável em quantidade e qualidade igual às suas necessidades básicas".

Em 2010, a ONU reconheceu que o acesso à água potável e ao saneamento básico é essencial à concretização de todos os direitos humanos. Essa resolução pressiona governos e organizações internacionais a trabalhar na melhoria da distribuição de água.

Saneamento básico: conjunto de medidas de preservação da saúde pública relacionado ao tratamento de água e esgoto, despoluição e coleta de lixo.

Entretanto, muitas vezes as questões relacionadas aos recursos hídricos são decididas por empresas que visam à obtenção de lucro com o seu comércio. Dessa forma, a água é tratada como mercadoria, e não um direito, conforme previu a ONU.

Os seres humanos utilizam a água para consumo próprio em suas atividades cotidianas e em diversas atividades econômicas.

PARA ASSISTIR

- **Saneamento básico, o filme**
  Direção: Jorge Furtado.
  Brasil: Casa de Cinema de Porto Alegre, 2007.
  A comédia conta a história dos moradores da fictícia cidade de Linha Cristal, na Serra Gaúcha, que exigem uma obra de saneamento. A prefeitura está sem dinheiro, mas dispõe de cerca de 10 mil reais, dados pelo governo federal, para a produção de um vídeo. Assim, surge a ideia de usar essa verba para realizar a obra e produzir um vídeo sobre a própria obra.

AGRICULTURA

A agricultura é responsável pela utilização de 70% da água consumida no mundo, sendo utilizada na irrigação de lavouras (figura 21). Essa atividade também é responsável pela contaminação das águas superficiais e subterrâneas, já que muitos agrotóxicos são usados indiscriminadamente.

Outro problema da irrigação agrícola é o desperdício. Cerca de metade da água destinada à irrigação se perde em vazamentos e não chega às áreas de cultivo. A reutilização da água é uma alternativa que visa reduzir esse problema. Israel, por exemplo, reutiliza água das cidades para irrigar plantações.

Reprodução proibida. Art.184 do Código Penal e Lei 9.610 de 19 de fevereiro de 1998.

CHARLES SHOLL/FUTURA PRESS

Figura 21. A irrigação é a atividade que mais consome água no mundo. Na foto, irrigação do campo no município de Paraopeba (MG, 2015)

INDÚSTRIA

A indústria é o segundo setor que mais consome água (19%) e, apesar dos avanços tecnológicos no processo de produção, a contaminação das águas por resíduos industriais ainda é muito elevada (figura 22).

Nas indústrias, a água é utilizada em diversas etapas de fabricação dos produtos, como em processos de limpeza, na criação de fórmulas químicas, no resfriamento e na geração de energia.

As indústrias têm investido no reúso das águas para o aproveitamento em suas atividades e diminuído o desperdício dos recursos hídricos utilizados. Contudo, essas ações não têm sido suficientes para a preservação ambiental, principalmente pelo aumento da demanda da população, que incentiva a produção em larga escala.

TYRONE SIU/REUTERS/FOTOARENA

Figura 22. A cidade chinesa de Guiyu é um importante centro de reciclagem de lixo eletrônico e recebe resíduos desse tipo de material do mundo todo. Essa atividade gera dezenas de milhares de empregos, porém com um alto custo ambiental: a reciclagem contamina as águas e o ar com metais pesados, como o chumbo. Ao fundo, usina de reciclagem em Guiyu (China, 2015).

USO DOMÉSTICO

O uso doméstico representa 11% do consumo de água, que nas residências é utilizada principalmente para beber, higiene pessoal, lavagem de roupas, preparação de alimentos e limpeza (figura 23). São grandes os desperdícios provocados por vazamentos nos canos de distribuição ou em torneiras.

A população de países desenvolvidos tem melhor acesso à água potável e dificilmente lida com a falta desse recurso natural. Em boa parte dos países menos desenvolvidos, a distribuição de água não atende toda a população e, muitas vezes, ocorre racionamento.

FERNANDO NASCIMENTO/FOTOARENA

Figura 23. Homem lavando carro no município de Poá (SP, 2014). A lavagem com o uso de mangueira desperdiça muitos litros de água. Nesse caso, o mais adequado seria substituir a mangueira por balde com água e pano.

Reprodução proibida. Art.184 do Código Penal e Lei 9.610 de 19 de fevereiro de 1998.

USO SUSTENTÁVEL DOS RECURSOS HÍDRICOS

O uso irresponsável dos recursos hídricos pode trazer prejuízos para a humanidade. Como vimos, a água é utilizada em diversas atividades e a manutenção de sua qualidade é essencial à manutenção da vida.

Algumas ações objetivam assegurar a disponibilidade de recursos hídricos para os usos agropecuário, industrial e doméstico. Leia o quadro a seguir.

AÇÕES PARA REDUÇÃO DE DESPERDÍCIO E POLUIÇÃO DAS ÁGUAS	
Ações para reduzir o desperdício	**Ações para reduzir a poluição**
• Controlar os volumes de água utilizados nos processos industriais; • introduzir técnicas de reúso de água; • utilizar equipamentos e métodos de irrigação poupadores de água; • reduzir o consumo doméstico de água a partir da mudança de hábitos relacionados, por exemplo, ao tempo necessário para tomar banho, ao costume de escovar os dentes com a torneira aberta, ao uso de mangueira para lavar casas e carros etc.; • reduzir o desperdício de água tratada nos sistemas de abastecimento de água.	• Reduzir o uso de agrotóxicos e fertilizantes na agricultura; • implantar sistemas de tratamento de esgotos (figura 24); • exigir tratamento adequado, pelos municípios, de resíduos como produtos tóxicos agrícolas e domiciliares, restos de tinta, solventes, petróleo, embalagem de agrotóxicos etc.; • pressionar empresas para que produzam detergentes, produtos de limpeza, embalagens etc. que causem menores impactos ambientais.

Fonte: Adaptado de MMA/MEC/IDEC. *Manual de Educação para o Consumo Sustentável*. Brasília: MMA/MEC/IDEC, 2005. p. 35.

PARA ASSISTIR

- **A lei da água**
  Direção: André D'Elia. Cinedelia e O2 Filmes. Brasil, 2014.
  Documentário produzido em parceria com institutos e ONGs que mostra a importância das florestas para a preservação das águas e relaciona a crise hídrica à expansão da agropecuária.

Trilha de estudo

Vai estudar? Nosso assistente virtual no *app* pode ajudar! <http://mod.lk/trilhas>

Figura 24. Determinadas medidas tomadas por governos e empresas são essenciais para garantir o uso responsável dos recursos hídricos. Na foto, estação de tratamento de esgoto no município de Novo Horizonte (SP, 2017).

CESAR DINIZ/PULSAR IMAGENS

ORGANIZAR O CONHECIMENTO

1. O que é regime fluvial? Explique utilizando os conceitos de vazante e cheia.
2. Qual é a relação entre os rios e o relevo?
3. Sobre as bacias hidrográficas, escreva uma palavra que complete corretamente cada afirmação.
   a) Representam a ____________ drenada pelo rio principal e seus afluentes.
   b) São delimitadas pelos divisores de águas, "linhas" localizadas em áreas mais ____________ do terreno.
   c) Podem abranger ____________ de diferentes países.
4. Diferencie aquífero livre de aquífero confinado e, depois, escreva a importância das águas subterrâneas.
5. Por que podemos afirmar que a água não está igualmente distribuída pelos continentes?
6. Quais são os principais usos da água no cotidiano e nas atividades econômicas?

APLICAR SEUS CONHECIMENTOS

7. Leia o texto a seguir.

"Relatório da Organização das Nações Unidas para a Educação, a Ciência e a Cultura (Unesco) mostra que há no mundo água suficiente para suprir as necessidades de crescimento do consumo, 'mas não sem uma mudança dramática no uso, gerenciamento e compartilhamento'. [...]

Mantendo os atuais padrões de consumo, em 2030 o mundo enfrentará um déficit no abastecimento de água de 40%. [...]

O relatório atribui a vários fatores a possível falta de água, entre eles, a intensa urbanização, as práticas agrícolas inadequadas e a poluição [...]. A organização estima que 20% dos aquíferos estejam explorados acima de sua capacidade. Os aquíferos, que concentram água no subterrâneo e abastecem nascentes e rios, são responsáveis atualmente por fornecer água potável à metade da população mundial e é de onde provêm 43% da água usada na irrigação."

TOKARNIA, Mariana. Unesco: mundo precisará mudar consumo para garantir abastecimento de água. *Agência Brasil*, 20 mar. 2015. Disponível em: <http://agenciabrasil.ebc.com.br/internacional/noticia/2015-03/mundo-precisara-mudar-padrao-de-consumo-para-garantir-abastecimento-de>. Acesso em: 3 nov. 2017.

Assinale a alternativa correta de acordo com o texto e corrija as outras alternativas.

a) Atualmente, a água disponível no mundo não é suficiente para suprir a necessidade de consumo.
b) Os níveis de consumo de água são baixos, então não há risco de escassez até 2030.
c) As práticas agrícolas inadequadas e a poluição estão entre as causas da falta de água.
d) Os aquíferos concentram grande quantidade de água salgada utilizada na irrigação.

8. Interprete as informações do mapa.

POLUIÇÃO DOS MARES E OCEANOS

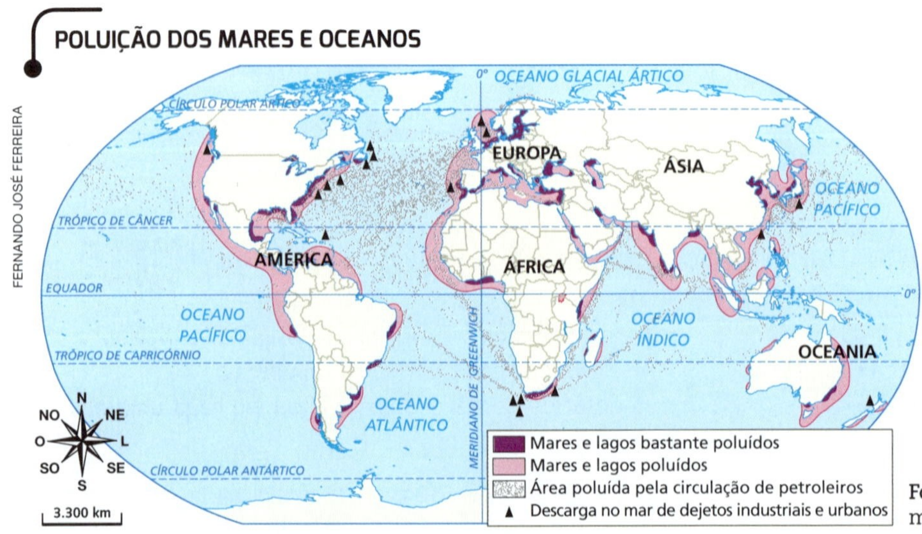

Fonte: FERREIRA, Graça M. L. *Atlas geográfico*: espaço mundial. 4. ed. São Paulo: Moderna, 2013. p. 30.

a) Consulte um atlas geográfico e escreva os nomes de três países que sofrem com a poluição de mares e lagos na Ásia.
b) Onde estão as áreas mais poluídas pela circulação de petroleiros?
c) Você acha que o aumento do consumo agrava a descarga de dejetos industriais e urbanos no mar? Justifique.

Reprodução proibida. Art.184 do Código Penal e Lei 9.610 de 19 de fevereiro de 1998.

9. No quadro a seguir, estão relacionadas algumas dicas para evitar o desperdício de água. Em grupo, leiam as recomendações e façam o que se pede.

EDUARDO MEDEIROS

NO BANHEIRO

- Mantenha a torneira fechada, enquanto escova os dentes. Você economizará de 12 litros em casa a 80 litros de água em apartamento.

- Não tome banhos demorados.

- Descarga consome muita água. Não use à toa.
- Não utilize a bacia sanitária como lixeira, jogando papel higiênico, cigarro etc. Consomem-se de 6 a 10 litros de água, ao acionar a válvula de descarga por seis segundos.

NA COZINHA

- Limpe bem os restos de comida de pratos e panelas, antes de lavá-los, jogando os restos no lixo.
- Encha a pia com água e detergente até a metade e coloque a louça. Deixe-a de molho por uns minutos e ensaboe. Repita o processo e enxágue.
- Só ligue a máquina de lavar louça quando estiver com capacidade total.

NA LAVANDERIA

- Deixe a roupa acumular e lave tudo de uma só vez.
- No tanque, feche a torneira enquanto ensaboa e esfrega a roupa.
- Utilize a máquina de lavar somente quando estiver na capacidade total. Uma lavadora de cinco quilos consome 135 litros de água a cada uso.

NO JARDIM, NO QUINTAL E NA CALÇADA

- Não lave o carro com mangueira. Use balde e um pano.

- Não use a mangueira para limpar a calçada, e sim uma vassoura.
- Usar a mangueira como "vassoura" durante 15 minutos pode desperdiçar cerca de 280 litros de água.
- Regue as plantas pela manhã ou à noite, para evitar o desperdício causado pela evaporação.

Fonte: SABESP. *Uso racional da água*. Disponível em: <http://site.sabesp.com.br/uploads/file/Folhetos/pdf/uso_racional.pdf>. Acesso em: 15 jan. 2018.

a) Discuta com seus colegas quais das atitudes consideradas incorretas você costuma presenciar no seu dia a dia.

b) Que mecanismos podem ser usados para conscientizar a população no sentido de evitar desperdícios de água?

DESAFIO DIGITAL

10. Navegue pelo objeto digital *Seis desafios para a gestão da água*, disponível em <http://mod.lk/jnjtb>, e responda às questões.

a) De que maneira a água está presente na paisagem? Se necessário, clique nos ícones para obter a resposta.

b) Qual é a relação entre as mudanças climáticas e os recursos hídricos?

c) Clique em três ícones de sua escolha e explique como podemos superar os desafios para a gestão da água em cada uma das áreas.

Mais questões no livro digital

Reprodução proibida. Art.184 do Código Penal e Lei 9.610 de 19 de fevereiro de 1998.

REPRESENTAÇÕES GRÁFICAS

Gráficos de barras e de colunas

Os gráficos possibilitam a visualização de dados numéricos mostrando a relação entre dois ou mais conjuntos de informações, como períodos, lugares e quantidades.

Gráficos de barras e **gráficos de colunas** são variantes de um mesmo tipo de gráfico. As barras ou colunas são retângulos cujos comprimentos são proporcionais aos valores que representam. Para elaborá-los, traçamos um eixo vertical e outro horizontal, e em pelo menos um deles representamos dados numéricos.

Vamos construir um gráfico de colunas com os dados da tabela a seguir.

OS SEIS MAIORES MARES DO MUNDO	
Mar	**Superfície (em milhões de km²)**
Mar dos Corais	4,8
Mar Arábico	3,7
Mar da China	3,4
Mar do Caribe	2,7
Mar Mediterrâneo	2,5
Mar da Tasmânia	2,3

Fonte: *Calendario Atlante De Agostini 2016*. Novara: Istituto Geografico De Agostini, 2015. p. 64.

No eixo vertical, lançamos os dados numéricos (área) e no horizontal, os elementos a que se referem (continentes). Depois, desenhamos os retângulos.

OS SEIS MAIORES MARES DO MUNDO

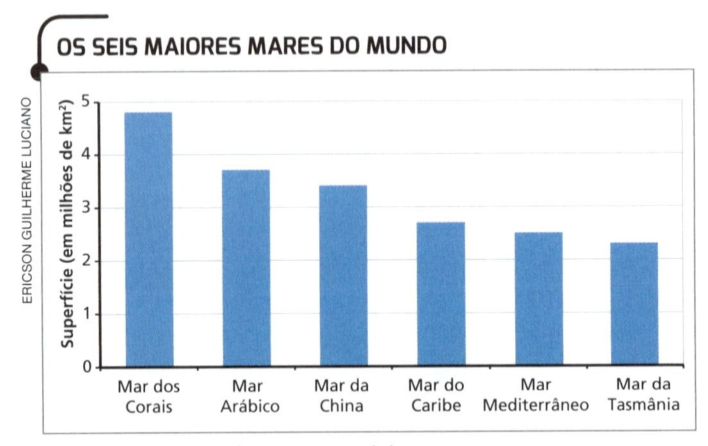

Fonte: *Calendario Atlante De Agostini 2016*. Novara: Istituto Geografico De Agostini, 2015. p. 64.

Um gráfico de barras é semelhante ao de colunas; entretanto, os retângulos são dispostos na horizontal.

Os gráficos de colunas e de barras podem trazer os retângulos divididos. Isso ocorre quando o valor total representado por um retângulo é a soma de valores complementares. Observe o exemplo a seguir.

ALUNOS DO 6º ANO: ESPORTES FAVORITOS

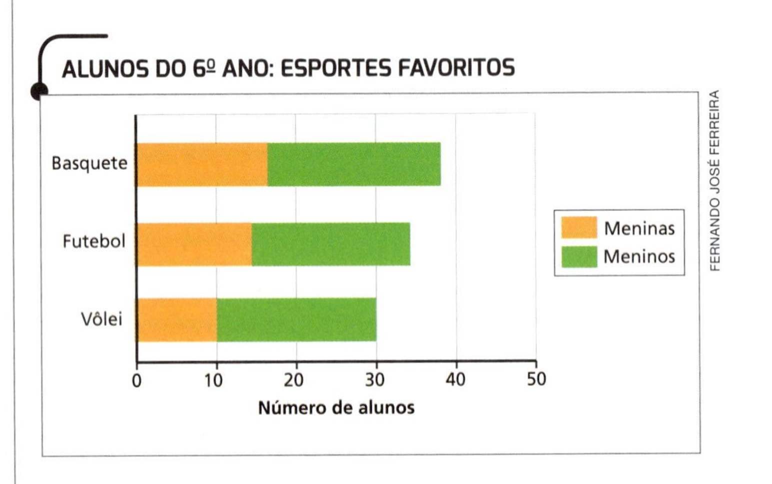

ATIVIDADES

1. Interprete o gráfico sobre os seis maiores mares do mundo. Qual deles é o maior? E qual é o menor?
2. No gráfico acima, quantos alunos têm o vôlei como esporte favorito? Entre eles, quantos são meninos e quantos são meninas?
3. Construa em seu caderno um gráfico de colunas ou de barras de acordo com os dados da tabela a seguir. Não se esqueça de colocar o título do gráfico e a fonte dos dados.

EXTENSÃO DOS OCEANOS	
Oceano	**Área (em milhões de km²)**
Atlântico	85
Pacífico	169
Índico	70
Glacial Ártico	15

Fonte: *Calendario Atlante De Agostini 2016*. Novara: Istituto Geografico De Agostini, 2015. p. 64.

Reprodução proibida. Art.184 do Código Penal e Lei 9.610 de 19 de fevereiro de 1998.

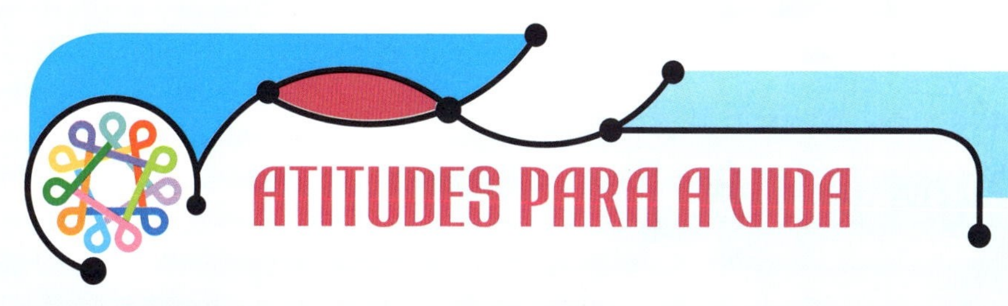

Torre transforma vapor em água potável para população carente

"O arquiteto italiano Arturo Vittori, após visitar o norte da Etiópia e perceber que muitas comunidades viviam sem água, eletricidade, vaso sanitário, chuveiro, e que muitas mulheres andavam quilômetros com seus filhos para chegar a lagoas, muitas vezes contaminadas, teve a brilhante ideia de criar a Warka Water, uma espécie de torre que capta o vapor atmosférico e o transforma em água para o consumo.

A estrutura da torre é feita de matéria-prima simples, como o bambu, talos de juncus, ou outros materiais recicláveis. Tem 60 quilos e 10 metros de altura. No interior, é forrada com uma malha de plástico, possui fibras de *nylon* e polipropileno que ajudam a captar as gotículas do orvalho. A água obtida é reservada em uma bacia, fixa na parte de baixo da torre, que consegue captar até 100 litros de água por dia.

O projeto Warka Water não demanda alta tecnologia e, além de eficiente, é inovador e bonito, assemelhando-se a uma grande escultura.

O arquiteto idealizador pensou em uma solução prática e de fácil construção, para que possa ser replicada em qualquer lugar, principalmente nas regiões carentes. [...] 'Uma vez que os habitantes locais têm o conhecimento necessário, eles são capazes de ensinar outras comunidades a construírem suas próprias torres', disse Arturo Vittori."

Ideia inovadora: torre transforma vapor em água potável para população carente. Conágua Ambiental. Disponível em: <http://conaguaambiental.com.br/?p=1232>. Acesso em: 31 out. 2017.

Polipropileno: tipo de plástico reciclável que pode ser moldado.

"Warka" é uma árvore gigante nativa da Etiópia. Na foto, pessoas próximas a uma torre de captura de umidade da atmosfera (Etiópa, 2012).

ARTURO VITTORI/ARCHITECTURE AND VISION

ATIVIDADES

1. Antes de criar a Warka Water, Arturo Vittori teve a atitude de **questionar e levantar problemas**. Que problemas ele levantou nas comunidades que visitou?
2. De que maneira a construção da torre está relacionada com a atitude de **imaginar, criar e inovar**?

Desde a primeira viagem transoceânica que realizou a bordo de um navio, o inglês Simon Winchester se encantou com o Atlântico. Seu fascínio o levou a escrever um livro sobre esse oceano. Veja como ele comenta a relação que temos com as grandes massas de água salgada.

Nós e os oceanos

"Nos últimos anos, as viagens aéreas sobre oceanos tornaram-se tediosas e corriqueiras para a maioria dos viajantes [...]. Seu custo relativamente módico fez com que as visitas a lugares distantes ficassem perfeitamente ao alcance de enormes faixas da sociedade. Com a largura que permite à maioria das pessoas cruzá-lo de avião num tempo razoável e sem muito desconforto, o Atlântico é atualmente o caminho mais óbvio para que milhões de turistas cheguem aos destinos mais remotos. O Pacífico é grande demais; para a maioria das pessoas, o Índico fica demasiado distante. [...]

A qualquer hora do dia ou da noite há talvez cinquenta desses aviões voando sobre o mar – 10 mil seres humanos a cada hora, lendo, dormindo, comendo, vendo um filme ou escrevendo a 11 mil metros de altitude.

No entanto, são pouquíssimos os habitantes dessas cidadezinhas voadoras, a 11 mil metros de altitude, que lançam mais que um olhar curioso à superfície enrugada do mar lá embaixo ou para a espessa massa de nuvens que com tanta frequência a escondem. [...]

O fato de as viagens transoceânicas serem hoje baratas eliminou grande parte do mistério do mar, tornou-nos indiferentes a sua existência. Como cruzar os oceanos ficou enfadonho para quem precisa fazê-lo, eles mesmos se tornaram também enfastiantes. No passado, eram temidos, inspiravam terror, admiração, reverência. Hoje, para muitas pessoas, são apenas um obstáculo, uma inconveniência – entidades vastas demais para ser vistas, presenças demasiado incômodas para despertar muito interesse. A atitude do público em relação aos grandes mares se modificou – e essa mudança acarretou consequências, poucas delas positivas, para os grandes mares. [...]

Faz décadas que o homem vem saqueando despreocupadamente os oceanos. Desde que se construiu a primeira fábrica junto de um rio, desde que se instalou a primeira tubulação de esgoto numa cidade portuária e industrial, desde quando começamos, por descuido ou deliberação, a jogar nossos detritos e nossos produtos químicos nesse sumidouro imenso e sem culpa que é o oceano, temos mostrado propensão para deteriorá-lo e poluí-lo. Na terra, temos de viver, e por isso lhe damos certo grau de atenção; já o oceano se acha, de modo geral, distante de nossa vista. Ele é tão imenso que pode tolerar – ou assim pensávamos – um imenso montante de abuso sistemático [...]."

WINCHESTER, Simon. *Atlântico*: grandes batalhas navais, descobrimentos heroicos, tempestades colossais e um vasto oceano com um milhão de histórias. Tradução de Donaldson M. Garschagen. São Paulo: Companhia das Letras, 2012. p. 280-283.

Módico: modesto; pequeno; com pouco valor.

Demasiado: excessivo; em demasia.

Enfadonho: que causa enfado, desânimo, tédio.

Enfastiante: que causa fastio, tédio, aborrecimento.

Sumidouro: lugar onde as coisas desaparecem, somem.

ATIVIDADES

OBTER INFORMAÇÕES

1. Para o autor, como mudou nos últimos anos nossa forma de ver os oceanos?

2. Winchester afirma que a mudança de atitude em relação aos mares trouxe consequências negativas. Quais são os exemplos de deterioração dos oceanos fornecidos pelo texto?

INTERPRETAR

3. O que Simon quis dizer ao utilizar a expressão "abuso sistemático" no último parágrafo?

4. Os dados apresentados sobre o tráfego de aviões dizem respeito ao Oceano Atlântico. Qual é a comparação feita pelo autor para se referir a esse intenso fluxo de passageiros?

USAR A CRIATIVIDADE

5. Em grupo, reúnam fotografias de revistas, *sites* e livros que retratem a degradação dos oceanos. Criem um planisfério com as imagens, compondo uma colagem documental. É importante que as fotos tenham a identificação do lugar onde foram tiradas, para que vocês possam posicioná-las corretamente no mapa.

LUÍS DOURADO

CLIMA E VEGETAÇÃO

Para entender a importância da preservação da natureza pelas pessoas, é essencial aprofundar o conhecimento sobre o clima e a vegetação do planeta e do lugar em que se vive.

Após o estudo desta Unidade, você será capaz de:

- relacionar os elementos climáticos (temperatura, umidade e pressão atmosférica) com a altitude, a longitude, a continentalidade e a maritimidade;
- compreender por que existem diferentes tipos de clima e quais são suas principais características;
- reconhecer que cada tipo de vegetação se desenvolve em determinadas características de clima, solo, relevo e hidrografia;
- valorizar a vegetação como recurso natural e conhecer práticas de preservação.

FABIO COLOMBINI

COMEÇANDO A UNIDADE

1. Observe a imagem e a descreva. Que condições do tempo atmosférico ela retrata?
2. Em sua opinião, no decorrer do ano, esta é uma área de clima predominantemente seco ou úmido? Como é possível responder a essa pergunta?
3. O que você acha que aconteceria com o clima local se toda a vegetação da área fotografada fosse retirada para a prática da pecuária?

ATITUDES PARA A VIDA

- Pensar e comunicar-se com clareza.
- Pensar de maneira interdependente.

Chuva em área da Floresta Amazônica nas proximidades do Igarapé Tarumã-açu, no município de Manaus (AM, 2017).

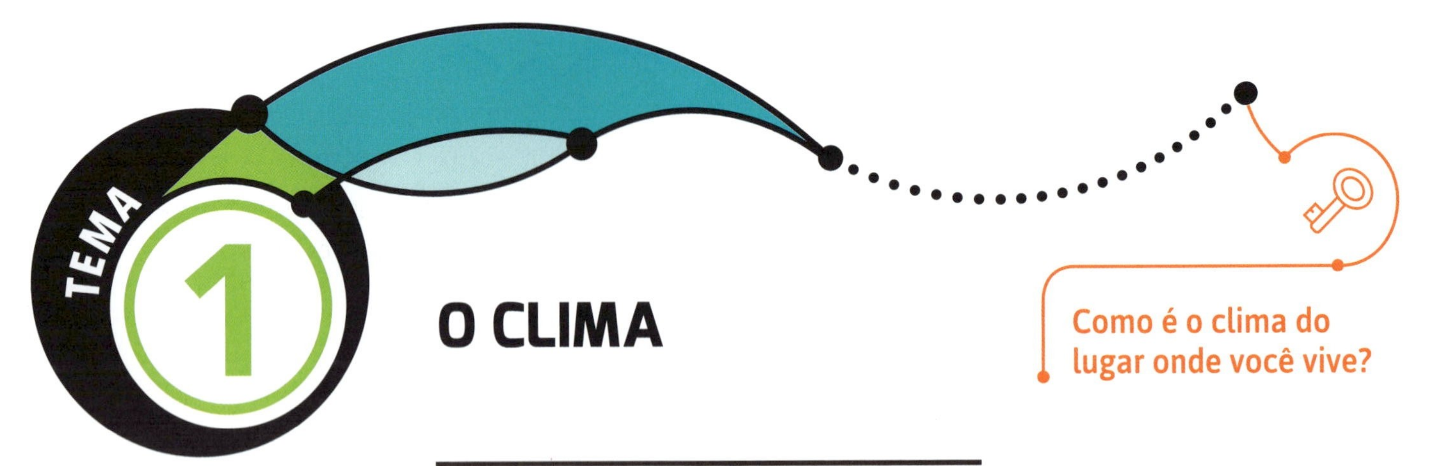

O CLIMA

Como é o clima do lugar onde você vive?

TEMPO ATMOSFÉRICO E CLIMA

Antes de fazer uma viagem, se procuramos saber se vai chover ou fazer sol no lugar que vamos visitar, estamos querendo saber como estará o tempo ou o clima?

Essas informações se referem às condições do **tempo atmosférico**, ou seja, às condições da atmosfera de um lugar em determinado momento. As condições do tempo podem mudar de um dia para o outro ou durante o mesmo dia.

O **clima** é definido como o conjunto das características atmosféricas predominantes em determinada região ao longo de, pelo menos, 30 anos. Portanto, quando caracterizamos uma região como fria ou quente, estamos fazendo referência ao clima predominante.

PARA LER

- **Tempo e clima**
  Andy Horsley. Barueri: Girassol, 2009.
  O livro trata de questões referentes aos climas da Terra, como a importância do Sol e das chuvas para o equilíbrio e a preservação da vida no planeta.

OS MOVIMENTOS DA TERRA E O CLIMA

Os movimentos de rotação e translação são os principais movimentos realizados pela Terra e ajudam a explicar a existência dos dias e das noites, a variação das temperaturas no decorrer do ano nas diferentes regiões do planeta e os tipos de vegetação que predominam em cada uma delas. Observe a figura 1.

Reprodução proibida. Art.184 do Código Penal e Lei 9.610 de 19 de fevereiro de 1998.

FIGURA 1. OS MOVIMENTOS DA TERRA E AS ESTAÇÕES CLIMÁTICAS

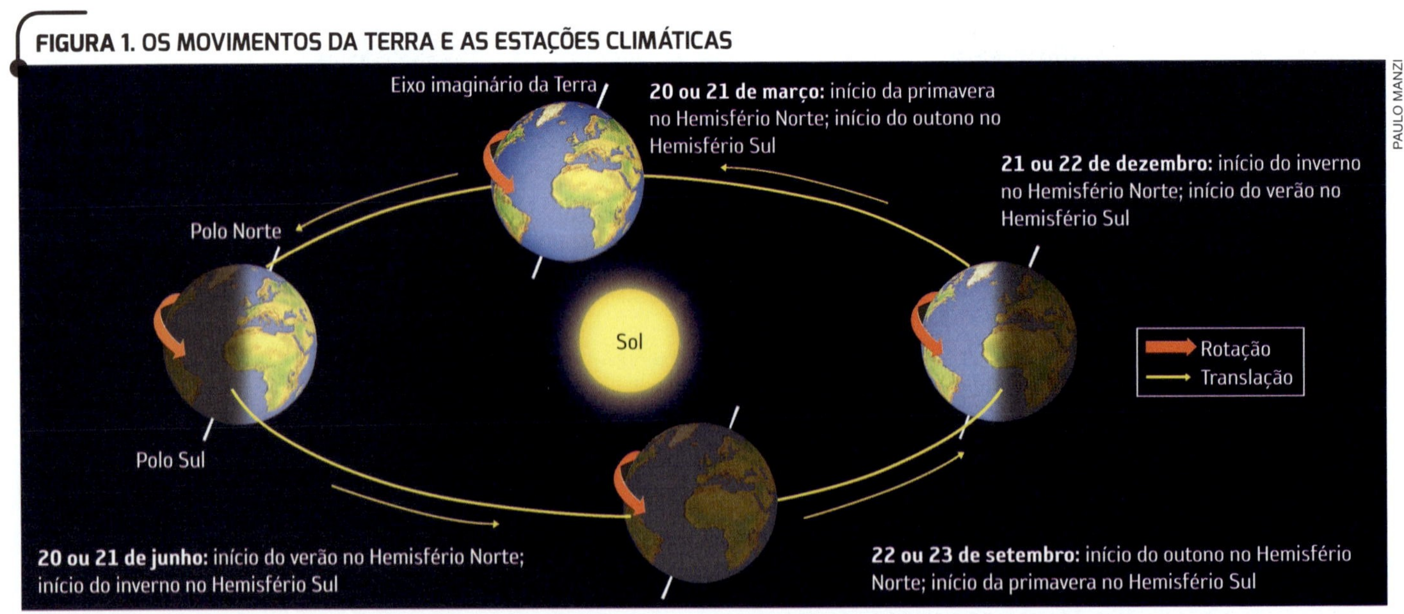

Fonte: BOEHM, Richard G. et al. *World Geography and cultures*. Ohio: Glencoe/McGraw-Hill/National Geographic, 2008. p. 52.

A Terra, o Sol e a distância entre eles não foram representados em escala.

MOVIMENTO DE ROTAÇÃO

Rotação é o movimento que o planeta Terra realiza em torno de seu próprio eixo. O eixo terrestre corresponde a uma linha reta imaginária que passa pelo centro da Terra e une os polos Norte e Sul. Esse eixo está inclinado em relação ao plano do movimento da Terra em torno do Sol.

O movimento de rotação é responsável pela sucessão dos dias e das noites e é realizado no sentido oeste-leste em 24 horas (precisamente, em 23 horas, 56 minutos e 4 segundos). Enquanto é dia na face do planeta iluminada pelo Sol, é noite na face oposta. À medida que o planeta gira em torno de si mesmo, a face que estava iluminada pelo Sol deixa de receber os raios solares, enquanto a outra passa a recebê-los.

MOVIMENTO DE TRANSLAÇÃO

Translação é o movimento que a Terra realiza em torno do Sol e dura 365 dias, 5 horas, 48 minutos e 47 segundos. A cada quatro anos acrescenta-se um dia ao calendário (29 de fevereiro) para compensar essas quase 6 horas restantes. Os anos com 366 dias são chamados anos bissextos.

A forma da Terra, a inclinação do eixo terrestre e o movimento de translação fazem com que a distribuição do calor solar na superfície terrestre seja irregular nos hemisférios Norte e Sul ao longo de um ano. Tal variação determina as estações climáticas, que têm início nos equinócios e solstícios.

Observe novamente a figura 1 para entender como as estações climáticas e os movimentos da Terra estão relacionados.

Equinócio: ocasião em que o dia e a noite têm a mesma duração. Ocorre em 20 ou 21 de março (início do outono no Hemisfério Sul e da primavera no Hemisfério Norte) e em 22 ou 23 de setembro (início da primavera no Hemisfério Sul e do outono no Hemisfério Norte).

Solstício: ocasião em que há a maior diferença de duração entre o dia e a noite. Ocorre em 20 ou 21 de junho (início do inverno no Hemisfério Sul e do verão no Hemisfério Norte) e em 21 ou 22 de dezembro (início do verão no Hemisfério Sul e do inverno no Hemisfério Norte).

AS ZONAS TÉRMICAS

As diferenças de intensidade de luz e calor que a Terra recebe do Sol possibilitam dividi-la em **zonas térmicas**. Essa divisão é importante para ajudar a compreender, por exemplo, a diversidade de tipos climáticos e de paisagens do mundo.

As áreas próximas da linha do Equador recebem grande quantidade de calor e são mais iluminadas. À medida que a latitude aumenta em direção aos polos do planeta, a quantidade de calor diminui. Isso acontece porque os raios solares atingem essas regiões de forma mais inclinada, agindo sobre uma superfície maior (figura 2).

FIGURA 2. ZONAS TÉRMICAS E INCIDÊNCIA DOS RAIOS SOLARES

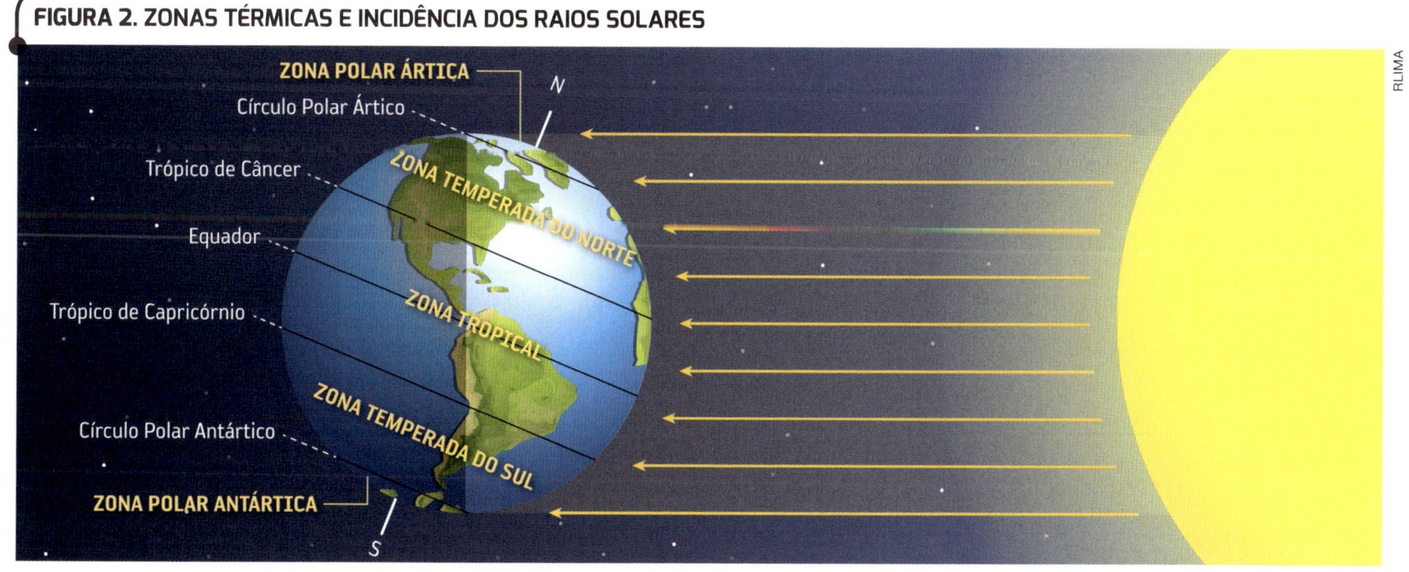

Fonte: STRAHLER, Alan. *Introducing physical geography*. 5. ed. Boston University, 2010.

Nas zonas temperadas, as estações do ano apresentam características bem definidas; nas zonas polares, ocorrem as mais baixas temperaturas da Terra; na zona tropical, em virtude da menor variação de aquecimento, as características das quatro estações não são bem definidas.

Reprodução proibida. Art.184 do Código Penal e Lei 9.610 de 19 de fevereiro de 1998.

POR QUE O TEMPO MUDA?

As mudanças do tempo estão relacionadas à atuação de diversos fenômenos, em especial o deslocamento de **massas de ar** – grandes porções de ar que adquirem características de temperatura e umidade do ar das áreas nas quais se originam.

O território brasileiro recebe influência de cinco massas de ar (figura 3).

FIGURA 3. BRASIL: MASSAS DE AR

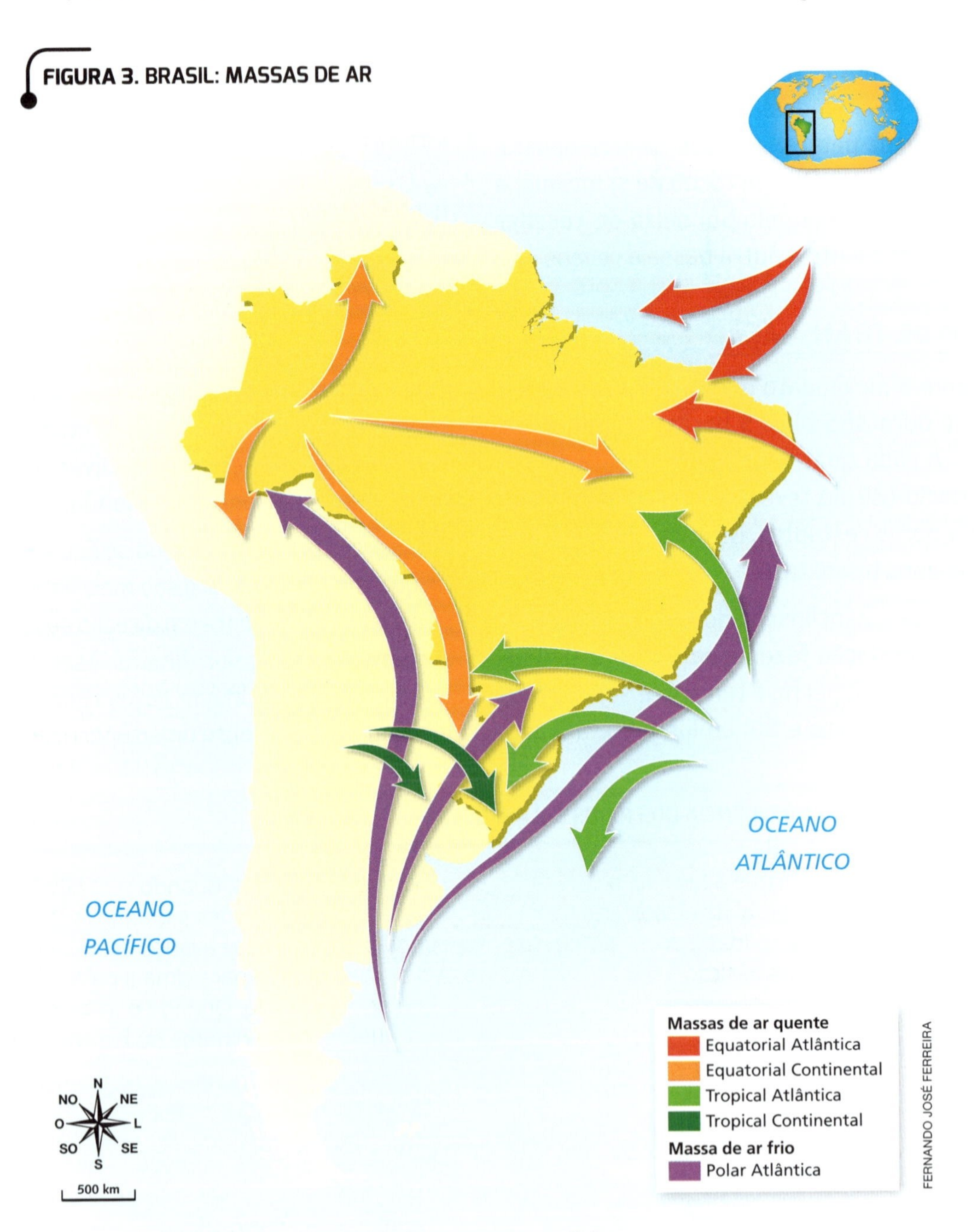

Fonte: FERREIRA, Graça M. L. *Atlas geográfico*: espaço mundial. 4. ed. São Paulo: Moderna, 2013. p. 122.

Reprodução proibida. Art.184 do Código Penal e Lei 9.610 de 19 de fevereiro de 1998.

De olho no mapa

1. Que massa de ar atuante no Brasil é fria?
2. Qual é a principal diferença entre as massas Equatorial Atlântica e Tropical Continental?

CIRCULAÇÃO GERAL DA ATMOSFERA

Para compreender o padrão de direção dos movimentos de ar dominantes ao redor do globo, cientistas criaram e aperfeiçoaram modelos de circulação geral da atmosfera. O modelo abaixo mostra de maneira genérica a direção e o nome dos ventos na superfície da Terra.

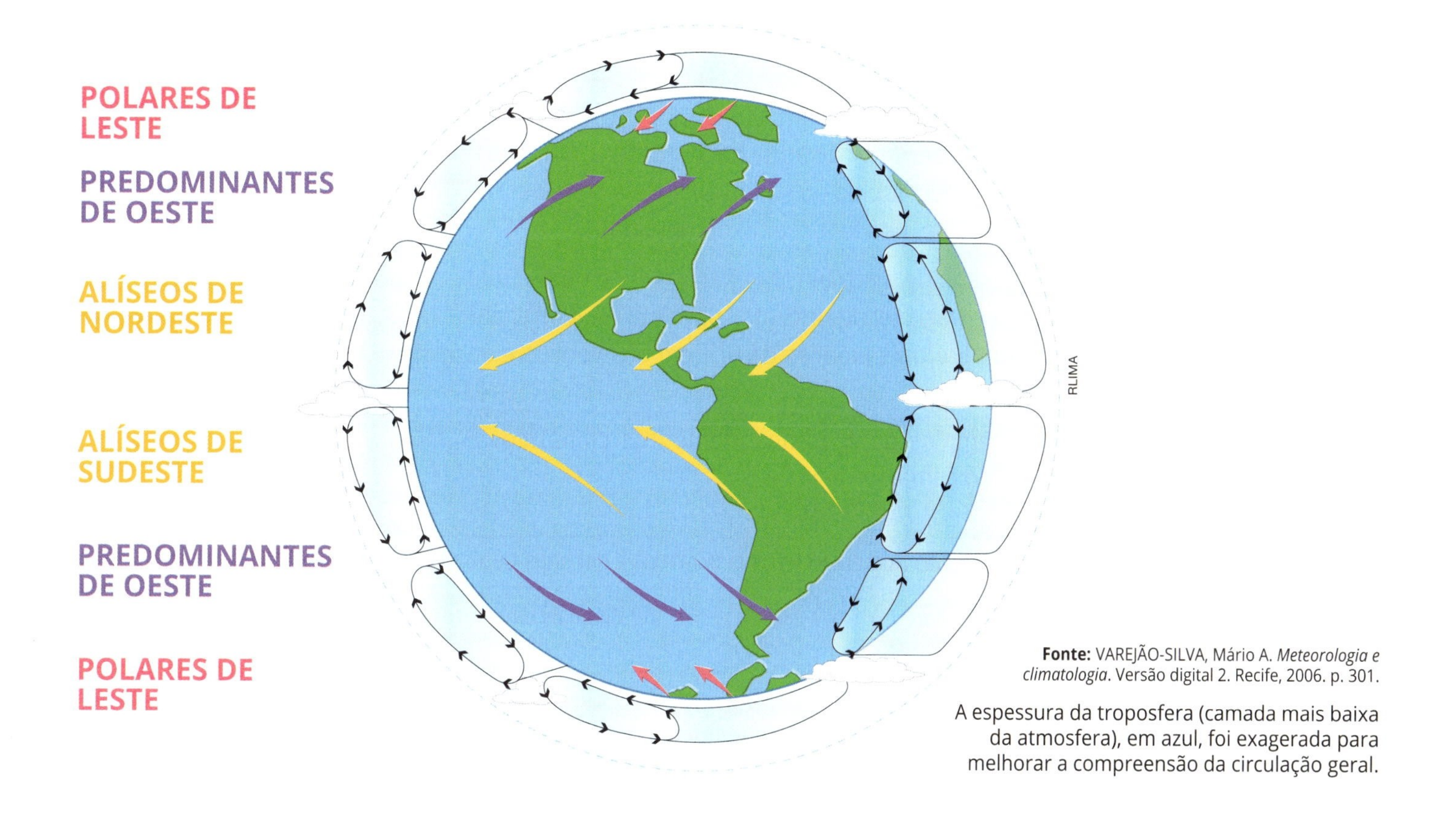

Fonte: VAREJÃO-SILVA, Mário A. *Meteorologia e climatologia*. Versão digital 2. Recife, 2006. p. 301.

A espessura da troposfera (camada mais baixa da atmosfera), em azul, foi exagerada para melhorar a compreensão da circulação geral.

Reprodução proibida. Art.184 do Código Penal e Lei 9.610 de 19 de fevereiro de 1998.

OS TIPOS DE MASSA DE AR

O movimento de rotação da Terra e a insolação influenciam diretamente a circulação geral da atmosfera. De acordo com a temperatura e a umidade do ar, as massas de ar podem ser de quatro tipos básicos.

Quente e úmida	Formada nas baixas latitudes (zona equatorial-tropical), sobre os oceanos ou, excepcionalmente, sobre a Amazônia.
Quente e seca	Formada nas baixas latitudes (zona equatorial-tropical), sobre os continentes.
Fria e úmida	Formada nas latitudes médias (zona temperada), sobre os oceanos.
Fria e seca	Formada sobre os continentes nas latitudes médias (zona temperada) e nas altas latitudes (zona polar).

Fonte: MENDONÇA, Francisco; DANNI-OLIVEIRA, Inês M. *Climatologia*: noções básicas e climas do Brasil. São Paulo: Oficina de Textos, 2007. p. 101 e 102.

FRENTES

Uma massa de ar frio, quando se desloca sobre determinada localidade, provoca a queda da temperatura local. À porção frontal desse avanço de massa fria, que empurra o ar mais quente para cima e para a frente, dá-se o nome de **frente fria**. Quando o avanço é de uma massa de ar quente, dá-se o nome de **frente quente**.

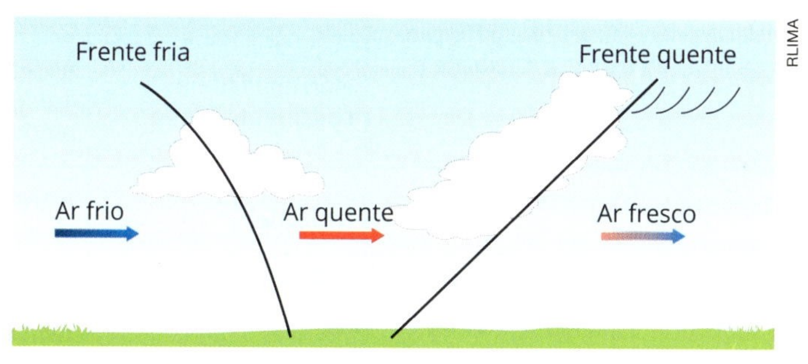

As formas das frentes fria e quente são diferentes porque o ar frio é mais denso e pesado.

Fonte: MENDONÇA, Francisco; DANNI-OLIVEIRA, Inês M. *Climatologia*: noções básicas e climas do Brasil. São Paulo: Oficina de Textos, 2007. p. 101 e 105.

A FORMAÇÃO DO CLIMA

O clima de uma região é resultado da combinação de **elementos climáticos** e **fatores geográficos**. Os principais elementos climáticos são a temperatura do ar atmosférico, a umidade e a pressão atmosférica.

- **Temperatura**. Depende da insolação, isto é, da quantidade de luz e calor do Sol que incide sobre um local. Como estudamos, o calor irradiado pelo Sol se distribui de forma desigual pela superfície terrestre: a mesma quantidade de radiação solar se espalha por uma área maior à medida que se aproxima do polo.
- **Umidade**. Refere-se à presença de vapor de água na atmosfera. Quando a água que cai das nuvens em estado líquido ou sólido alcança o solo, ocorre precipitação (chuva, neve, granizo, geada, orvalho ou neblina).
- **Pressão atmosférica**. Pressão que a atmosfera exerce sobre tudo o que existe na superfície terrestre, variável de um lugar para outro. A diferença de pressão atmosférica entre dois lugares dá origem aos ventos e ao deslocamento das massas de ar.

Observe no quadro abaixo exemplos da ação dos elementos climáticos e fatores geográficos na definição do clima.

Maritimidade e continentalidade: Características climáticas referentes à interferência da distância de determinado local em relação aos oceanos ou mares. Os continentes se aquecem e esfriam mais rapidamente que os oceanos, enquanto as águas conservam o calor por mais tempo. Por isso, as áreas distantes dos oceanos têm maior variação de temperatura, e, devido à intensa evaporação, as áreas próximas aos oceanos apresentam taxas de precipitação maiores.

Amplitude térmica: diferença entre as temperaturas máxima e mínima registradas em um dia, mês ou ano.

QUADRO. A AÇÃO DOS ELEMENTOS CLIMÁTICOS E FATORES GEOGRÁFICOS

Elementos climáticos	Fatores geográficos	Como os elementos e fatores atuam na formação do clima
Temperatura Em geral, varia em função da latitude, da altitude e da maritimidade e continentalidade.	**Latitude**	Na superfície terrestre, a zona tropical, principalmente ao longo da linha do Equador, recebe maior quantidade de radiação solar. Por isso, as temperaturas são mais altas nessas áreas e mais baixas nas proximidades dos polos. A temperatura diminui do Equador para os polos.
	Altitude	A temperatura diminui, em média, 0,6 °C a cada 100 metros de altitude.
	Maritimidade e continentalidade	Nas áreas mais próximas ao mar, a variação de temperatura é menor do que nas áreas continentais distantes do mar. Em áreas próximas ao mar, tanto a variação anual quanto a variação diária da temperatura (amplitude térmica) são menores do que em áreas continentais distantes do mar. A amplitude térmica diária, em particular, é acentuadamente maior no interior dos continentes.
Umidade Varia principalmente em função da latitude e da maritimidade e continentalidade.	**Latitude**	Nas áreas próximas ao Equador, a evaporação é marcante, e a precipitação é maior do que nos polos e nas regiões temperadas.
	Maritimidade e continentalidade	As áreas próximas ao mar apresentam mais umidade do que aquelas no interior dos continentes. Isso se deve ao fato de que as águas oceânicas produzem mais evaporação do que as continentais.
Pressão atmosférica O peso exercido pelo ar em uma superfície varia em função da altitude e da latitude.	**Altitude**	A pressão atmosférica é menor nas áreas de maior altitude e maior nos locais de menor altitude.
	Latitude	Nas áreas próximas aos polos, a pressão atmosférica é maior e a temperatura, mais baixa. Nessas áreas, originam-se massas de ar frias. Nas áreas próximas ao Equador e nas zonas tropicais, a pressão atmosférica é menor e as temperaturas são mais altas. Nessas áreas, formam-se massas de ar quentes.

Fonte: organizado pelos elaboradores para esta coleção.

Reprodução proibida. Art.184 do Código Penal e Lei 9.610 de 19 de fevereiro de 1998.

A INTERFERÊNCIA DA AÇÃO HUMANA NO CLIMA GLOBAL

Você já leu ou ouviu alguém falar a respeito do aquecimento global? Já ouviu também que as atividades humanas podem ser responsáveis pelo aumento da temperatura média próxima à superfície do planeta?

Atualmente, a maior parte dos especialistas em estudos climáticos afirma que a ação antrópica contribui para o aquecimento global. Para entender como isso ocorre, é preciso, antes, compreender o efeito estufa.

Efeito estufa é um fenômeno natural que provoca aquecimento das camadas atmosféricas mais inferiores devido à retenção do calor irradiado pela superfície do planeta. O esquema da figura 4 mostra o que ocorre quando a radiação solar atinge a Terra.

Retenção: ato de reter, conservar.

A temperatura média anual na superfície terrestre é de cerca de 16,5 °C. Sem o efeito estufa, estima-se que essa média seria de –20 °C.

FIGURA 4. O EFEITO ESTUFA

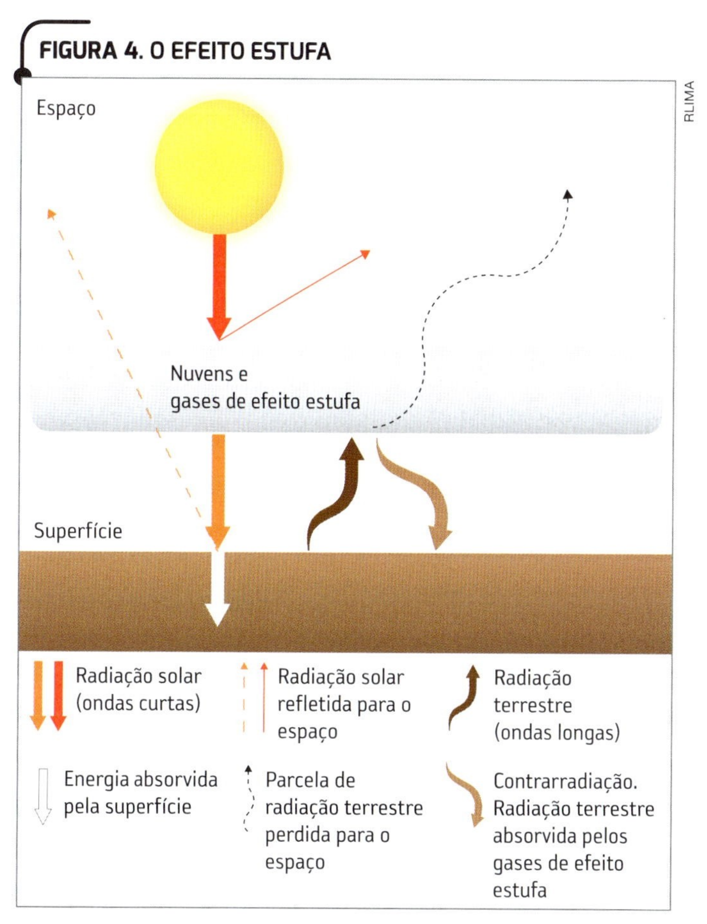

Fonte: MENDONÇA, Francisco; DANNI-OLIVEIRA, Inês Moresco. *Climatologia*: noções básicas e climas do Brasil. São Paulo, Oficina de Textos, 2009. p. 183.

INTENSIFICAÇÃO DO EFEITO ESTUFA

Algumas atividades humanas são responsáveis pela liberação de gases de efeito estufa – aqueles responsáveis pela retenção de calor na baixa atmosfera. O principal deles é o gás carbônico (CO_2).

O aumento da atividade industrial e da produção de energia por meio da queima de combustíveis fósseis (petróleo, gás natural e carvão mineral) para movimentar máquinas, automóveis e outras invenções humanas é responsável pela liberação de grandes quantidades de gás carbônico na atmosfera.

Veja na tabela os gases de efeito estufa e suas principais fontes naturais e decorrentes da ação humana.

TABELA. GASES CAUSADORES DO EFEITO ESTUFA

	Principais fontes	Tempo de permanência da atmosfera
Gás carbônico (CO_2)	Combustíveis fósseis; desmatamento	50 a 200 anos
Metano (CH_4)	Pântanos; campos de arroz	7 a 10 anos
Óxido nitroso (N_2O)	Combustíveis fósseis; biomassa	150 anos
Clorofluorcarboneto (CFC)	Espumas, aerossóis; refrigeração	75 a 110 anos
Ozônio (O_3)	Veículos, indústrias	Horas ou dias

Fonte: MENDONÇA, Francisco; DANNI--OLIVEIRA, Inês Moresco. *Climatologia*: noções básicas e climas do Brasil. São Paulo: Oficina de Textos, 2009. p. 184.

Reprodução proibida. Art.184 do Código Penal e Lei 9.610 de 19 de fevereiro de 1998.

OS TIPOS DE CLIMA

Como é o clima do município onde você vive?

DETERMINANTES DO CLIMA

Os tipos de clima são determinados pelas diferenças na quantidade de calor que cada região da Terra recebe do Sol, pela movimentação das massas de ar, pelos fatores geográficos, como altitude, latitude, maritimidade e continentalidade, e também pelas correntes marítimas. As principais correntes quentes e frias das águas oceânicas exercem papel importante no clima. Assim como as massas de ar, elas assumem características da região na qual se originam e influenciam o clima dos lugares por onde passam.

Correntes marítimas: deslocamento de massas de água nos oceanos que podem ocasionar, nos continentes, períodos de secas ou chuvas, além de influenciar nas médias de temperatura.

Observe a distribuição das áreas de ocorrência dos diferentes tipos de clima encontrados no planeta (figura 5) e, a seguir, conheça as principais características de cada um deles.

FIGURA 5. MUNDO: CLIMAS

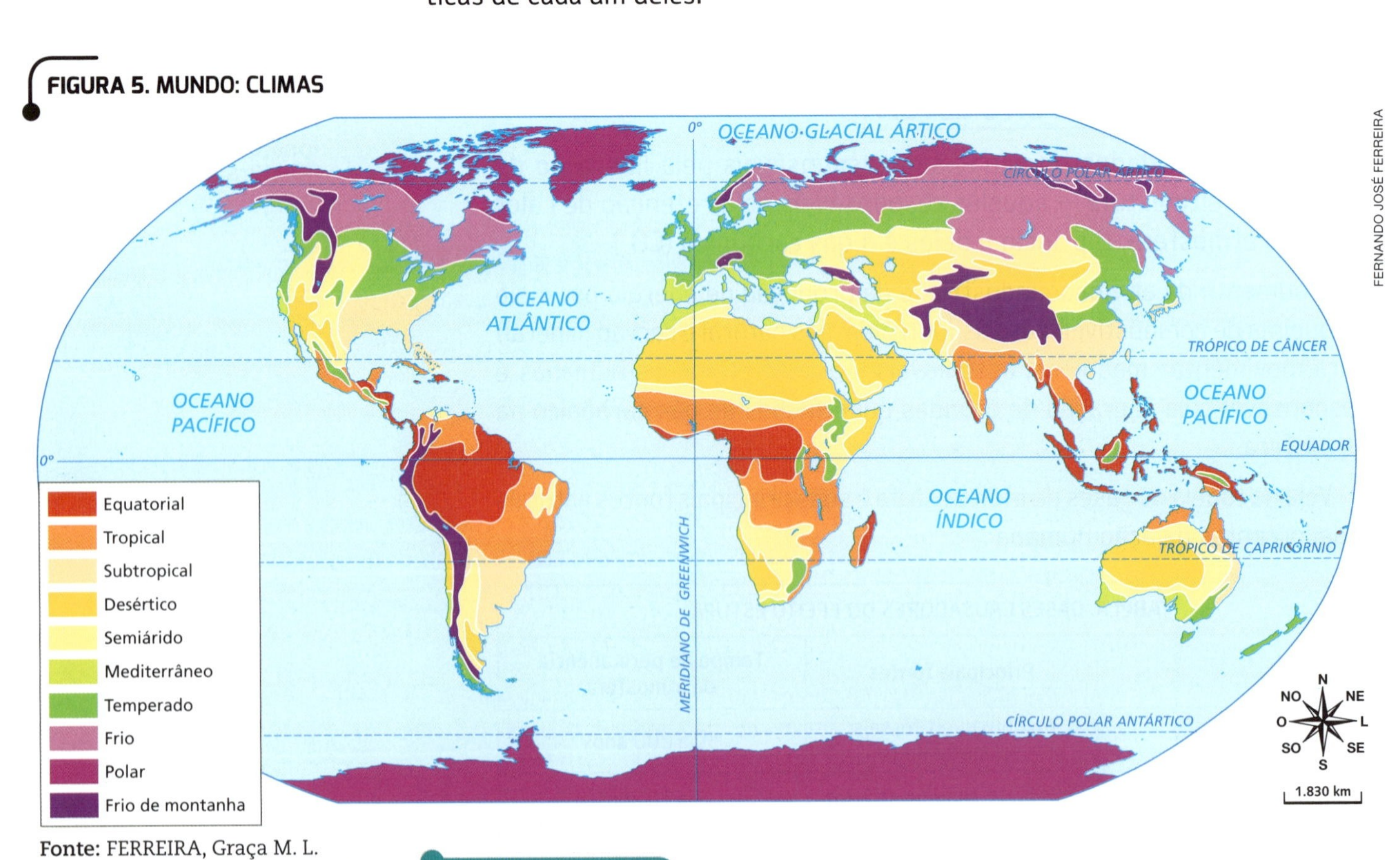

Fonte: FERREIRA, Graça M. L. *Moderno atlas geográfico*. 6. ed. São Paulo: Moderna, 2016. p. 22.

De olho no mapa

Compare o planisfério acima com o da página 87 da Unidade 3 e cite o nome de uma área em que ocorre o clima frio de montanha.

Reprodução proibida. Art.184 do Código Penal e Lei 9.610 de 19 de fevereiro de 1998.

CLIMA EQUATORIAL

Ocorre em áreas próximas à linha do Equador. A grande quantidade de radiação solar recebida e as altas temperaturas registradas durante todo o ano fazem com que haja maior evaporação, o que provoca aumento da umidade do ar e abundância de chuvas. Nas áreas em que esse clima é predominante, encontramos grandes florestas equatoriais, como a apresentada na abertura da Unidade.

CLIMA TROPICAL

Concentradas quase integralmente na zona tropical, as áreas sob influência desse clima distribuem-se na África, América Central, América do Sul, Ásia e Oceania.

O clima tropical, característico de grande parte do Brasil, costuma apresentar verão quente e chuvoso e inverno seco, com temperaturas amenas. Nesse tipo de clima, existe a possibilidade de variações na umidade em função da continentalidade e maritimidade.

CLIMA SUBTROPICAL

Pode ser encontrado na América do Norte, na América do Sul e em parte da Ásia. Esse tipo de clima apresenta chuvas bem distribuídas ao longo do ano e temperatura média anual em torno de 18 °C. As estações do ano são bem demarcadas: verão quente e inverno rigoroso, quando podem ocorrer geadas e neve (figura 6).

Figura 6. Embora a neve seja muito rara no Brasil, a formação de uma fina camada de gelo sobre a superfície, chamada de geada, é comum durante o inverno no sul do país, podendo trazer prejuízos para a agricultura. Na foto, geada no município de Bom Jardim da Serra (SC, 2016).

LUCIANO QUEIROZ/ PULSAR IMAGENS

CLIMA FRIO DE MONTANHA

Por se tratar de um tipo de clima determinado diretamente pela altitude, pode ser encontrado em diferentes zonas térmicas, mesmo entre os trópicos (figura 7). É marcado pelas temperaturas baixas durante todo o ano, e a presença de neve é constante.

Em função do ar rarefeito e das baixas temperaturas, as regiões de clima frio de montanha apresentam uma população reduzida de plantas, animais e seres humanos.

B. VON HOFFMANN/ALAMY/FOTOARENA

Figura 7. Apesar de se encontrar em uma região tropical, o Monte Quilimanjaro, na África, apresenta clima frio de montanha em áreas próximas ao topo, em função da altitude. Na foto, animais pastando, com o monte ao fundo (Quênia, 2015).

Reprodução proibida. Art.184 do Código Penal e Lei 9.610 de 19 de fevereiro de 1998.

CLIMA FRIO

É característico de áreas de alta latitude, próximas ao Círculo Polar Ártico. Esse tipo de clima, que abrange grandes extensões no norte da Ásia, da Europa e da América do Norte, apresenta temperaturas baixas, com invernos longos e rigorosos e presença constante de neve. Os verões são curtos e marcados por temperaturas amenas.

CLIMA POLAR

Ocorre nas regiões polares e é caracterizado pelas baixas temperaturas e precipitações em forma de neve ao longo de todo o ano. Esse tipo de clima ocorre na Antártida, na Groenlândia, na Sibéria, no norte do Alasca, no extremo norte do Canadá e em parte da Islândia.

As áreas de clima polar são pouco habitadas, pois a agricultura é praticamente inviável e as atividades cotidianas são dificultadas pela neve e pelo frio intenso.

CLIMA TEMPERADO

É característico das áreas situadas entre os trópicos e os círculos polares. Esse tipo de clima é marcado por estações do ano bem definidas, com temperaturas entre −3 °C e 18 °C.

Ocorre em grandes extensões contínuas na América do Norte, na Europa e na Ásia e em áreas menores na América do Sul, na África e na Oceania.

CLIMA MEDITERRÂNEO

Caracteriza-se pela grande influência da maritimidade, pelos verões secos e invernos úmidos com temperaturas amenas.

Esse tipo de clima ocorre principalmente no sul da Europa e norte da África, mas pode ser encontrado também no sul do continente africano e da Oceania (Austrália) e no oeste da América do Norte (Estados Unidos) e da América do Sul (Chile).

CLIMA SEMIÁRIDO

Caracteriza-se pela precipitação baixa e mal distribuída ao longo do ano. As temperaturas são variáveis: altas na zona tropical e mais baixas nas zonas temperadas. As áreas semiáridas da Ásia Central, do Canadá e do sul da América do Sul (Patagônia) também apresentam baixas temperaturas.

CLIMA DESÉRTICO

As chuvas são escassas, e a baixa umidade do ar contribui para a formação de desertos, que podem ser quentes, como o Deserto do Saara, na África, ou frios, como o Deserto do Atacama, no Chile (figura 8).

Nesse tipo de clima, a amplitude térmica diária é grande, e a vida de plantas, animais e seres humanos se adapta a condições extremas.

PARA ASSISTIR

- **BBC: Planeta Terra – Cavernas, desertos e terras geladas**

  Direção: Alastair Fothergill. Reino Unido: Log On Filmes, 2009.

  O episódio da série BBC: Planeta Terra explora características climáticas e estratégias de sobrevivência de seres vivos em cavernas e desertos com imagens impressionantes, além de apresentar terras em regiões de clima frio e polar.

De olho na imagem

Cite três tipos de erosão que não ocorrem e um que ocorre atualmente na área fotografada e explique suas escolhas.

Figura 8. O Deserto do Atacama é o mais seco do mundo. Entretanto, em anos com precipitação sazonal acima da média, pode ocorrer um fenômeno natural de germinação de sementes, formando um manto de vegetação por curto período. Na foto, flores em área do Deserto do Atacama, na região de Copiapó (Chile, 2015).

ATIVIDADES

ORGANIZAR O CONHECIMENTO

1. **O texto abaixo tem uma incorreção conceitual.**

A previsão do clima para amanhã é de fortes chuvas no período da tarde, com 18 °C de temperatura mínima e 25 °C de máxima.

Em seu caderno, aponte e explique qual é a incorreção.

2. **Qual é a relação entre o movimento de translação, as estações climáticas e as zonas térmicas?**

3. **Relacione os termos numerados às definições correspondentes.**

I. Frente.
II. Amplitude térmica.
III. Altitude.
IV. Pressão atmosférica.

a) Fator geográfico determinante para a ocorrência do clima frio de montanha.

b) Elemento climático que varia em função da altitude e da latitude.

c) Diferença que indica a variação de temperatura em um dia, mês ou ano.

d) Porção frontal de massa de ar que causa mudança no tempo meteorológico.

APLICAR SEUS CONHECIMENTOS

4. **Observe novamente o mapa da figura 5, na página 128. Quais são os quatro climas presentes no Brasil?**

5. **Leia o seguinte trecho de notícia.**

"O tempo muda no Rio Grande do Sul nesta quinta-feira. O Instituto Nacional de Meteorologia prevê chuva forte, vento, descargas elétricas [raios] e até granizo em algumas regiões. Já o Centro de Previsão de Tempo e Estudos Climáticos alerta para chuva intensa e temporais. Com a chegada de uma frente fria, a meteorologia indica queda nas temperaturas ao longo do dia. [...]"

Frente fria avança sobre o RS e meteorologia alerta para temporal. *G1*. 2 jan. 2014. Disponível em: <http://g1.globo.com/rs/rio-grande-do-sul/noticia/2014/01/frente-fria-avanca-sobre-o-rs-e-meteorologia-alerta-para-temporal.html>. Acesso em: 4 nov. 2014.

a) Caracterize uma frente fria, de acordo com o que você estudou.

b) Segundo a notícia, que mudanças no tempo atmosférico do Rio Grande do Sul podem ocorrer com a aproximação da frente fria?

6. **Observe as imagens.**

ANDRIY BLOKHIN/ALAMY/FOTOARENA

Centro comercial subterrâneo em Montreal (Canadá, 2017). A cidade tem inverno rigoroso e precipitação abundante de chuva e neve. Para abrigar a população das condições mais extremas, foi construída uma cidade subterrânea com mais de 12 km^2.

RITA BARRETO/FOTOARENA

Palafita sobre o Rio Japurá, no município de Uarini (AM, 2016). As palafitas são moradias construídas em margens de rios, sobre estacas, para que não sejam alagadas em períodos de cheia.

Com base nas fotos e no que você sabe sobre clima, produza um pequeno texto comentando a importância do conhecimento do clima para a ocupação do território.

Reprodução proibida. Art.184 do Código Penal e Lei 9.610 de 19 de fevereiro de 1998.

Reprodução proibida. Art.184 do Código Penal e Lei 9.610 de 19 de fevereiro de 1998.

7. As informações sobre as condições do tempo são fundamentais para o planejamento de diversas atividades, como a agricultura, a construção civil e o transporte aéreo, além de serem úteis para nossa vida cotidiana. Observe os mapas.

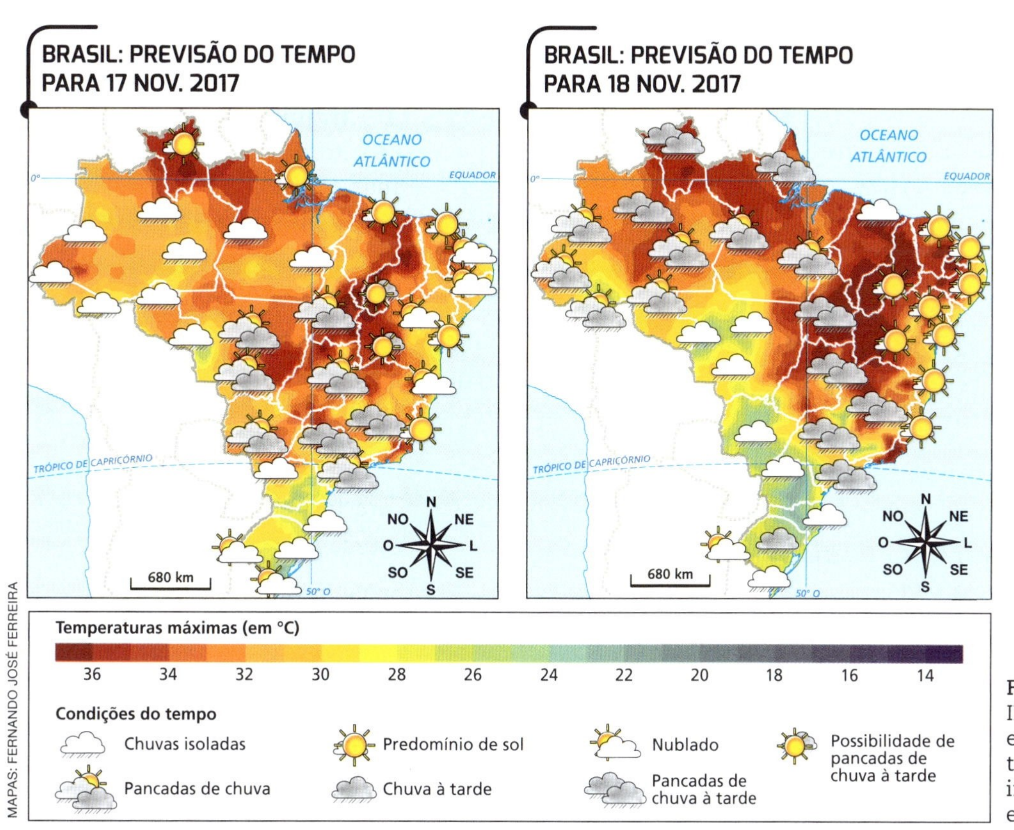

Fonte dos mapas: INPE. Disponível em: <http://tempo2.cptec.inpe.br/>. Acesso em: 18 nov. 2017.

a) Por que a previsão do tempo pode ser importante para a agricultura e o transporte aéreo?

b) Compare as previsões de tempo para as duas datas na porção do território brasileiro localizada ao norte da linha do Equador.

8. Leia o texto.

"O efeito estufa é, pois, um fenômeno natural que possibilita a vida na Terra, uma vez que, sem a presença destes gases, a temperatura média do planeta seria muito baixa [...].

Entretanto, o efeito estufa se torna um problema – que pode se tornar catastrófico – quando é agravado. A mudança na concentração dos gases estufa desestabiliza a troca natural de energia (calor), o que, por sua vez, é causa do fenômeno conhecido como aquecimento global."

O que é o Efeito Estufa. *O Eco*, 22 out. 2013. Disponível em: <http://www.oeco.org.br/dicionario-ambiental/27698-o-que-e-o-efeito-estufa/>. Acesso em: 6 dez. 2016.

a) De acordo com o que você aprendeu nesta Unidade, cite exemplos de gases de efeito estufa e informe se elas são naturais ou decorrentes da ação humana.

b) Explique a afirmação "o efeito estufa se torna um problema quando é agravado".

A VEGETAÇÃO

Por que em algumas regiões da Terra desenvolvem-se florestas e em outras quase não nascem plantas?

OS PRINCIPAIS TIPOS DE VEGETAÇÃO

Para sobreviver e se desenvolver, as plantas necessitam de água, luz e nutrientes extraídos do solo, elementos que não se apresentam de forma igual em todos os lugares do planeta.

Por isso, as vegetações nativas apresentam variados portes e diversidade de espécies. Observe no mapa a seguir a distribuição dos principais tipos de vegetação nativa que existem na Terra.

Vegetação nativa: vegetação que nasce e se desenvolve naturalmente de acordo com as características predominantes de um local, como luminosidade, calor, umidade e solo.

Reprodução proibida. Art.184 do Código Penal e Lei 9.610 de 19 de fevereiro de 1998.

FIGURA 9. MUNDO: VEGETAÇÃO NATIVA

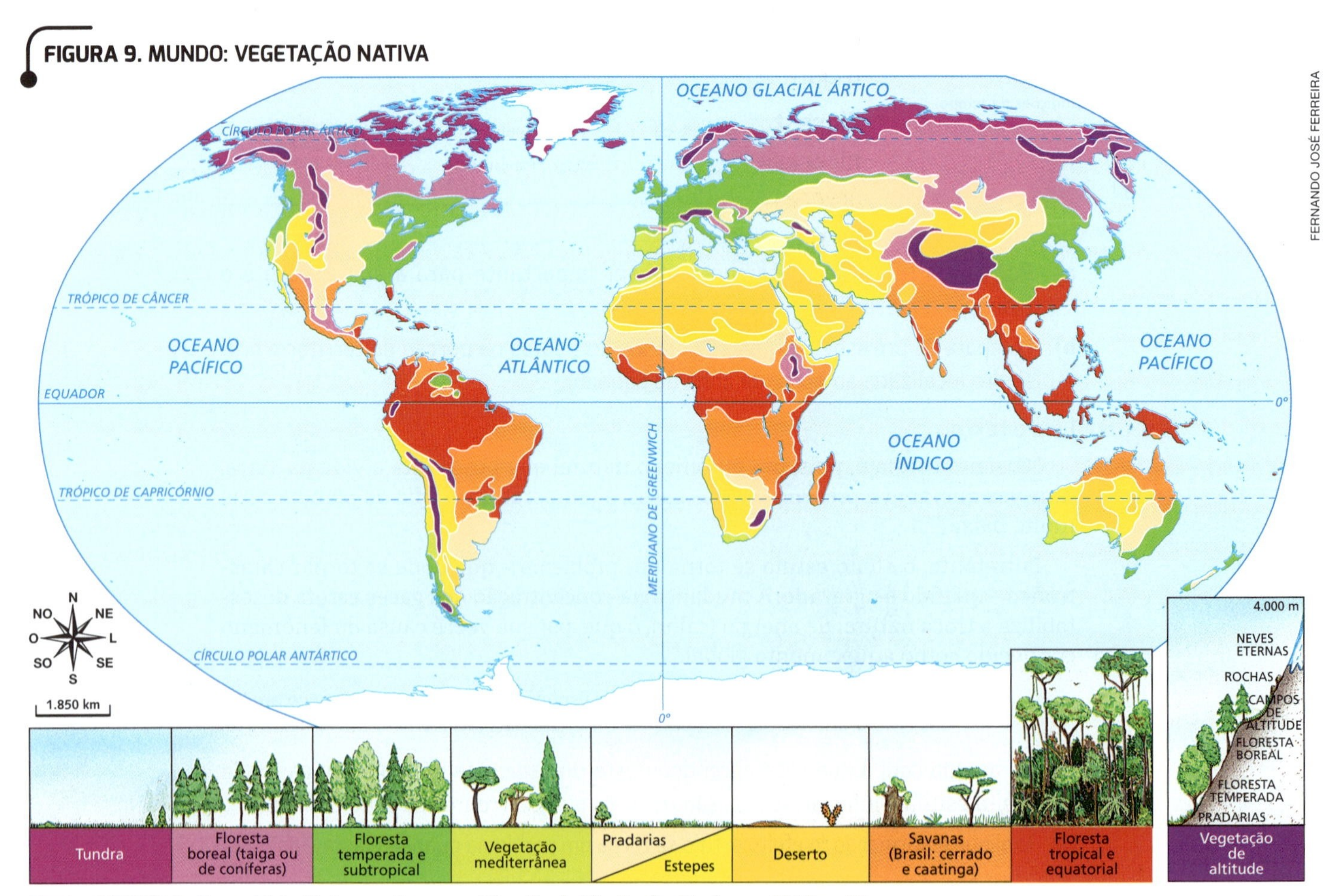

Fonte: FERREIRA, Graça M. L. *Moderno atlas geográfico*. 6. ed. São Paulo: Moderna, 2016. p. 23.

MAREK ZUK/ALAMY/FOTOARENA

Figura 10. Floresta temperada à margem do Lago Little Nugedzi, na província da Colúmbia Britânica (Canadá, 2017).

FLORESTAS

Existe na Terra uma grande diversidade de florestas, que mudam de aspecto segundo as variações na umidade e na temperatura de cada região. Os principais tipos de floresta são: equatorial, tropical, temperada, subtropical e boreal.

- **Florestas equatoriais e tropicais.** Elas estão presentes nas faixas de clima equatorial e tropical. São, portanto, típicas de áreas de clima quente e úmido. Ocorrem em regiões da América Central e da América do Sul, na África e no Sudeste Asiático.

  A Floresta Amazônica, retratada na abertura desta Unidade, nas páginas 120 e 121, é uma floresta equatorial.

  Densas e exuberantes, essas florestas apresentam a maior diversidade de espécies animais e vegetais do planeta. Apesar dessa riqueza, encontram-se geralmente em áreas de solo pobre e dependem dos nutrientes que advêm da decomposição de restos de plantas e animais para sua sobrevivência.

  Têm sido amplamente devastadas pelas sociedades humanas para a implantação de projetos agropecuários e exploração de madeira.

- **Florestas temperadas e subtropicais.** Localizam-se em regiões de clima temperado úmido. Elas cobriam a maior parte da Europa, o nordeste dos Estados Unidos e parte do Japão, mas foram praticamente destruídas ao longo do tempo. Atualmente, parte do que restou das florestas temperadas são áreas protegidas e correspondem a alguns parques e reservas (figura 10).

- **Florestas boreais** (também conhecidas como **taiga** ou **florestas de coníferas**). As coníferas são chamadas assim porque as sementes de suas árvores têm a forma de cone.

  As florestas boreais são formações muito homogêneas, com predomínio de pinheiros. Ocorrem nas zonas temperadas de países como o Canadá, a Noruega, a Suécia, a Finlândia e a Rússia (figura 11).

  Essas florestas são muito exploradas e fornecem principalmente madeira, da qual também se extrai a celulose, matéria-prima para a fabricação do papel.

Figura 11. Floresta de coníferas na região dos Montes Altai (Rússia, 2016).

VEGETAÇÃO MEDITERRÂNEA

Característica do clima mediterrâneo, que apresenta verões quentes e secos e invernos chuvosos, é formada predominantemente por plantas rasteiras, arbustos e árvores de pequeno porte, distribuídas de maneira esparsa. Ocorre principalmente nas áreas costeiras do Mar Mediterrâneo, no sul da Europa e norte da África (figura 12).

TROMP WILLEM VAN URK/ALAMY/ FOTOARENA

Figura 12. Vista parcial da Ilha Vulcano com vegetação mediterrânea no primeiro plano (Itália, 2016).

SAVANAS

Ocorrem, principalmente, na América do Sul, na África e na Austrália. É característica de regiões tropicais, que apresentam uma estação seca bem definida alternada por uma estação úmida. Sua vegetação compõe-se basicamente de arbustos, plantas rasteiras e poucas árvores (figura 13).

PHILIPPE DEMANDE/ALAMY/FOTOARENA

Figura 13. Paisagem de savana no Parque Nacional Tsavo West (Quênia, 2017).

Nas savanas africanas, a fauna é muito diversificada e abriga inúmeros animais, como elefantes, girafas, rinocerontes, leões, lagartos, formigas e cupins. No Brasil, é conhecida como **cerrado**.

PRADARIAS

São características de áreas de pouca pluviosidade. Ocorrem na América do Norte, na Europa, na Ásia, na África e na América do Sul. São formadas basicamente por gramíneas, mas também podem apresentar arbustos (figura 14).

Em todo o mundo, as áreas de pradaria foram muito usadas para a pecuária, o que causou um intenso desgaste desse tipo de vegetação e dos solos.

Reprodução proibida. Art.184 do Código Penal e Lei 9.610 de 19 de fevereiro de 1998.

FABIO COLOMBINI

Figura 14. Os pampas ocupam parte dos territórios da Argentina, do Uruguai e do Brasil. Na foto, gado na Área de Proteção Ambiental do Ibirapuitã, no município de Santana do Livramento (RS, 2017).

WOLFGANG KAEHLER/LIGHTROCKET/GETTY IMAGES

Figura 15. A maior concentração de estepes do planeta fica na Ásia. Na foto, estepe em Caracorum (Mongólia, 2015).

ESTEPES

Vegetação herbácea presente em regiões semiáridas, como o oeste dos Estados Unidos e áreas da Mongólia e do Paquistão. É constituída por gramíneas, que se distribuem de forma irregular, em forma de tufos, e por pequenos arbustos, deixando extensas áreas de solo descoberto (figura 15).

VEGETAÇÃO DE DESERTO

A vegetação de deserto ocorre nas regiões onde a quantidade de chuva é muito pequena, tanto em áreas frias quanto em áreas quentes da superfície terrestre.

Ela é formada por gramíneas, arbustos e algumas plantas isoladas que se adaptam ao ambiente, com poucas folhas ou com espinhos, como os cactos (figura 16).

JEAN NOGRADY/ONLY WORLD/ONLY FRANCE/AFP

Figura 16. Vegetação fixada na areia, no Deserto do Saara, na província de Illizi (Argélia, 2017).

VEGETAÇÃO DE ALTITUDE

O ar rarefeito e as baixas temperaturas limitam o desenvolvimento de espécies vegetais nas altitudes mais elevadas; por isso, quanto maior a altitude de um local, menor o porte da vegetação. Na base das montanhas, é possível encontrar florestas, enquanto nas áreas mais altas encontramos apenas algumas espécies de gramíneas, musgos e liquens.

TUNDRA

Tundra é o nome da formação vegetal que ocorre nas regiões polares, por um curto período do ano (cerca de três meses), durante o descongelamento parcial do solo. Ela é formada por musgos, liquens e umas poucas plantas rasteiras (figura 17).

Embora a tundra seja típica da região do Círculo Polar Ártico, em algumas áreas da Antártida também se desenvolvem liquens e musgos.

Figura 17. No verão, o calor derrete o gelo, e a vegetação da tundra ganha vida, criando paisagens coloridas como esta, na região de Nunavik (Canadá, 2015).

VEGETAÇÃO: USO E CONSERVAÇÃO

Por que preservar a vegetação?

PARA ASSISTIR

- **A última hora**
Direção: Leila Conners, Petersen e Nadia Conners. Estados Unidos: Warner Independent Pictures, 2007.
O documentário discute a devastação dos recursos naturais e apresenta soluções por meio de entrevistas com mais de 50 especialistas, entre cientistas, pensadores e líderes governamentais.

UM PATRIMÔNIO DE TODOS

A humanidade utiliza recursos naturais para sua sobrevivência e seu desenvolvimento. Muitos desses recursos são obtidos por meio da exploração das formações vegetais, que nos fornecem alimento e madeira, por exemplo.

Em consequência do uso irresponsável desses recursos, muitos ambientes naturais encontram-se ameaçados. A prática das queimadas para criação de áreas de cultivo e pecuária é responsável pelo desmatamento e pela degradação do solo em áreas de florestas, savanas e pradarias. No Brasil, o cerrado vem sendo desmatado intensamente para o desenvolvimento de atividades agropecuárias, com destaque para a criação de gado bovino e plantação de soja.

A atividade madeireira representa outra grande ameaça, principalmente porque grande parte da madeira extraída se destina ao comércio ilegal (figura 18).

RICARDO MORAES/REUTERS/FOTOARENA

Figura 18. A madeira é utilizada para construir casas e produzir móveis e diversos outros produtos. Dela se extrai também a celulose, usada na fabricação do papel. Na foto, agente ambiental anda entre pilhas de toras extraídas ilegalmente da Terra Indígena Alto Rio Guamá, no município de Nova Esperança do Piriá (PA, 2013).

AS FLORESTAS

Mais de 1 bilhão de pessoas depende diretamente das florestas para a subsistência. Além disso, bilhões de habitantes de cidades consomem produtos feitos de matérias-primas encontradas nessas formações vegetais.

Atualmente, porém, apenas 15% da cobertura florestal mundial está intacta – a maior parte foi desmatada, degradada ou fragmentada – segundo o Instituto de Recursos Mundiais (WRI, na sigla em inglês). Entre 1990 e 2015, a superfície florestal mundial teve redução de 1,29 milhão de km².

Veja no mapa da figura 19 a área ocupada pelas florestas remanescentes no mundo.

Reprodução proibida. Art.184 do Código Penal e Lei 9.610 de 19 de fevereiro de 1998.

FIGURA 19. MUNDO: FLORESTAS REMANESCENTES

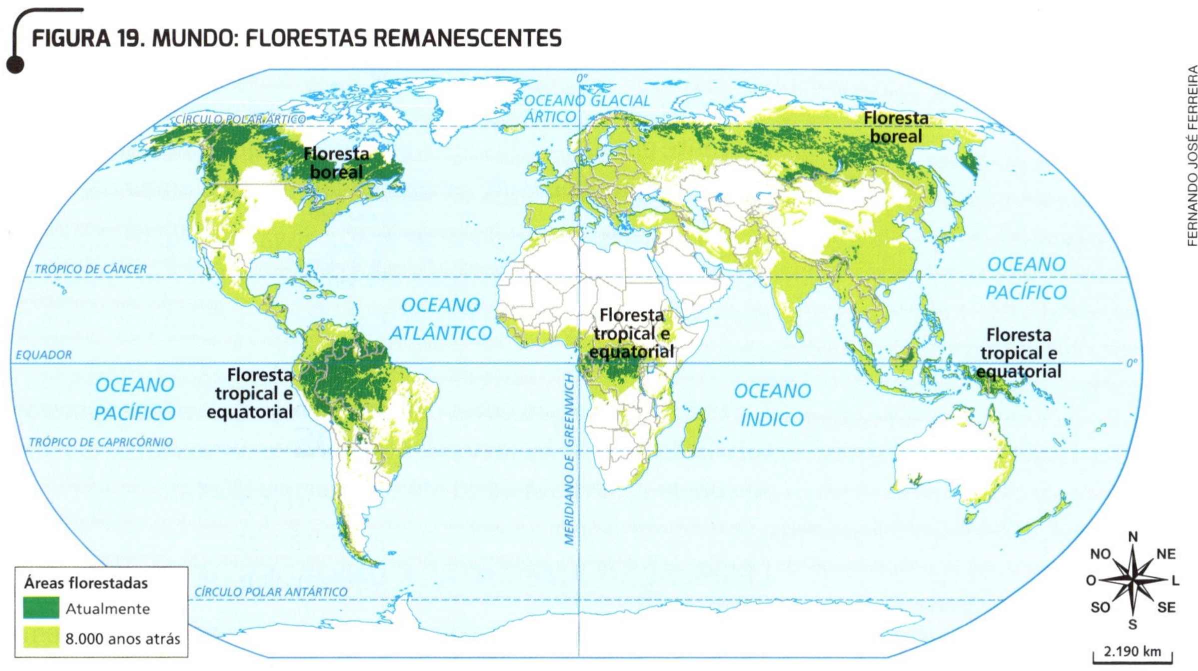

Fonte: GFW. The last great intact forests of Canada. *Atlas of Alberta* – Part I. p. 40-41. Disponível em: <https://globalforestwatch.ca/sites/gfwc/files/publications/20090402A_GFWC_AB_AtlasI-2009-04_HR.pdf>. Acesso em: 9 fev. 2018.

Reprodução proibida. Art.184 do Código Penal e Lei 9.610 de 19 de fevereiro de 1998.

As florestas tropicais e equatoriais são extremamente importantes para o equilíbrio do clima no mundo. Como a transpiração das plantas, muito abundantes nessas florestas, é responsável por boa parte da umidade do ar local e das massas de ar que se deslocam e atuam sobre outras áreas, seu desaparecimento provocaria mudanças climáticas significativas.

A retirada da vegetação também compromete nascentes e cursos de água. Nas áreas florestadas, o solo é bastante permeável e o escoamento superficial da água das chuvas é mais lento que nas áreas desmatadas, o que favorece a infiltração da água no solo e a manutenção de reservatórios subterrâneos.

Se o ritmo atual do desmatamento continuar, estima-se que em cerca de 500 anos não existirão mais florestas nativas. As florestas tropicais e equatoriais durarão ainda menos e, antes do fim do século XXI, estarão praticamente extintas, assim como grande parte da biodiversidade do planeta.

QUADRO

Farmácia da floresta

Para os grupos indígenas que habitam a Amazônia, as espécies nativas da floresta sempre foram utilizadas para fins medicinais. Apenas recentemente, no entanto, a indústria farmacêutica global passou a investir em pesquisas para desenvolver medicamentos à base de plantas encontradas nas florestas tropicais e equatoriais.

No futuro, esses remédios podem representar a cura de doenças para as quais ainda não se conhece tratamento adequado, mas, para que isso aconteça, é preciso evitar que essas florestas desapareçam.

- **Por que as florestas tropicais e equatoriais apresentam potencial farmacêutico maior do que outros tipos de vegetação?**

POLÍTICAS E PRÁTICAS DE PRESERVAÇÃO

Para garantir a conservação da vegetação natural e da biodiversidade remanescente em suas áreas de ocorrência, os governos do Brasil e de outros países recorrem a **políticas de preservação** do meio ambiente.

Evitar a destruição da vegetação nativa em regiões ameaçadas é uma tarefa difícil, que envolve a aplicação e fiscalização de leis e a criação de áreas protegidas, além da conscientização das populações sobre a importância da preservação do meio ambiente.

No Brasil, o órgão governamental responsável por esses assuntos é o Instituto Brasileiro do Meio Ambiente e dos Recursos Naturais Renováveis (Ibama), vinculado ao Ministério do Meio Ambiente (MMA).

LEGISLAÇÃO AMBIENTAL E UNIDADES DE CONSERVAÇÃO

A legislação ambiental brasileira é extensa e trata de temas relacionados a flora, fauna, águas, educação ambiental, Unidades de Conservação (UCs), crimes ambientais, povos e comunidades tradicionais, entre outros.

As Unidades de Conservação são espaços de conservação de recursos ambientais. Dividem-se em dois grupos.

Nas **Unidades de Uso Sustentável**, a conservação da natureza é conciliada com o uso sustentável dos recursos naturais, isto é, as atividades de coleta e uso dos recursos naturais são permitidas desde que não impeçam os processos naturais de renovação desses recursos (figura 20).

Trilha de estudo

Vai estudar? Nosso assistente virtual no *app* pode ajudar! <http://mod.lk/trilhas>

Nas **Unidades de Proteção Integral**, não são permitidos o consumo, a coleta ou qualquer tipo de atividade com os recursos naturais, mas são permitidas a pesquisa científica, a educação ambiental e a recreação (figura 21).

CHICO FERREIRA/PULSAR IMAGENS

MARCOS AMEND/PULSAR IMAGENS

Figura 20. Membro da comunidade de Cabeceira do Amorim segurando cachos de açaí, na Reserva Extrativista Tapajós/Arapiuns, no município de Santarém (PA, 2017).

Figura 21. Pesquisadores trabalham na identificação de ave em expedição científica na Estação Ecológica de Caracaraí, no município de Caracaraí (RR, 2016).

CERTIFICAÇÃO FLORESTAL

Embora existam leis ambientais, elas não são suficientes para a preservação do patrimônio natural. A fiscalização das Unidades de Conservação e o combate ao desmatamento ilegal são tarefas difíceis, pois envolvem constante monitoramento de áreas isoladas e muitas vezes de difícil acesso.

Um instrumento auxiliar de preservação é a **certificação florestal**, processo em que empresas garantem que seus produtos seguem padrões de qualidade e sustentabilidade. A madeira certificada recebe um selo que indica que ela proveio de uma floresta com permissão para o corte e a venda da madeira (figura 22). Cabe ao consumidor dar preferência aos produtos feitos de madeira certificada.

LUCIANA WHITAKER/ PULSAR IMAGENS

Figura 22. Toras de madeira de castanheira-do-pará em pátio de serraria com Documento de Origem Florestal (DOF), no município de Vitória do Xingu (PA, 2017). O DOF é uma licença obrigatória para o transporte e o armazenamento de produtos florestais de origem nativa, instituído pelo Ministério do Meio Ambiente em 2006.

Reprodução proibida. Art.184 do Código Penal e Lei 9.610 de 19 de fevereiro de 1998.

ECOTURISMO

Entre as práticas de preservação ambiental, destaca-se o **ecoturismo**, atividade turística que associa a conservação da vegetação e da biodiversidade com o desenvolvimento econômico das populações locais. Para isso, é fundamental que seja realizado de modo a minimizar os impactos da sociedade no meio ambiente.

Por meio de incentivos ao ecoturismo, governos e empresas ajudam a conter o desmatamento e geram empregos (figura 23).

EDSON SATO/PULSAR IMAGENS

Figura 23. Guias turísticos, monitores ambientais, artesãos e trabalhadores de hotéis e pousadas são alguns profissionais que se beneficiam da prática do ecoturismo. Na foto, mulheres dão orientações em aula sobre o meio ambiente, na comunidade Campinho da Independência, no município de Paraty (RJ, 2016).

O QUE VOCÊ PODE FAZER

Combater o desmatamento é dever e responsabilidade de todos. Veja algumas medidas que as pessoas podem tomar.

- Não retirar plantas sem autorização. Além de proteger a vegetação nativa, é importante respeitar a vegetação do bairro.
- Não fazer fogueiras próximo a áreas florestais e denunciar quem provoca incêndio intencional.
- Avisar as autoridades imediatamente em caso de incêndio em áreas de vegetação.
- Ao comprar objetos de madeira ou móveis, certificar-se de que são provenientes de comércio legal.
- Ensinar a outras pessoas a importância de preservar as florestas e demais tipos de vegetação.

ATIVIDADES

ORGANIZAR O CONHECIMENTO

1. **Relacione as formações vegetais com suas respectivas características.**

a) Florestas equatoriais e tropicais
b) Florestas temperadas e subtropicais
c) Florestas boreais
d) Vegetação mediterrânea
e) Savanas
f) Pradarias
g) Estepes
h) Vegetação de deserto
i) Vegetação de altitude
j) Tundra

I. Formada por musgos, liquens e plantas rasteiras, é típica das regiões polares.

II. Também conhecidas como taiga ou floresta de coníferas, ocorrem em clima frio, sendo exploradas para fornecimento de madeira.

III. Característica de regiões com verões quentes e secos, como o sul da Europa, é formada predominantemente por vegetação de pequeno e médio porte distribuída de maneira dispersa.

IV. Vegetação herbácea presente em regiões semiáridas, constituída de gramíneas que se distribuem de forma irregular, em forma de tufos e pequenos arbustos.

V. Típicas de áreas quentes e úmidas, apresentam grande biodiversidade e ocorrem em áreas da América Central e da América do Sul, na África e na Ásia.

VI. Originalmente essas florestas cobriam áreas de clima temperado úmido, nos Estados Unidos, Europa e Japão, mas foram quase totalmente destruídas ao longo do tempo.

VII. Vegetação característica de regiões tropicais, com uma estação seca bem definida. É composta basicamente de arbustos, plantas rasteiras e poucas árvores.

VIII. Cobertura vegetal formada predominantemente de gramíneas, mas que também pode apresentar alguns arbustos e árvores isoladas. É, na maior parte, úmida ou relativamente úmida.

IX. Ocorre em regiões com pequenas quantidades de chuva e é composta de plantas adaptadas a esses ambientes, como os cactos.

X. Característica de áreas montanhosas, apresenta vegetação de porte variado em função do aumento da altitude. É comum a ocorrência de gramíneas, musgos e liquens.

APLICAR SEUS CONHECIMENTOS

2. **Observe a charge e faça o que se pede.**

PELICANO

a) Que problema ambiental a charge representa?

b) Escreva em seu caderno um comentário considerando como esse problema tem afetado as formações vegetais e a vida das pessoas em todo o mundo.

3. **Leia a definição abaixo.**

"Ecoturismo é um segmento da atividade turística que utiliza, de forma sustentável, o patrimônio natural e cultural, incentiva sua conservação e busca a formação de uma consciência ambientalista por meio da interpretação do ambiente, promovendo o bem-estar das populações."

Ecoturismo: orientações básicas. 2. ed. Brasília: Ministério do Turismo, 2010. p. 17.

Indique em seu caderno a atividade que não pode ser considerada ecoturística e justifique sua escolha.

a) Caminhada.
b) Observação de fauna e flora.
c) Visita a cavernas.
d) Captura de animais silvestres.
e) Observação astronômica.

Reprodução proibida. Art.184 do Código Penal e Lei 9.610 de 19 de fevereiro de 1998.

4. Leia a tirinha abaixo, do personagem Armandinho, de Alexandre Beck.

a) A quem o menino se refere quando diz "Depende de vocês"?

b) No último quadrinho, qual é a preocupação dele? Você tem a mesma preocupação? Por quê?

5. Observe o esquema ilustrado.

a) O que o esquema representa?

b) Qual é a importância das florestas nativas para a preservação do solo?

DESAFIO DIGITAL

6. Acesse o objeto digital *Desmatamento na Amazônia*, disponível em <http://mod.lk/4vbe4>, e responda às questões.

a) Compare as imagens entre 2000 e 2012. Como evoluiu o desmatamento no trecho da Floresta Amazônica representado nesse período?

b) De que maneira as ações humanas ocasionam impactos na Floresta Amazônica? Explique utilizando um exemplo apresentado no objeto digital.

c) Em sua opinião, por que é importante preservar os parques e as terras indígenas localizados na Floresta Amazônica?

Reprodução proibida. Art.184 do Código Penal e Lei 9.610 de 19 de fevereiro de 1998.

REPRESENTAÇÕES GRÁFICAS

Perfil de vegetação

Uma das maneiras de se estudar a cobertura vegetal é pela confecção de um perfil de vegetação. Para produzi-lo, uma área é demarcada e desenhada de modo a representar aspectos da vegetação, como quantidade, porte (altura e diâmetro) e distribuição das árvores e arbustos. O perfil abaixo, por exemplo, retrata uma parcela de terreno com 25 metros de comprimento e 5 metros de largura.

A elaboração de um perfil também permite a identificação de espécies animais e oferece dados para pesquisas científicas, identificação e recuperação de áreas desmatadas e comparação de duas ou mais áreas representadas em um mesmo tipo de vegetação. O perfil apresentado nesta página contribuiu para a ampliação do conhecimento sobre a flora e a fisionomia existentes na Estação Ecológica de Aiuba, no Ceará.

VIRNA MARQUES

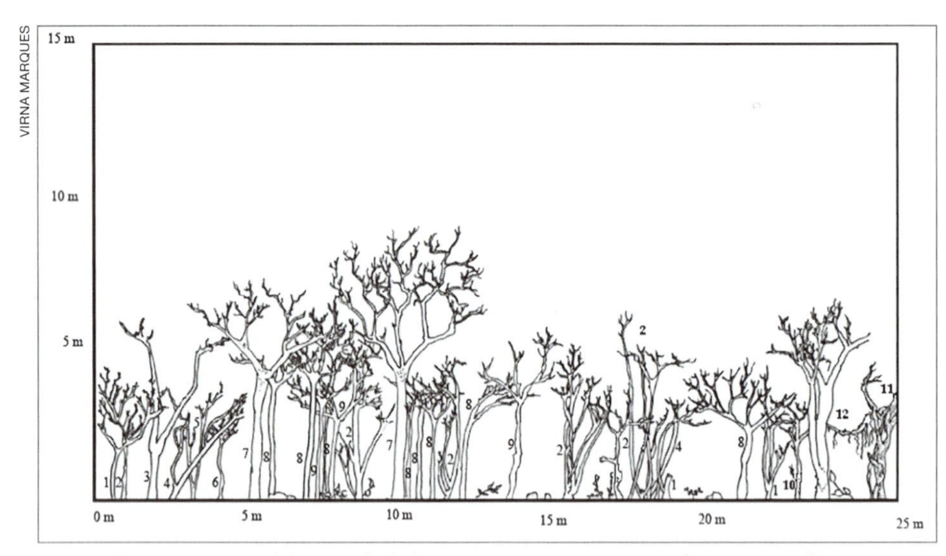

Os números dentro do perfil diferenciam as espécies vegetais encontradas na área desenhada.

Fonte: LEMOS, Jesus Rodrigues. *Florística, estrutura e mapeamento da vegetação de Caatinga da Estação Ecológica de Aiuaba, Ceará*. Tese de doutorado – Universidade de São Paulo, Instituto de Biociências, Departamento de Botânica, 2006. p. 93.

Reprodução proibida. Art.184 do Código Penal e Lei 9.610 de 19 de fevereiro de 1998.

ATIVIDADES

1. **Por que a confecção de um perfil de vegetação é importante para o estudo das coberturas vegetais?**

2. **Leia atentamente as orientações abaixo para elaborar um perfil de vegetação.**

- Com a ajuda de seu professor, identifique um terreno próximo à escola ou em outro local do município em que você mora que seja recoberto por vegetação.
- Delimite a área em que se fará o perfil, demarcando-a com barbantes ou cordas. É importante estimar o tamanho da área, para que a elaboração do desenho seja proporcional.
- Em um papel milimetrado, inicie o perfil traçando com um lápis um eixo horizontal e outro vertical, como mostrado no exemplo acima. Divida proporcionalmente a área do papel para representar a vegetação em uma escala correta.
- Desenhe a vegetação do terreno demarcado, considerando a distribuição, a quantidade e o porte (altura e diâmetro) das árvores e arbustos.

ATITUDES PARA A VIDA

Reflorestamento de nascentes

Em junho de 2017, ocorreu no município de São Félix de Minas (MG) a 1ª Blitz Ecológica e Reflorestamento de Nascentes, evento organizado pela direção da Escola Municipal Professor Antônio Pascoal em parceria com a Secretaria de Agricultura e Meio Ambiente e com a participação de professores e alunos do Ensino Fundamental. Leia como ocorreram algumas ações e quais foram os resultados do evento.

> "A polícia ambiental [...] deu todo apoio ao projeto, ministrando uma palestra sobre a importância do cercamento e da preservação das nascentes e acompanhando a realização da 1ª Blitz Ecológica no Município com a entrega de panfletos educativos e a distribuição de mudas nativas com a participação dos alunos e da equipe integrante. [...]
>
> Podemos dizer que o evento foi um grande sucesso e atendeu a todas as expectativas, pois o projeto proporcionou a conscientização ambiental tanto dos alunos e da comunidade escolar quanto do público. Com a realização da Blitz Ecológica foi possível disseminar a consciência ambiental junto aos motoristas e às pessoas que transitavam pelas ruas."

SOARES, Nágila K. Projeto: plantio de mudas, 1ª Blitz Ecológica e Reflorestamento de Nascentes. 5 jun. 2017. Disponível em: <http://saofelixdeminas.mg.gov.br/home/projeto-plantio-de-mudas-1a-blitz-ecologica-e-reflorestamento-de-nascentes/>. Acesso em: 9 fev. 2018. [Adaptado.]

Reprodução proibida. Art.184 do Código Penal e Lei 9.610 de 19 de fevereiro de 1998.

ACERVO PREFEITURA DE SÃO FÉLIX DE MINAS

Estudantes e outros membros da comunidade participam da 1ª Blitz Ecológica no município de São Félix de Minas (MG, 2017).

ATIVIDADES

1. Para você, o que significa **pensar de maneira interdependente**? Releia o texto e explique como essa atitude foi necessária para que fosse realizada a 1ª Blitz Ecológica no município de São Félix de Minas.

2. Um dos objetivos do evento foi conscientizar ambientalmente os cidadãos de São Félix de Minas. Como **pensar e comunicar-se com clareza** ajudou os participantes a atingir esse resultado?

COMPREENDER UM TEXTO

No Brasil, a cada 10 pessoas, cerca de 8 vivem em áreas urbanas. Nessas áreas, a grande quantidade de construções feitas de maneira descontrolada por vezes gera consequências prejudiciais ao ambiente e à economia local. As enchentes, comuns em algumas cidades brasileiras localizadas em áreas de clima úmido, são exemplos desse tipo de consequência.

Causas das enchentes urbanas

"Várias são as causas das enchentes urbanas mas, entre as principais, relacionamos as chuvas, o tipo de piso, lixo nos bueiros, erros de projeto (drenagem insuficiente) e a ocupação irregular do solo.

Chuvas intensas. Hidrologicamente, são consideradas 'intensas' as chuvas de curta duração e de alta intensidade. [...]

A relação das chuvas intensas com as enchentes é que, mesmo sendo rápidas, sua intensidade não permite que o volume precipitado escoe a tempo de não represar as águas nos pontos de estrangulamento, que costumam ser os bueiros e as pontes. A enxurrada, por outro lado, carrega consigo o lixo jogado nas ruas e encostas, reduzindo ou obstruindo os canos da drenagem pluvial, quando existem.

Impermeabilização. Sem dúvida, este é o maior vilão das enchentes. O trajeto da água da chuva, depois que atinge o solo, segue 3 direções: para cima (evaporação), para o lado (escorrimento superficial) ou para baixo (infiltração) [...]. Entretanto, só haverá infiltração se o piso for permeável ou semipermeável, o que não acontece com o concreto, o asfalto, a piçarra e os paralelepípedos das ruas brasileiras. Ora, se não pode infiltrar, grande parte do volume precipitado, em vez de se dirigir para os lençóis subterrâneos, vai engrossar as águas do escorrimento superficial, agravando deste modo os efeitos das enchentes.

[...]

LUCIANO PONTES/FUTURA PRESS

Elevação do nível do Rio Acre e enchente na cidade de Rio Branco (AC, 2015).

Destino do lixo. A carência de cobertura na coleta do lixo nas áreas periféricas e de difícil acesso, aliada à falta de educação ambiental da população, faz com que o lixo seja jogado nos valões e nas encostas. Com as chuvas intensas, esse material é levado até os pontos baixos, onde estão localizados os canais, os rios e os bueiros. Não é difícil imaginar o que acontece em seguida: esse material é retido nos pilares e muretas das pontes [...], diminui a seção dos canais e obstrui a passagem da água da chuva nos bueiros, causando as enchentes urbanas.

Drenagem deficiente. Dentre as obras hidráulicas conhecidas, por incrível que pareça, o dimensionamento dos drenos é uma das mais complicadas, embora se resuma praticamente à escolha de um material de construção e o diâmetro interno. O engenheiro pode até calcular corretamente, mas, com o passar do tempo, aumenta a densidade demográfica e o consequente grau de impermeabilização do solo, e a drenagem passa a não atender à vazão das cheias.

Ocupação irregular do solo. Este assunto tem a ver com as posturas municipais e o Plano Diretor e Urbanístico das cidades. Existem áreas nas cidades e arredores que não deveriam ser ocupadas: as margens dos rios, áreas de dunas e com matas nativas, as encostas acima de determinada cota, os mangues e outras. Constam do Código Florestal e da Lei de Áreas de Preservação Permanente. Além dos problemas de impermeabilização dos terrenos e do destino do lixo nessas áreas, sobressai a construção de moradias no leito dos canais, diminuindo sua seção transversal e, em consequência, a vazão de escoamento, causando as enchentes urbanas."

UFRRJ. Instituto de Tecnologia. Mapa mental dos problemas das enchentes urbanas. Disponível em: <http://www.ufrrj.br/institutos/it/de/acidentes/mma10.htm>. Acesso em: 7 dez. 2016.

Hidrologicamente: referente a Hidrologia, ciência que estuda as propriedades, a circulação e a distribuição das formas de água existentes na superfície terrestre.

Piçarra: material usado para revestimento de pavimento de estradas.

Valão: grande sulco (buraco) em um terreno.

Cota: altitude.

ATIVIDADES

OBTER INFORMAÇÕES

1. O que acontece com a água da chuva depois de atingir o solo?

2. De acordo com o texto, o que é escorrimento superficial? Como ele pode ser agravado com aumento de volume precipitado?

3. Identifique as cinco causas de enchentes urbanas destacadas no texto e faça um quadro organizando essas causas em duas categorias: "naturais" e "decorrentes da ação humana".

INTERPRETAR

4. Imagine uma situação em que, após forte tempestade, a água da enchente no centro de uma cidade brasileira invadiu casas e lojas causando destruição. Enxurradas nas ruas asfaltadas transportaram grande quantidade de lixo, que entupiu bueiros. Na manhã seguinte, o prefeito declarou que a enchente foi causada exclusivamente pelas chuvas torrenciais do dia anterior.

   Com base no quadro feito na atividade anterior, avalie se a resposta do prefeito foi adequada. Justifique sua avaliação.

USAR A CRIATIVIDADE

5. Em grupos, pesquisem medidas para prevenir ou atenuar enchentes. Cada grupo deve fazer um cartaz com medidas que possam ser adotadas individualmente e medidas que precisam ser adotadas pelo poder público.

ATIVIDADES ECONÔMICAS

Nos dias de hoje, as atividades produtivas desenvolvidas pelo ser humano demandam a exploração de matérias-primas que, transformadas, dão origem a outros produtos. Esse processo encadeia o trabalho de muitas pessoas. Após o estudo desta Unidade, você será capaz de:

- compreender o que são recursos naturais inesgotáveis e recursos naturais renováveis e não renováveis;
- identificar características das atividades extrativistas e agropecuárias;
- reconhecer os principais tipos de indústria que existem;
- diferenciar as características das atividades de comércio das de prestação de serviços.

Empresa de grande porte, especializada na produção de derivados de milho, localizada no município de Andirá (PR, 2015).

ATITUDES PARA A VIDA

- Esforçar-se por exatidão e precisão.
- Aplicar conhecimentos prévios a novas situações.
- Criar, imaginar e inovar.
- Escutar os outros com atenção e empatia.

COMEÇANDO A UNIDADE

1. A foto retrata uma paisagem transformada pela ação humana. Com que finalidade essa paisagem foi transformada?
2. Com a observação da foto e as informações da legenda, explique o processo produtivo retratado nessa paisagem.
3. Cite três produtos que você utiliza em seu cotidiano que foram confeccionados em indústrias.

ERNESTO REGHRAN/PULSAR IMAGENS

RECURSOS NATURAIS E ATIVIDADES ECONÔMICAS

Como os recursos naturais são utilizados pelas pessoas?

OS RECURSOS NATURAIS

Recurso natural é o nome dado aos elementos da natureza que podem ser utilizados pelas pessoas para satisfazerem suas diferentes necessidades. Os minerais, as plantas, os animais, os solos e as águas são exemplos de recursos naturais utilizados para a sobrevivência e o desenvolvimento das sociedades.

As sociedades humanas sempre dependeram dos recursos naturais, que são extraídos, transformados e usados para múltiplas finalidades: a água dos rios pode ser utilizada para o consumo humano, irrigação, produção de energia etc., a madeira das árvores pode ser utilizada em construções e na confecção de objetos, os solos são aproveitados para a prática da agricultura e assim por diante. A sociedade industrial intensificou a exploração de recursos com a ampliação das atividades econômicas e o aumento do consumo.

Reprodução proibida. Art.184 do Código Penal e Lei 9.610 de 19 de fevereiro de 1998.

RECURSOS INESGOTÁVEIS, RENOVÁVEIS E NÃO RENOVÁVEIS

Recursos naturais inesgotáveis ou **permanentes** são aqueles que não acabam nem devem acabar se considerarmos o tempo de permanência dos seres humanos na Terra, como o calor proveniente do interior do planeta, o vento e a radiação solar (figura 1). Apesar de sua incidência não ter sempre a mesma intensidade, esses recursos podem ser usados de forma abundante, sem risco de se esgotarem.

Recursos naturais renováveis são aqueles que podem ser repostos pela natureza ou pelos seres humanos desde que usados de maneira adequada. Como exemplos, podemos citar o solo, a vegetação e a água. Esta, no entanto, está distribuída de maneira desigual pelo planeta e sua disponibilidade para consumo é variável.

Recursos naturais não renováveis ou **esgotáveis** são aqueles que não podem ser repostos ou que têm um ritmo de reposição natural muito lento, como os combustíveis fósseis (petróleo, gás natural e carvão mineral) e os minerais metálicos e não metálicos (utilizados na construção civil, na indústria de vidro, tintas, fertilizantes, produtos cerâmicos etc.).

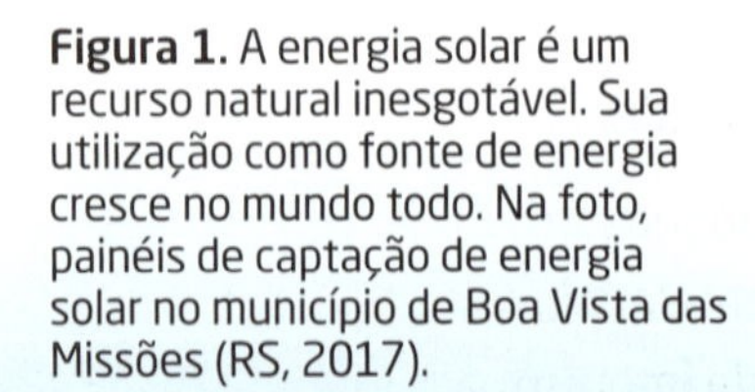

Figura 1. A energia solar é um recurso natural inesgotável. Sua utilização como fonte de energia cresce no mundo todo. Na foto, painéis de captação de energia solar no município de Boa Vista das Missões (RS, 2017).

AS FONTES DE ENERGIA

Muitos recursos naturais são utilizados pelas pessoas para a produção de energia, possibilitando o desenvolvimento de diversas atividades. A produção de energia pode ser realizada a partir de fontes energéticas renováveis e não renováveis.

FONTES DE ENERGIA NÃO RENOVÁVEIS

As fontes de energia não renováveis são aquelas que não podem ser repostas pelas pessoas ou pela natureza para que possam ser utilizadas novamente como recurso natural, tais como o carvão mineral, o petróleo, o gás natural e a energia nuclear.

Termelétrica: usinas onde se gera energia elétrica principalmente pela queima de carvão, petróleo ou gás natural.

O **carvão mineral** foi utilizado durante séculos como fonte de calor e tornou-se a principal fonte de energia a partir da segunda metade do século XVIII e no século XIX, principalmente na indústria. A queima do carvão fornecia o vapor que fazia funcionar as máquinas usadas nas fábricas e também os motores das locomotivas. Hoje, o carvão é utilizado como fonte de energia nas termelétricas, onde é gerada energia elétrica (figura 2), e na produção de aço.

Reprodução proibida. Art.184 do Código Penal e Lei 9.610 de 19 de fevereiro de 1998.

MARCIN ROZPEDOWSKI/ALAMY/FOTOARENA

Figura 2. O carvão é o mais poluente dos combustíveis fósseis, e sua queima nas termelétricas é um dos agravantes do efeito estufa. Usina termelétrica movida a carvão em Belchatow (Polônia, 2015).

A **energia nuclear** é usada para gerar eletricidade, mover embarcações marítimas e para fins militares, como a construção de bombas atômicas, além de ser empregada na medicina e na pesquisa científica. Os elementos utilizados para gerar esse tipo de energia produzem resíduos radioativos; o descarte do lixo atômico derivado das usinas nucleares deve ser, portanto, controlado e monitorado. O vazamento de radioatividade contamina os solos, as águas, o ar, os alimentos e expõe a população a doenças como o câncer.

Embora conhecido há séculos por diferentes civilizações, foi apenas em 1859, nos Estados Unidos, que o **petróleo** passou a ser intensamente explorado como fonte de energia. A indústria automobilística deu grande impulso para sua utilização em larga escala como combustível de veículos automotores (gasolina, querosene e óleo *diesel*). Além disso, o petróleo é uma importante matéria-prima, utilizada pela indústria petroquímica na produção de borracha sintética, tintas, fertilizantes, asfalto etc. A extração de petróleo pode ser feita em campos petrolíferos localizados em terra (*onshore*) ou no mar (*offshore*).

Em geral, o **gás natural** e o petróleo são encontrados em conjunto, mas, dependendo das condições de pressão e de temperatura, pode haver maior ocorrência de um ou de outro. O gás natural é muito utilizado para o aquecimento das residências, para a geração de energia elétrica e como combustível. Mais barato e menos poluente do que outros combustíveis, tem sido usado – embora ainda de forma restrita – como fonte alternativa no abastecimento de veículos.

FONTES DE ENERGIA RENOVÁVEIS

No Brasil e no mundo, o uso de fontes de energia renováveis na produção de energia elétrica tem sido considerado cada vez mais importante, já que os recursos não renováveis podem se esgotar e muitos deles, quando transformados ou extraídos, prejudicam o ambiente. Devido, porém, ao elevado custo de suas tecnologias, à inconstância na sua geração e a seu baixo rendimento, algumas dessas fontes de energia ainda são pouco utilizadas.

A **energia eólica** é produzida por meio da movimentação de hélices (moinhos) pelo vento. Para que essa energia seja gerada, é necessário que haja incidência constante de ventos nos lugares onde as hélices são instaladas (figura 3).

TALES AZZI/PULSAR IMAGENS

Figura 3. Em 2016, cerca de 5,4% da eletricidade produzida no Brasil provinha dos parques eólicos. Os estados do Rio Grande do Norte, do Ceará, do Rio Grande do Sul e da Bahia são os principais produtores. Na foto, parque eólico no município de Galinhos (RN, 2017).

A **energia solar**, produzida a partir da radiação do Sol, pode ser captada por placas solares capazes de absorvê-la e produzir uma corrente elétrica, transformada em energia elétrica ou mecânica.

A **energia geotérmica** é a energia proveniente do calor do interior da Terra. Seu uso é mais comum em países onde existe vulcanismo ativo e fontes de águas quentes, cujos vapores movimentam usinas de produção de energia elétrica.

Biomassa é o nome dado a todo recurso renovável procedente de matéria orgânica (de origem animal ou vegetal) que possa ser usado para a produção de energia. Além da madeira, usada como lenha e como matéria-prima para a produção de carvão vegetal, a cana-de-açúcar, o milho, a beterraba açucareira, os óleos vegetais, a gordura animal, a casca do arroz e até o lixo são recursos usados para a produção de energia ou de combustíveis, como o etanol (álcool) da cana, produzido em larga escala no Brasil. No caso do lixo, a obtenção de energia se dá por meio de sua queima ou pelo uso do gás metano, resultante de sua decomposição nos aterros sanitários.

A **hidreletricidade** é a energia obtida da força do movimento da água dos rios represada por barragens. Trata-se de uma energia renovável não poluente e mais barata, se comparada a outras fontes de energia, tais como o carvão e o petróleo. A construção de hidrelétricas, no entanto, provoca impactos ambientais e sociais, já que a inundação das represas pode causar o desaparecimento de espécies, de paisagens naturais e até mesmo de cidades inteiras, com remoção da população local (figura 4).

CESAR DINIZ/PULSAR IMAGENS

Figura 4. Para a formação do lago das usinas hidrelétricas são necessários muitos estudos e autorizações. Dessa forma, espera-se minimizar o impacto sobre o ambiente a ser alagado. Usina de Barra Bonita (SP, 2017).

Reprodução proibida. Art.184 do Código Penal e Lei 9.610 de 19 de fevereiro de 1998.

GERSON SOBREIRA/TERRA STOCK

Figura 5. A plantação de algodão (matéria-prima do tecido do algodão) é uma atividade do setor primário. Na foto, lavoura de algodão no município de Costa Rica (MS, 2015).

ERNESTO REGHRAN/PULSAR IMAGENS

Figura 6. A transformação da pluma do algodão em tecido é realizada na indústria têxtil, atividade do setor secundário. Na foto, interior de uma indústria têxtil no município de Maringá (PR, 2013).

OS SETORES DA ECONOMIA

Hoje em dia, a demanda por recursos naturais para serem utilizados como matéria-prima ou como fonte de energia nas diversas atividades econômicas é cada vez mais crescente.

As atividades econômicas podem ser agrupadas em três setores.

- O **setor primário** reúne as atividades de agricultura, pecuária e extrativismo (vegetal, animal e mineral).
- O **setor secundário** compreende as atividades industriais e a construção civil, ou seja, a produção de bens por meio da transformação de matérias-primas com o auxílio de máquinas e ferramentas.
- O **setor terciário** abrange o comércio e os serviços (educação, saúde, transporte, fornecimento de energia e água, tratamento de esgoto, setor bancário, administração pública).

As atividades econômicas dependem umas das outras, ou seja, são **interdependentes**. Veja um exemplo dessa interdependência acompanhando a sequência de fotos desta página (figuras 5, 6 e 7).

Figura 7. O transporte das roupas produzidas na indústria e a própria loja onde serão vendidas fazem parte do setor terciário. Na foto, loja de vestuário no município de Montes Claros (MG, 2016).

JOÃO PRUDENTE/PULSAR IMAGENS

Reprodução proibida. Art.184 do Código Penal e Lei 9.610 de 19 de fevereiro de 1998.

EXTRATIVISMO E AGROPECUÁRIA

De que formas o extrativismo e a agropecuária são desenvolvidos pelas pessoas?

O EXTRATIVISMO

Dá-se o nome de **extrativismo** à atividade de extração de elementos da natureza pelas pessoas para que elas possam obter alimento, praticar o comércio ou confeccionar produtos.

Há milhares de anos, antes do início da agricultura, os seres humanos viviam quase exclusivamente da coleta de produtos da natureza e, por isso, o extrativismo é considerado a atividade humana mais antiga.

EXTRATIVISMO VEGETAL

O extrativismo vegetal consiste na extração de recursos vegetais, tais como madeira, látex (para a fabricação de borracha), frutos, sementes etc. O extrativismo vegetal pode ser praticado para a obtenção direta de alimento ou na produção de objetos e outros materiais.

EXTRATIVISMO ANIMAL

A caça e a pesca são atividades de extrativismo animal. A **caça** consiste no abate de animais silvestres para obtenção de alimentos, pele e outros recursos. Devido à ameaça de extinção de diversas espécies animais, a caça costuma ser atualmente proibida ou controlada.

A **pesca** consiste na retirada de peixes e outras espécies animais que vivem nas águas de rios, lagos, mares e oceanos para obtenção de alimento e de matéria-prima para a indústria, além de constituir uma importante atividade de lazer. A pesca pode ser artesanal ou industrial.

Figura 8. Extração de ouro em rio por meio de técnica tradicional (Indonésia, 2015).

EXTRATIVISMO MINERAL

Chama-se de extrativismo mineral a retirada de produtos de origem mineral, praticada em áreas continentais ou marítimas.

As atividades mineradoras abrangem a extração de minerais metálicos (como o minério de ferro) e de minerais não metálicos (como o sal marinho e o petróleo).

Esse tipo de extrativismo pode ser realizado por garimpeiros, de maneira tradicional, utilizando técnicas simples (figura 8), ou por grandes empresas extrativas, com o emprego de maquinário sofisticado.

Reprodução proibida. Art.184 do Código Penal e Lei 9.610 de 19 de fevereiro de 1998.

A AGROPECUÁRIA

Compreende a **agricultura** e a **pecuária**, atividades econômicas voltadas à obtenção de alimento para as populações e ao fornecimento de matérias-primas para as atividades industriais.

A AGRICULTURA

A agricultura consiste no uso do solo para o cultivo de plantas. As atividades agrícolas dependem de uma série de fatores de ordem natural para seu pleno desenvolvimento. O relevo, o solo, o clima e a disponibilidade de água são condicionantes para o plantio de diferentes espécies vegetais. Algumas condições são capazes de inviabilizar a produção agrícola.

O relevo pode facilitar ou dificultar as práticas agrícolas. As áreas mais planas favorecem a agricultura, facilitando a mecanização e o escoamento da produção. Nas áreas de maior declividade, como morros e montanhas, o uso de máquinas e o transporte da produção são dificultados; por isso, e para amenizar a erosão ou a perda de solo, utiliza-se a técnica de terraceamento.

O clima determina as culturas mais adequadas a cada lugar. A banana, por exemplo, é uma fruta que se desenvolve em áreas quentes, enquanto a maçã se adapta melhor a ambientes mais frios.

Os solos devem ser preferencialmente ricos em húmus, matéria orgânica em decomposição que lhes confere maior fertilidade, além de possuir os nutrientes essenciais para o desenvolvimento das plantas.

PARA LER

- **Cacau**
  Jorge Amado.
  São Paulo: Companhia das Letras, 2010.
  Narrado por um lavrador em primeira pessoa, o romance constitui um manifesto em prol da consciência social e política que envolve as relações de trabalho nas fazendas de cacau do sul da Bahia.

Nutriente: substância que tem a propriedade de nutrir, alimentar.

A água, proveniente dos rios ou da chuva, quando escassa ou em excesso, pode inviabilizar a cultura da maioria dos produtos agrícolas. O excesso de água no solo é um problema que pode ser resolvido por meio de sistemas de drenagem, com abertura de valas ou instalação de tubos, e a falta de chuvas pode ser solucionada com a implantação de sistemas de irrigação (figura 9).

Figura 9. O sistema de irrigação permite que as lavouras não dependam do regime de chuvas da região. Na foto, irrigação em plantação em Nevada, local com baixos índices pluviométricos (Estados Unidos, 2016).

H. MARK WEIDMAN PHOTOGRAPHY/ALAMY/ FOTOARENA

Reprodução proibida. Art.184 do Código Penal e Lei 9.610 de 19 de fevereiro de 1998.

SISTEMAS DE PRODUÇÃO

Pode-se classificar a produção agrícola em extensiva ou intensiva, de acordo com o tipo de mão de obra e com as técnicas e instrumentos empregados.

- **Produção extensiva**: caracteriza-se pelo uso de técnicas simples ou tradicionais e de equipamentos simples (como a enxada), pouco uso de fertilizantes e agrotóxicos, baixa mecanização, maior uso de mão de obra e baixa produtividade.
- **Produção intensiva**: caracterizada pelo uso de modernas técnicas de produção, máquinas, fertilizantes, agrotóxicos, sistemas de irrigação, sementes selecionadas, mão de obra pouco numerosa e produtividade elevada.

ORGANIZAÇÃO DA PRODUÇÃO AGRÍCOLA

As atividades agrícolas também podem ser classificadas de acordo com o rendimento das terras e o destino da produção. Nesse caso, podem ser de dois tipos: agricultura familiar ou agricultura comercial.

- **Agricultura familiar**: é praticada em pequena escala de produção, em pequenas propriedades, com a utilização de técnicas simples ou tradicionais e mão de obra familiar (figura 10). Sua principal finalidade é atender às necessidades alimentares do núcleo familiar. O excedente da produção, em geral, é vendido em feiras locais.
- **Agricultura comercial**: praticada em larga escala para abastecer grandes mercados consumidores nacionais e internacionais, emprega tecnologia, máquinas, fertilizantes e agrotóxicos, apresentando elevada produtividade.

Cooperativa: associação de pessoas que trabalham em uma mesma atividade e que se reúnem para conquistar benefícios iguais para todos os membros.

Reprodução proibida. Art.184 do Código Penal e Lei 9.610 de 19 de fevereiro de 1998.

EMPRESAS AGRÍCOLAS E AGROINDÚSTRIA

A empresa agrícola é uma organização econômica e comercial que se caracteriza por administrar uma grande propriedade agrícola utilizando alta tecnologia no processo de produção, segundo o modelo da agricultura comercial. Além disso, contrata mão de obra qualificada (técnicos, engenheiros agrícolas e agrônomos) para elevar sua produtividade.

A **agroindústria** consiste no conjunto de atividades relacionadas à transformação de matérias-primas provenientes principalmente da agricultura e da pecuária. Muitas vezes, os produtos são transformados em bens industrializados no próprio local de cultivo ou de criação animal (figura 11). As cooperativas também têm participação importante nessa cadeia de produção.

DELFIM MARTINS/PULSAR IMAGENS

PERO LADEIRA/FOLHAPRESS

Figura 10. Agricultura familiar no sertão, no município de Custódia (PE, 2018).

Figura 11. Empregados em empresa especializada no processamento de carne de aves, localizada no município de Lapa (PR, 2017).

A PECUÁRIA

A pecuária consiste na atividade de criação de animais, dos quais se obtêm carne, lã, couro, leite, ovos etc. A pecuária e a agricultura tiveram origem praticamente na mesma época, há cerca de 10 mil anos, e se desenvolveram paralelamente. Essas atividades muitas vezes se complementam, pois os animais criados pelos seres humanos precisam de alimentos provenientes da agricultura, assim como a agricultura, em alguns lugares, necessita de animais para o transporte de produtos agrícolas e tração para movimentar o arado. Em muitos cultivos, os excrementos dos animais são usados como adubo para o solo.

Os animais criados pelos seres humanos podem ser classificados de acordo com o seu porte: **grande porte**, como bovinos (bois), equinos (cavalos), bubalinos (búfalos) e muares (mulas); **médio porte**, como suínos (porcos), caprinos (cabras) e ovinos (ovelhas); e **pequeno porte**, como aves, rãs e insetos.

SISTEMAS DE CRIAÇÃO

Na **pecuária extensiva**, os animais são criados soltos em grandes áreas, com o uso de técnicas tradicionais e poucos cuidados veterinários, e a produção apresenta baixo rendimento (figura 12). A criação bovina nesse sistema é geralmente associada ao corte, ou seja, ao abate para a obtenção da carne e do couro.

Na **pecuária intensiva**, os animais são confinados em lugares fechados (estábulos, granjas, pastagens cercadas), onde são criados com a utilização de técnicas modernas, cuidados veterinários, alimentação balanceada e controlada (ração ou capim selecionado, por exemplo), inseminação artificial, e a produção apresenta elevado rendimento. No caso da criação bovina, ela é geralmente associada à produção de leite (figura 13).

RICARDO AZOURY/PULSAR IMAGENS

Figura 12. Gado bovino pastando solto em uma propriedade rural no município de Jangada (MT, 2016).

CESAR DINIZ/PULSAR IMAGENS

Figura 13. Gado bovino criado em confinamento no município de Saudades (SC, 2015).

Reprodução proibida. Art.184 do Código Penal e Lei 9.610 de 19 de fevereiro de 1998.

ATIVIDADES

ORGANIZAR O CONHECIMENTO

1. **Sobre os recursos naturais, responda.**

a) O que são?

b) O aumento do consumo de produtos pela sociedade está relacionado ao aumento da exploração de recursos naturais? Por quê?

2. **Dê dois exemplos de:**

a) recursos naturais inesgotáveis;

b) recursos naturais renováveis;

c) recursos naturais não renováveis.

3. **Cite ao menos dois usos para os recursos naturais listados a seguir.**

a) Petróleo.

b) Carvão mineral.

c) Gás natural.

4. **Classifique as atividades a seguir de acordo com os setores da economia.**

a) Extração mineral.

b) Indústria alimentícia.

c) Fornecimento de energia e água.

d) Pecuária intensiva.

e) Atendimento bancário.

f) Agricultura comercial.

g) Venda de sapatos.

h) Atendimento médico.

5. **Sobre as fontes de energia, responda às questões.**

a) Quais são as principais fontes de energia renováveis?

b) Por que hoje sabe-se que é importante investir na produção de energia de fonte renovável?

6. **Quais são os destinos da produção da agricultura familiar e da agricultura comercial?**

7. **Quais são os sistemas de pecuária? Explique-os.**

8. **Cite dois objetos usados em seu dia a dia cujo recurso natural utilizado em sua produção tenha sido obtido da natureza por meio do:**

a) extrativismo animal;

b) extrativismo mineral;

c) extrativismo vegetal.

APLICAR SEUS CONHECIMENTOS

9. **Leia o trecho de um trabalho científico reproduzido a seguir e depois responda às questões.**

"[...] A maior figura no comércio de animais selvagens é a pele de répteis, tanto em termo de quantidade como em valor monetário. As peles de crocodilos, cobras e lagartos são utilizadas para uma variedade de artigos: sapatos, bolsas, roupas, malas, pulseiras de relógio, cintos e outros. O couro dos répteis é considerado fino e seus produtos alcançam alto valor no mercado, sendo por isso uma atividade muito lucrativa. Centros de couro exótico importam, anualmente, milhões de peles de cobras e lagartos e nenhuma das espécies, por eles utilizadas, é criada em cativeiro em números comerciais [...]."

SILVEIRA, Marcelo Teixeira da. *Comércio legal e ilegal do meio ambiente*: o tráfico de couros e peles. Brasília: Universidade Católica de Brasília, 2003.

a) Que tipo de extrativismo é apresentado no texto?

b) Por que a atividade mencionada no texto é ilegal?

c) Por que essa atividade econômica é tão lucrativa?

d) Aponte duas propostas para combater essa prática ilegal.

10. **Observe as fotos. Quais elementos da agricultura familiar foram retratados na foto A e quais da agricultura comercial aparecem na foto B?**

DELFIM MARTINS/PULSAR IMAGENS

Agricultura familiar no município de Cabrobó (PE, 2017).

ERNESTO REGHRAN/PULSAR IMAGENS

Agricultura comercial no município de Formosa do Rio Preto (BA, 2017).

Reprodução proibida. Art.184 do Código Penal e Lei 9.610 de 19 de fevereiro de 1998.

11. Interprete o gráfico e responda às questões.

BRASIL: MATRIZ ENERGÉTICA (% DA POTÊNCIA TOTAL INSTALADA) – 2016

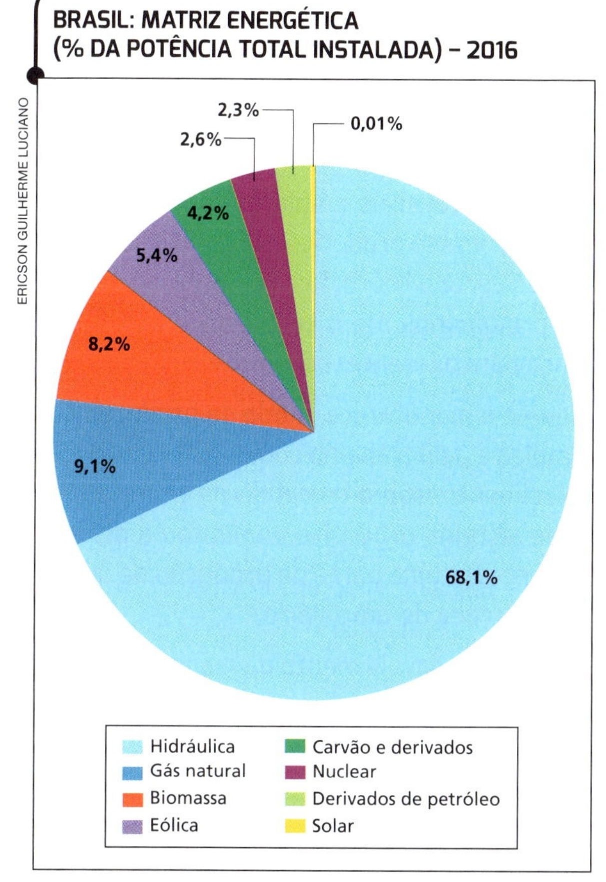

Fonte: Ministério de Minas e Energia. *Balanço energético nacional – 2017*. Disponível em: <https://ben.epe.gov.br/downloads/Relatorio_Final_BEN_2017.pdf>. Acesso em: 23 jan. 2018.

Reprodução proibida. Art.184 do Código Penal e Lei 9.610 de 19 de fevereiro de 1998.

a) Qual é a principal fonte de energia utilizada no Brasil?

b) De acordo com o gráfico, a maior parte da matriz energética brasileira é obtida com recursos naturais renováveis ou não renováveis? Justifique.

12. Leia o texto e responda às questões.

A importância do setor terciário

"O setor terciário, conhecido por abranger as atividades de comércio de bens e prestação de serviços, demonstra crescente relevância na economia brasileira [...] É possível afirmar que, mesmo com a recente desaceleração econômica, esse setor continuará sendo fundamental para a economia brasileira e também para a expansão das atividades empresariais.

De 2003 a 2016, a representatividade do setor terciário passou de 65,8% para 73,3% [...], segundo dados das Contas Nacionais Trimestrais do IBGE. O comércio contribuiu significativamente para este avanço, elevando-se de 9,5% para 12,8% [...]. Já o setor de serviços (excluído o comércio) saltou de 53,3% em 2003 para 60,8% em 2016.

[...] Em virtude da relevância econômica crescente no Brasil e no mundo os serviços estão no centro do debate sobre competitividade e inovação. Os serviços são insumos cada vez mais determinantes para acelerar o crescimento de empresas, ao proporcionar que soluções mais sofisticadas sejam oferecidas no mercado. [...] O encadeamento produtivo dos serviços na economia exemplifica a importância fundamental do setor para a indústria e a agricultura. As empresas dos setores primário e secundário utilizam-se de serviços especializados para a produção e, portanto, dependem também da eficiência das empresas do setor terciário [...]."

A importância do setor terciário. *Ministério da Indústria, Comércio Exterior e Serviços*. Disponível em: <http://www.mdic.gov.br/index.php/comercio-servicos/a-secretaria-de-comercio-e-servicos-scs/402-a-importancia-do-setor-terciario>. Acesso em: 19 fev. 2018.

Insumo: elemento necessário para a produção de mercadorias, como as matérias-primas, os equipamentos de trabalho, a mão de obra etc.

a) Segundo dados do IBGE, qual era a porcentagem da participação do setor terciário na economia brasileira em 2016?

b) Entre os dois principais ramos do setor terciário, qual possuía maior participação na economia naquele ano? Explique.

c) Considerando que a economia do país é formada pelos setores primário, secundário e terciário, a porcentagem do setor terciário no Brasil pode ser considerada baixa, média ou alta? Por quê?

d) A reportagem aborda um aspecto importante da interdependência entre os setores primário, secundário e terciário. Qual é esse aspecto?

INDÚSTRIA

Que tipos de indústria existem hoje?

DA PRODUÇÃO MANUAL À INDÚSTRIA

O **artesanato** consiste na produção de utensílios e objetos confeccionados manualmente. O artesão domina todo o processo produtivo. Na produção de um sapato artesanal, por exemplo, o artesão corta o couro, faz a costura, a colagem da sola etc. Esse modo de produção predominou até o século XV e ainda hoje constitui uma importante fonte de renda para diferentes comunidades (figura 14).

A partir do século XVI, disseminou-se a manufatura, modo de produção caracterizado pelo uso de máquinas simples e pelo trabalho conjunto de um grupo de artesãos reunido em um estabelecimento, sob o comando do proprietário das instalações e do maquinário. Esse sistema produtivo aumentou a **divisão do trabalho**. Cada artesão passou a executar uma parte da produção de determinado bem e a vender seu trabalho em troca de um salário.

A expansão comercial alavancada pelo desenvolvimento da manufatura ampliou o lucro, que foi reinvestido em novas tecnologias, como as que deram origem à máquina a vapor e ao tear mecânico.

Lucro: ganho obtido de uma operação comercial ou atividade econômica; diferença resultante entre o preço de venda de uma mercadoria e o custo de sua produção.

A introdução de máquinas nas oficinas manufatureiras deu origem à indústria, modo de produção que apresenta como características ampla divisão do trabalho, especialização do trabalhador, uso de máquinas movidas por fontes de energia e produção em grande quantidade.

Figura 14. O artesanato feito com capim dourado é fonte de sustento para muitas famílias que habitam a região do Jalapão. Na foto, artesã no município de Mateiros (TO, 2014).

ANDRE DIB/PULSAR IMAGENS

- **Ponto solidário <www.pontosolidario.org.br>**

  O *site* divulga o artesanato produzido em várias partes do Brasil, com destaque para a arte indígena e a arte popular, trazendo informações sobre as diferentes comunidades de artesãos, incluindo fotos de sua produção.

Reprodução proibida. Art. 184 do Código Penal e Lei 9.610 de 19 de fevereiro de 1998.

Reprodução proibida. Art.184 do Código Penal e Lei 9.610 de 19 de fevereiro de 1998.

AS REVOLUÇÕES INDUSTRIAIS

Algumas tecnologias modificaram profundamente a maneira de produzir e foram fundamentais para o desenvolvimento da indústria.

PRIMEIRA REVOLUÇÃO INDUSTRIAL

A revolução no modo de produção teve início na Inglaterra, na segunda metade do século XVIII. Esse fenômeno ficou conhecido como **Primeira Revolução Industrial**. Nesse período destacaram-se a indústria têxtil, o uso do carvão mineral como fonte de energia e o desenvolvimento das comunicações e dos transportes, como a locomotiva a vapor. A partir de então, o desenvolvimento científico e tecnológico foi acompanhado de grandes transformações econômicas e sociais.

SEGUNDA REVOLUÇÃO INDUSTRIAL

No século XIX, a industrialização se expandiu para França, Alemanha, Itália, Rússia, Japão e Estados Unidos. Teve início uma nova etapa da produção industrial, a chamada **Segunda Revolução Industrial**.

Essa fase foi marcada pelo domínio do uso da eletricidade e do petróleo como principais fontes de energia e pela invenção do motor a combustão, do automóvel, do telefone e do telégrafo. As indústrias siderúrgica, automobilística e petroquímica assumiram a dianteira do processo de industrialização.

Siderúrgica: referente à atividade de exploração e transformação industrial de metais ferrosos em geral (ferro, aço etc.).

Nesse período, com a introdução do modelo **fordista** (linha de montagem e produção em série), ocorreu a máxima especialização do trabalhador. Cada operário passou a realizar uma tarefa específica e repetitiva (figura 15).

NATIONAL MOTOR MUSEUM/HERITAGE IMAGES/GETTY IMAGES

Figura 15. Indústria automobilística no início do século XX: exemplo de linha de montagem com produção em série. Paris (França, 1922).

TERCEIRA REVOLUÇÃO INDUSTRIAL

Na segunda metade do século XX, após a Segunda Guerra Mundial, o desenvolvimento da eletrônica e da informática inaugurou a **Terceira Revolução Industrial**. A partir daí, houve grande desenvolvimento das telecomunicações, da internet e da engenharia genética, das indústrias química, eletrônica e aeroespacial, além da intensificação do emprego de mão de obra qualificada e da robotização da produção.

A indústria ganhou um novo modelo de produção: o **toyotismo**, no qual a produção é flexível, ou seja, ele se define, principalmente, pela possibilidade de mudanças e ajustes na produção, permitindo a construção de mais de um modelo e/ou a introdução de modificações para atender à demanda imediata. Esse sistema, em que a organização do processo produtivo é realizada em tempo e ritmo exatos, com estoques mínimos, é conhecido por *just in time*.

Embora o petróleo ainda esteja entre as principais fontes de energia da produção industrial, hoje se amplia a utilização de energia nuclear, solar, eólica e da biomassa. No fim do século XX, houve relativa desconcentração industrial, ou seja, transferência de fábricas para países menos desenvolvidos, onde há mão de obra mais barata e maior disponibilidade de matéria-prima.

PARA ASSISTIR

- **Tempos modernos**

Direção: Charles Chaplin. Estados Unidos: Continental, 1936.

Clássico do cinema, o filme narra a história de um operário de linha de montagem que enlouquece devido à exaustiva repetição de movimentos que executa na fábrica. Ao sair do hospital, desempregado, ele se apaixona por uma garota e tenta trabalhar no comércio. Com muito humor, essa obra faz uma crítica à sociedade do início do século XX.

TIPOS DE INDÚSTRIA

As diferentes atividades industriais podem ser classificadas segundo a forma como produzem, o uso de matéria-prima e energia, o destino da produção e o desenvolvimento tecnológico. A seguir, há exemplos para cada uma dessas classificações.

FORMA DE PRODUÇÃO

Considerando-se a forma de produção, as indústrias podem ser extrativas, de beneficiamento, de construção civil ou de transformação.

- A **indústria extrativa** retira os recursos da natureza para serem usados por outras indústrias. São exemplos a indústria de extração de minérios, a da pesca e a de exploração de florestas (que obtém madeira, látex, frutos, fibras e óleos vegetais).
- A **indústria de beneficiamento** refina, ou beneficia, um produto primário para que possa ser usado por outras indústrias ou consumido. Podem ser citadas como exemplos a indústria de curtume, a de beneficiamento de grãos, como arroz e feijão (figura 16), e a indústria petroquímica.
- A **indústria de construção civil** planeja e constrói edifícios, residências, estradas, usinas hidrelétricas, pontes etc., com o uso de diferentes matérias-primas.
- A **indústria de transformação** produz bens destinados a satisfazer as necessidades dos seres humanos e as de outras indústrias. São exemplos as indústrias mecânica, automobilística e têxtil (figura 17).

Curtume: local onde se prepara o couro retirado dos animais para ser utilizado como material na produção de objetos e outros utensílios.

Beneficiamento: descasque e limpeza de alguns produtos agrícolas antes de serem encaminhados para o consumo ou para a indústria.

LUCAS LACAZ RUIZ/FOTOARENA

Figura 16. Indústria de beneficiamento de arroz no município de Tremembé (SP, 2014).

LUCAS LACAZ RUIZ/FUTURA PRESS

Figura 17. Linha de montagem de fábrica de automóveis no município de Jacareí (SP, 2015).

USO DE MATÉRIA-PRIMA E ENERGIA

No que se refere à quantidade de matéria-prima utilizada e de energia consumida, a indústria pode ser classificada em dois tipos: leve e pesada.

- **Indústria leve:** indústria de bebidas, têxtil, alimentícia etc.;
- **Indústria pesada:** indústria que emprega grande quantidade de matéria-prima e energia no processo de produção (siderúrgica, naval, de veículos, de máquinas etc.).

JOÃO MARCOS ROSA/NITRO IMAGENS

Figura 18. Interior de indústria siderúrgica, onde ocorre a produção de aço, uma das principais ligas metálicas da indústria moderna, no município de Volta Redonda (RJ, 2013).

DESTINO DA PRODUÇÃO

Quanto ao destino da produção, podemos classificar as indústrias nos três tipos explicados a seguir.

- As **indústrias de bens de produção** transformam a matéria-prima, que está em estado bruto (por exemplo, o minério de ferro), em matéria-prima secundária (aço) para ser aproveitada por outras indústrias. As mineradoras e as siderúrgicas são exemplos de indústrias de bens de produção (figura 18).
- As indústrias **de bens de capital** produzem equipamentos, como máquinas, peças e motores, para outras indústrias.
- As indústrias **de bens de consumo** produzem bens que serão consumidos pela população. Os bens de consumo podem ser **duráveis** (bens que têm relativa durabilidade e levam mais tempo para ser substituídos, como os automóveis e as geladeiras) e **não duráveis** (bens de rápido consumo ou desgaste, que exigem reposição constante, como roupas, calçados e alimentos).

DESENVOLVIMENTO TECNOLÓGICO

Do ponto de vista do desenvolvimento tecnológico, as indústrias podem ser classificadas como de alta tecnologia ou tradicionais.

- As **indústrias de alta tecnologia** são características da Terceira Revolução Industrial. Essas indústrias empregam métodos e inovações tecnológicas em seu processo de produção, como robôs e mão de obra qualificada, que permitem maior rendimento e produtividade. São exemplos as indústrias de informática, telecomunicações, biotecnologia e engenharia aeroespacial (figura 19).
- As **indústrias tradicionais** apresentam nível tecnológico menos avançado e empregam maior quantidade de mão de obra (mão de obra intensiva). Algumas delas, como a naval e a siderúrgica, estão passando por um processo de transformação e modernização com o objetivo de se adaptarem às novas necessidades do mercado e aumentar seus lucros.

O mundo industrial

Conheça processos industriais que estão por trás de alguns objetos que nos cercam.

PAULO FRIDMAN/CORBIS NEWS/GETTY IMAGES

Figura 19. Fábrica de aviões no município de São José dos Campos (SP, 2015).

Reprodução proibida. Art.184 do Código Penal e Lei 9.610 de 19 de fevereiro de 1998.

INDÚSTRIA E TRANSFORMAÇÃO DA PAISAGEM

As paisagens podem ser criadas ou modificadas pela ação dos seres humanos. O aumento da atividade industrial verificado em diversos países contribui para que essas modificações sejam ainda mais significativas. Veja abaixo exemplos de transformações ocasionadas pelo crescimento da atividade industrial.

- As indústrias dependem da instalação de infraestruturas de transporte (rodovias, ferrovias, portos, aeroportos) e de energia (hidrelétricas, parques eólicos, entre outras) para poderem operar (figura 20). Essas ações modificam intensamente as paisagens.
- Muitas indústrias dependem de recursos retirados da natureza. A derrubada de árvores e a exploração de minérios (figura 21), por exemplo, impactam o meio ambiente em grandes extensões.
- A instalação de fábricas ou galpões na periferia das áreas urbanas ou nas áreas rurais dos municípios também modifica a organização espacial das localidades (figura 22).

MARCOS AMEND/PULSAR IMAGENS

Figura 20. Ferrovia para o transporte de minérios no município de Aimorés (MG, 2016).

ANDRE DIB/PULSAR IMAGENS

Figura 21. Vista aérea de garimpo de ouro, um exemplo de extração mineral, no município de Poconé (MT, 2017).

Figura 22. A construção de indústrias intensifica a ocupação do espaço em áreas rurais e urbanas. Na foto abaixo, vista aérea de indústria de produção de óleo de soja no município de Cambé (PR, 2015).

ERNESTO REGHRAN/PULSAR IMAGENS

TECNOLOGIA E GEOGRAFIA

4ª Revolução Industrial: como robôs conversando com robôs pela internet vão mudar sua vida

"Se máquinas a vapor movidas a carvão deram a partida na Primeira Revolução Industrial, seria o ciberespaço o motor da quarta edição de uma nova reviravolta nos meios de produção?

Empresários e economistas [...] defendem que a Quarta Revolução Industrial será movida pela internet ultrarrápida. Ela não encontrará barreiras entre os mundos físico e digital para promover 'conversas' entre máquinas, que executarão tarefas cada vez mais sofisticadas.

E esta quarta revolução se apoia nos seguintes pontos:

1. O 5G, a quinta geração da rede de celular vai permitir velocidades de 1 Gbps.
2. A internet das coisas, que permite conexão cada vez maior entre máquinas.
3. A inteligência artificial, que pode tratar câncer e resolver outros problemas humanos como as filas do supermercado.

A combinação destes elementos está no seguinte exemplo: a resposta super-rápida do 5G vai permitir que carros que se dirigem sozinhos se comuniquem com veículos conectados e decidam o que fazer (frear, acelerar, reduzir, ultrapassar ou evitar uma colisão). [...]

E como fica o trabalho nisso tudo?

Quase dois terços das crianças que ingressam no ensino primário irão trabalhar em empregos que não existem hoje, aponta o estudo 'Futuro do Trabalho', publicado pelo FEM [Fórum Econômico Mundial] em 2016.

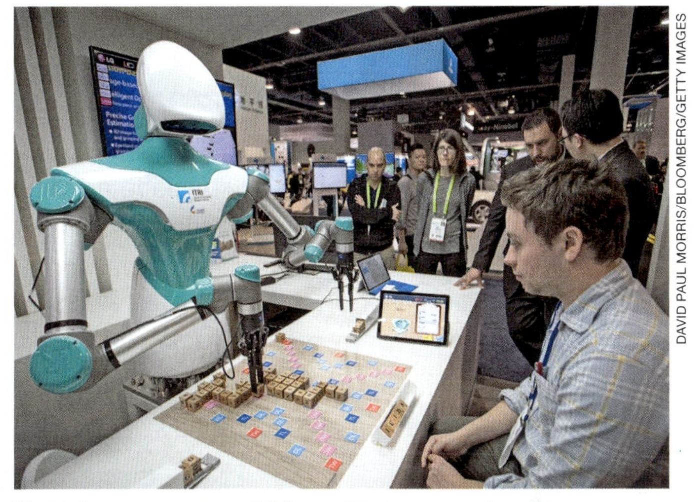

DAVID PAUL MORRIS/BLOOMBERG/GETTY IMAGES

Nesta foto, vemos um robô jogando com um ser humano num tabuleiro de formar palavras em Las Vegas (Estados Unidos, 2018).

Até 2020, serão 7,1 milhões de postos de trabalho perdidos. Na conta, estão trabalhadores braçais, mas o estudo aponta que dois terços dos cortes atingirão funções 'de escritório'.

No primeiro caso, a automação exerce um papel fundamental, no segundo, entra em cena a inteligência artificial 'que torna possível automatizar tarefas de trabalhadores com conhecimento'. Devem ser atingidos cargos nas áreas de educação, treinamento, direito e operações financeiras."

GOMES, Helton Simões. 4ª Revolução Industrial: Como robôs conversando com robôs pela internet vão mudar sua vida. *G1*, 21 jan. 2018. Disponível em: <https://g1.globo.com/economia/tecnologia/noticia/4-revolucao-industrial-como-robos-conversando-com-robos-pela-internet-vao-mudar-sua-vida.ghtml>. Acesso em: 19 fev. 2018.

ATIVIDADES

1. Segundo o texto, quais são os três pontos da 4ª Revolução Industrial?
2. De acordo com o texto, quais são as possíveis consequências do uso cada vez mais constante de robôs e máquinas para o mercado de trabalho?
3. Em sua opinião, o uso de robôs para execução de diferentes atividades possui mais pontos positivos ou negativos? Justifique.

Reprodução proibida. Art.184 do Código Penal e Lei 9.610 de 19 de fevereiro de 1998.

TEMA 4 COMÉRCIO E SERVIÇOS

Qual é a diferença entre as atividades de comércio e de prestação de serviços?

TIPOS DE COMÉRCIO

O comércio é a atividade do setor terciário da economia que consiste na compra e na venda de mercadorias e atualmente absorve grande parcela da população economicamente ativa (PEA). Quanto maior o dinamismo econômico de uma sociedade, maior a diversidade das atividades comerciais.

COMÉRCIO INTERNO

Comércio interno compreende as atividades comerciais que são realizadas em território nacional, ou seja, dentro de um país. Esse tipo de comércio pode ser varejista ou atacadista.

COMÉRCIO VAREJISTA

No comércio varejista, as mercadorias são vendidas diretamente ao consumidor final nos estabelecimentos comerciais, tais como lojas, mercados, padarias, entre outros.

Nas últimas décadas, principalmente em decorrência do desemprego de parte da população urbana, houve expansão do comércio varejista informal, constituído de vendedores autônomos, conhecidos como "camelôs", que expõem suas mercadorias em barracas, calçadas ou feiras (figura 23), e de ambulantes que vendem diversos produtos (como balas, chicletes, garrafas de água etc.) em cruzamentos de ruas ou nas estradas. Em geral, no trabalho informal os trabalhadores não pagam impostos, mas também não recebem nenhum direito trabalhista, tais como férias e aposentadoria.

COMÉRCIO ATACADISTA

No comércio atacadista, as mercadorias são vendidas em grandes quantidades, em geral para os comerciantes varejistas, que as revendem aos consumidores finais. Muitos estabelecimentos atacadistas localizam-se próximos a vias expressas de circulação, facilitando a entrada de caminhões.

População economicamente ativa (PEA): compreende o potencial de mão de obra com que pode contar o setor produtivo.

Reprodução proibida. Art.184 do Código Penal e Lei 9.610 de 19 de fevereiro de 1998.

AURELIEN LAFORET/SHUTTERSTOCK

Figura 23. Vendedores autônomos expõem mercadorias em uma feira de rua em Aix-en-Provence (França, 2015).

COMÉRCIO A DISTÂNCIA

Tanto o comércio varejista quanto o atacadista são influenciados pelas inovações tecnológicas, principalmente nas áreas de comunicação e informática.

Hoje é possível vender e comprar produtos sem sair de casa ou do escritório. Por meio da internet ou do telefone (*telemarketing*), podem-se adquirir diversas mercadorias e serviços. O uso de cartões de crédito e do serviço de correio facilita o comércio a distância.

COMÉRCIO EXTERNO

O **comércio externo** ou **internacional** consiste na atividade de compra e venda de mercadorias praticada entre países. Esse tipo de comércio é fundamental, já que nenhum país é autossuficiente em termos de matérias-primas e bens de consumo.

Quando um país vende uma mercadoria para outro, está **exportando**; quando compra, está **importando**. A diferença em valor, considerando determinado período, entre as exportações e as importações de mercadorias efetuadas por um país, se reflete no resultado de sua **balança comercial**. Se o país exportar mais do que importar, em valor monetário, apresentará **superávit**, ou balança comercial positiva; caso contrário, apresentará **déficit**, ou balança comercial negativa (figura 24).

O comércio internacional é desigual. Há países que exportam produtos de maior valor econômico, como máquinas e eletroeletrônicos, e importam de outros países, principalmente, mercadorias menos valorizadas economicamente, como produtos agrícolas, minerais e alguns produtos industrializados que requerem baixa tecnologia no processo de produção.

PARA PESQUISAR

- **OEC**
  <https://atlas.media.mit.edu/pt/profile/country/bra>
  O *site* apresenta, por meio de breves textos e infográficos interativos, informações detalhadas de produtos importados e exportados pelo Brasil e por outros países.

Reprodução proibida. Art.184 do Código Penal e Lei 9.610 de 19 de fevereiro de 1998.

FIGURA 24. BRASIL: BALANÇA COMERCIAL (EM BILHÕES DE DÓLARES) – 2006-2016

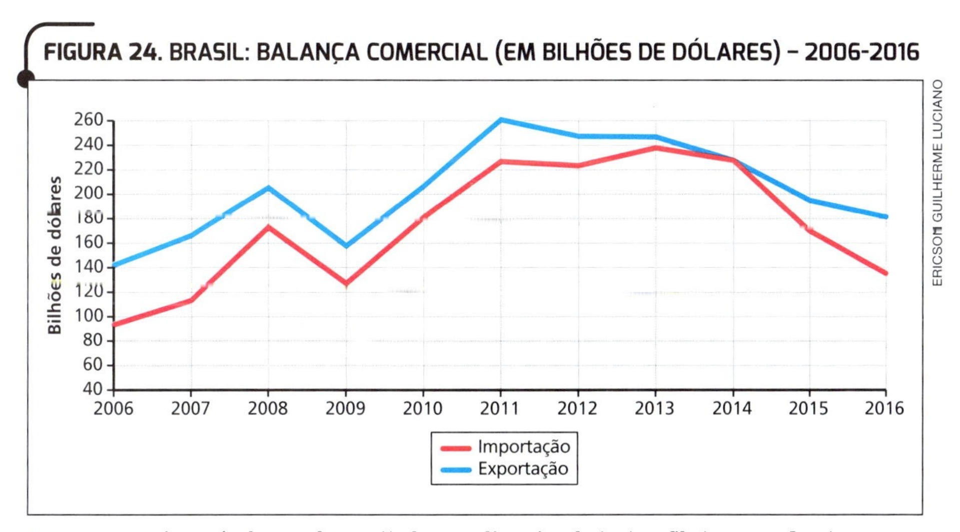

Fonte: OEC. Disponível em: <https://atlas.media.mit.edu/pt/profile/country/bra/>. Acesso em: 9 fev. 2018.

De olho no gráfico

Em 2016, o Brasil teve superávit ou déficit? Quais foram os valores das importações e das exportações do país nesse ano?

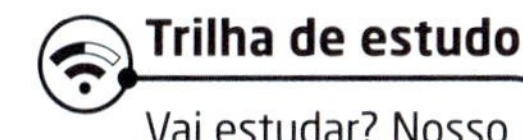

Trilha de estudo

Vai estudar? Nosso assistente virtual no *app* pode ajudar! <http://mod.lk/trilhas>

TODOS CONSOMEM SERVIÇOS

A prestação de serviços integra o setor terciário da economia. Quanto maior o dinamismo econômico de uma sociedade, mais diversificados são os serviços oferecidos. Os variados tipos de serviço são prestados por pessoas que trabalham em diversas profissões: professores, médicos, engenheiros, jornalistas, advogados, artistas, técnicos em geral etc.

Serviços de informação e comunicação

Serviços ligados à criação, à veiculação e ao armazenamento de informação. Fazem parte desse grupo profissionais que trabalham na produção de livros, jornais, na televisão e em outros veículos de comunicação.

Transportes e correio

Compreende serviços de transporte de passageiros e de cargas, atividades de armazenamento e entrega de produtos. O segmento que mais atraiu empresas e gerou empregos e receita em 2015 foi o de transporte rodoviário.

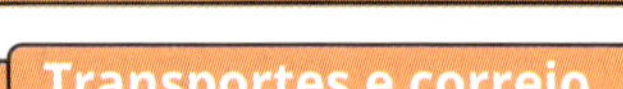

Atividades imobiliárias

Fazem parte desse grupo profissionais que trabalham com compra, venda e aluguel de imóveis, gestão e administração de propriedades.

Manutenção e reparação

Serviços realizados por empresas de pequeno porte que não empregam muitos funcionários. Em geral, as atividades estão ligadas ao ramo de automóveis, informática e objetos domésticos.

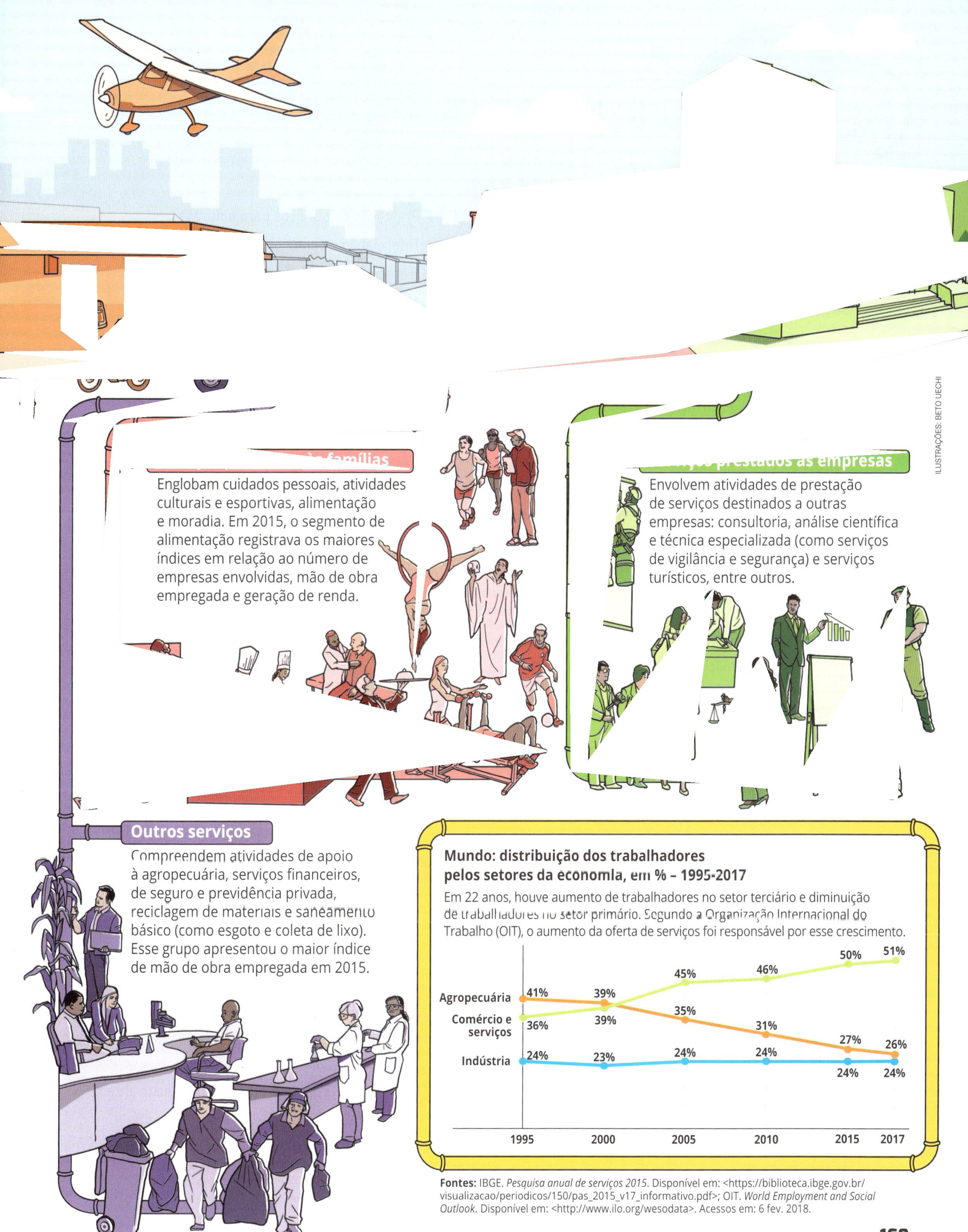

Englobam cuidados pessoais, atividades culturais e esportivas, alimentação e moradia. Em 2015, o segmento de alimentação registrava os maiores índices em relação ao número de empresas envolvidas, mão de obra empregada e geração de renda.

Envolvem atividades de prestação de serviços destinados a outras empresas: consultoria, análise científica e técnica especializada (como serviços de vigilância e segurança) e serviços turísticos, entre outros.

Outros serviços

Compreendem atividades de apoio à agropecuária, serviços financeiros, de seguro e previdência privada, reciclagem de materiais e saneamento básico (como esgoto e coleta de lixo). Esse grupo apresentou o maior índice de mão de obra empregada em 2015.

Mundo: distribuição dos trabalhadores pelos setores da economia, em % – 1995-2017

Em 22 anos, houve aumento de trabalhadores no setor terciário e diminuição de trabalhadores no setor primário. Segundo a Organização Internacional do Trabalho (OIT), o aumento da oferta de serviços foi responsável por esse crescimento.

Fontes: IBGE. *Pesquisa anual de serviços 2015*. Disponível em: <https://biblioteca.ibge.gov.br/visualizacao/periodicos/150/pas_2015_v17_informativo.pdf>; OIT. *World Employment and Social Outlook*. Disponível em: <http://www.ilo.org/wesodata>. Acessos em: 6 fev. 2018.

ORGANIZAR O CONHECIMENTO

1. **Copie a frase no caderno, completando as lacunas de acordo com as fases de desenvolvimento da produção industrial.**

a) O __________ predominou até o século XV e continua sendo praticado.

b) A __________ caracterizou-se pelo uso de máquinas simples e pelo início da divisão de tarefas.

c) A __________ é caracterizada pela ampla divisão do trabalho, pela especialização do trabalhador e pelo uso de máquinas movidas por fontes de energia.

2. **Diferencie os modelos de produção denominados fordismo e toyotismo.**

3. **Cite pelo menos três atividades econômicas que se beneficiam com a prática do turismo.**

4. **Em relação ao destino da produção, identifique os tipos de indústria descritos a seguir.**

a) Fabricam produtos para consumo da população que precisam ser repostos constantemente.

b) Realizam a transformação da matéria-prima em estado bruto para que seja aproveitada por outras indústrias.

c) Produzem bens que serão consumidos pela população e demoram para ser substituídos.

d) Produzem equipamentos, como máquinas e peças, para serem utilizados em outras indústrias.

5. **Defina:**

a) comércio interno;

b) comércio externo;

c) balança comercial;

d) comércio a distância;

e) atividade de prestação de serviços.

6. **Relacione os estabelecimentos de prestação de serviços aos seus ramos de atividade.**

a) Restaurante.

b) Oficina mecânica.

c) Empresa entregadora de mercadorias.

d) Empresa de segurança empresarial.

e) Empresa imobiliária.

f) Jornal.

( ) Prestação de serviços para empresas.

( ) Informação e comunicação.

( ) Transportes e correio.

( ) Atividades imobiliárias.

( ) Manutenção e reparação.

( ) Serviços prestados a famílias.

APLICAR SEUS CONHECIMENTOS

7. **Interprete o mapa e responda às questões.**

BRASIL: PARTICIPAÇÃO DA PRODUÇÃO INDUSTRIAL DE CADA ESTADO

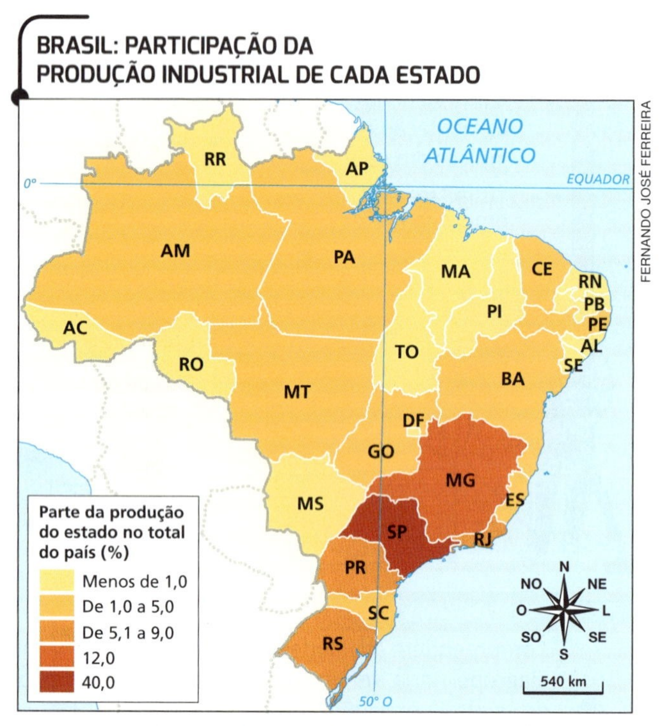

Fonte: FERREIRA, Graça Maria Lemos. *Atlas geográfico*: espaço mundial. 4. ed. São Paulo: Moderna, 2013. p. 145.

a) Qual é o estado que apresenta maior participação na produção industrial do Brasil?

b) Qual é a porcentagem de participação desse estado no contexto nacional?

c) Quais regiões brasileiras são as mais industrializadas? E as menos?

d) Qual é a porcentagem de participação do estado onde você mora na produção industrial do país?

Reprodução proibida. Art.184 do Código Penal e Lei 9.610 de 19 de fevereiro de 1998.

8. **Leia a reportagem e interprete o quadro.**

"Estudo inédito realizado pela Confederação Nacional da Indústria (CNI) aponta que, de 24 setores industriais brasileiros, mais da metade (14, incluindo o de vestuário e têxtil) está bastante atrasada em relação à adoção de tecnologias digitais.

O estudo constatou que esses setores correm risco de se tornar tão ineficientes a ponto de serem excluídos da chamada Quarta Revolução Industrial – que será baseada na digitalização e robotização das fábricas e dos processos produtivos para aumentar a eficiência.

[...] 'Eles precisam de investimentos urgentes, pois não terão competitividade principalmente em relação aos países que competem diretamente com o Brasil', afirma João Emílio Gonçalves, gerente executivo de Política Industrial da CNI. 'São setores com baixo grau de inovação, pouca inserção no comércio exterior e produtividade inferior à média internacional.'

Ele ressalta que empresas desses setores terão 'enorme' desafio de competitividade e o senso de urgência de atualização será dado pela própria concorrência. 'A mudança tecnológica é grande e vai ocorrer muito mais rápido do que outras revoluções', diz. 'A falta de competitividade pode levar os produtos dessas empresas a serem substituídos por importados.'"

SILVA, Cleide. Mais da metade da indústria brasileira está atrasada na corrida tecnológica. *O Estado de S. Paulo*, 4 fev. 2018. Disponível em: <http://economia.estadao.com.br/noticias/geral,mais-da-metade-da-industria-brasileira-esta-atrasada-na-corrida-tecnologica,70002176605>. Acesso em: 19 fev. 2018.

Nível alto: Altos níveis de competitividade, exportação e taxa de inovação	**Nível médio:** Alta produtividade, boa taxa de inovação, mas exporta pouco	**Nível intermediário:** Alta exportação, mas baixa inovação e produtividade	**Nível baixo:** Baixa produtividade e pouca exportação
Extrativista, alimentício, celulose e papel, bebidas.	Derivados de petróleo e biocombustível, metalurgia, informática e eletrônicos, veículos.	Madeira.	Minerais não metálicos, químicos, farmacêuticos, móveis, têxteis, couro e calçados.

a) De acordo com a reportagem, qual é o principal problema que as indústrias brasileiras enfrentam? Quais são as consequências disso?

b) Quais são os setores industriais brasileiros que apresentam elevada competitividade e inovação e são bastante exportados?

c) Que setores industriais apresentam elevada competitividade mas exportam pouco?

d) Cite quatro setores industriais brasileiros que têm baixa produtividade e exportam muito pouco.

DESAFIO DIGITAL

9. **Acesse a animação *Fab Labs*, disponível em <http://mod.lk/buxry>, e faça o que se pede.**

a) O que são os Fab Labs e como eles estão relacionados à robótica?

b) Por que a expansão dos Fab Labs pode trazer benefícios para a sociedade? Cite um exemplo da animação que justifique a sua resposta.

c) Cite dois produtos que você gostaria de produzir em um Fab Lab e explique as suas escolhas.

Reprodução proibida. Art.184 do Código Penal e Lei 9.610 de 19 de fevereiro de 1998.

REPRESENTAÇÕES GRÁFICAS

Gráfico de setores

O gráfico de setores, também conhecido como gráfico circular, é empregado para representar parcelas de um total. Ele tem a forma de um círculo subdividido em setores. O círculo inteiro representa o valor total, e os setores têm tamanhos proporcionais ao valor de cada parcela representada.

Pense que devemos representar a participação dos setores da economia no Produto Interno Bruto (PIB) brasileiro, em setembro de 2017. Nesse período, o setor terciário contribuiu com 72,8%, o setor secundário, com 22,2%, e o setor primário, com 5,0% do PIB do país.

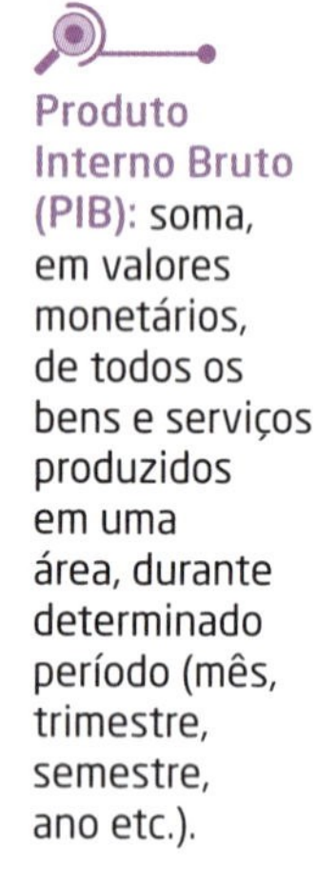

Produto Interno Bruto (PIB): soma, em valores monetários, de todos os bens e serviços produzidos em uma área, durante determinado período (mês, trimestre, semestre, ano etc.).

Para produzir um gráfico de setores que represente esses dados, é preciso fazer uma circunferência para representar o total do PIB. Em seguida, é necessário dividi-la em três partes – cada parte para representar proporcionalmente a participação de um setor da economia no PIB. Para diferenciar cada setor, eles devem ser preenchidos com cores diferentes. Finalmente, é necessário elaborar uma legenda que explique o significado do setor que cada cor representa.

BRASIL: PARTICIPAÇÃO DOS SETORES DA ECONOMIA NO PIB – SETEMBRO DE 2017

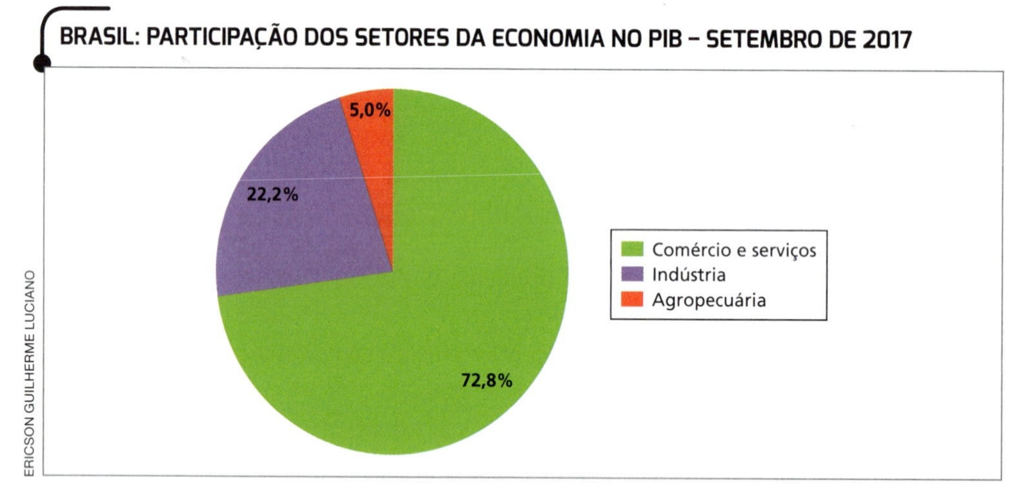

Fonte: Sebrae. Disponível em: <http://datasebrae.com.br/ib/#trimestre>. Acesso em: 19 fev. 2018.

ATIVIDADES

1. Nesse gráfico de setores, o que a circunferência representa?
2. Qual é a função do uso de cores diferentes?
3. Observando o gráfico, você consegue identificar com facilidade qual foi o setor da economia brasileira que teve maior importância para o PIB em setembro de 2017? Por quê?
4. Que alterações poderiam ser feitas no gráfico para dispensar o uso da legenda?

Reprodução proibida. Art.184 do Código Penal e Lei 9.610 de 19 de fevereiro de 1998.

ATITUDES PARA A VIDA

Artesanato em barro no Jequitinhonha

O Vale do Jequitinhonha é uma região no nordeste do estado de Minas Gerais que abriga 75 municípios, conhecida, entre outros motivos, pelo artesanato em barro. Veja como a incorporação de novas técnicas ao conhecimento tradicional das artesãs ampliou o alcance dessa importante atividade local.

> "No Jequitinhonha, o ofício do artesanato em barro se vinculava à produção de utensílios e peças principalmente para uso doméstico: panelas para fazer comida e potes para guardar água e mantimentos. As panelas e bilhas eram decoradas de forma rústica, sem a sofisticação e o trato delicado da cor que foram incorporados depois.
>
> 
>
> **Bilha:** tipo de recipiente de barro utilizado para conservar água; moringa.
>
> As técnicas do artesanato são passadas, preferencialmente, dentro de uma linhagem feminina. Boa parte das mulheres aprendeu o ofício ainda criança, perto dos sete anos, vendo as adultas fazendo, fazendo junto, aprendendo fazendo. A prática é transmitida para as meninas de mãe para filha, de avó para neta, de tia para sobrinha ou pela irmã mais velha. Já na vida adulta, a arte é ensinada principalmente de sogra para nora: é um conhecimento familiar e comunitário.
>
> [...] Assim, o conhecimento considerado costumeiro pode ser a base da inovação. E isso se observa na transformação das técnicas do artesanato. A pintura das peças, por exemplo, foi sendo aperfeiçoada pelas artesãs quando o circuito de vendas foi se ampliando e começaram a aparecer compradores. Estes expressavam certas exigências em relação ao acabamento e à pintura, mas o aperfeiçoamento – a combinação de cores, as texturas – foi feito a partir da cultura material e da base local de recursos: os tipos de barros para moldar, o óleo próprio do solo e das pedras para fazer as tintas, o tipo de forno, a caloria da queima e os instrumentos de trabalho."

GALIZONI, Flavia M. et al. Aprendendo com o barro: inovação e saber de artesãs camponesas do Jequitinhonha. *Revista Agriculturas: experiências em agroecologia*, Rio de Janeiro, v. 10, n. 3, p. 22, set. 2013.

Artesã esculpindo estátua em barro, no município de Turmalina (MG, 2015).

ANDRE DIB/PULSAR IMAGENS

ATIVIDADES

1. Assinale duas atitudes que, em sua opinião, foram necessárias para que as artesãs do Vale do Jequitinhonha se adaptassem ao aumento e às exigências dos compradores que passaram a visitar os locais onde vivem.
   ( ) Esforçar-se por exatidão e precisão.
   ( ) Aplicar conhecimentos prévios a novas situações.
   ( ) Criar, imaginar e inovar.
   ( ) Escutar os outros com atenção e empatia.

2. Releia o texto e explique como cada uma das atitudes que você escolheu na atividade anterior ajudaram as artesãs a tornarem sua atividade mais dinâmica.

Reprodução proibida. Art. 184 do Código Penal e Lei 9.610 de 19 de fevereiro de 1998.

O poeta brasileiro Carlos Drummond de Andrade nasceu em Itabira – município de Minas Gerais marcado pela atividade mineradora. Drummond era muito crítico em relação à destruição ambiental provocada pela mineração e fez dessa crítica o tema de alguns de seus poemas.

KLAYTON LUZ

O maior trem do mundo

"O maior trem do mundo
leva minha terra
para a Alemanha
leva minha terra
para o Canadá
leva minha terra
para o Japão.

O maior trem do mundo
puxado por cinco locomotivas a óleo *diesel*
engatadas geminadas desembestadas
leva meu tempo, minha infância, minha vida
triturada em 163 vagões de minério e destruição.

O maior trem do mundo
transporta a coisa mínima do mundo,
meu coração itabirano.

Lá vai o trem maior do mundo
vai serpenteando, vai sumindo
e um dia, eu sei, não voltará
pois nem terra nem coração existem mais."

ANDRADE, Carlos Drummond de. *Viola de Bolso*. São Paulo: Companhia das Letras. Copyright: Carlos Drummond de Andrade © Graña Drummond. Disponível em: <http://www.carlosdrummond.com.br>. Acesso em: 12 abr. 2018.

ATIVIDADES

OBTER INFORMAÇÕES

1. Segundo o autor, qual é a carga transportada pelo "maior trem do mundo"?

INTERPRETAR

2. Por que Drummond afirma que a "coisa mínima do mundo" é o seu coração itabirano?
3. Considere a resposta da primeira questão e comente, de acordo com a sua interpretação, os versos "leva meu tempo, minha infância, minha vida / triturada em 163 vagões de minério e destruição".
4. No poema, qual é o sentido dado pelo autor à palavra *terra*?

REFLETIR

5. Forme um grupo com mais três colegas e discutam a seguinte questão: "os minerais são recursos naturais renováveis?". Organizem as ideias do grupo em forma de texto e apresentem as conclusões à classe.

O ESPAÇO URBANO

A aglomeração de pessoas e a concentração de construções e de atividades econômicas de comércio, serviços e indústria caracterizam o espaço urbano, o espaço das cidades.

Após o estudo desta Unidade, você será capaz de:

- compreender que a diversidade de paisagens urbanas está relacionada a aspectos naturais, econômicos e culturais;
- identificar os fatores que motivam o crescimento da população urbana mundial;
- reconhecer que as cidades são divididas em diversos espaços, utilizados de diferentes formas pela população;
- compreender de que maneira os problemas urbanos afetam a qualidade de vida da população e o meio ambiente.

TALES AZZI/PULSAR IMAGENS

Obra de prolongamento viário da Avenida Chucri Zaidan, no município de São Paulo (SP, 2016).

COMEÇANDO A UNIDADE

1. Que características do espaço urbano podem ser identificadas na paisagem mostrada na foto?
2. O espaço urbano do município onde você vive apresenta características semelhantes a essa paisagem?
3. Que alteração do espaço urbano pode ser observada na foto? A que está relacionada essa mudança?

ATITUDES PARA A VIDA

- Escutar os outros com atenção e empatia.
- Assumir riscos com responsabilidade.
- Pensar de maneira interdependente.

AS PAISAGENS URBANAS

Por que as cidades são diferentes umas das outras?

AS CIDADES

Cidades são locais de aglomeração de pessoas e de construções. Registros históricos indicam que já havia cidades entre 3.500 a.C. e 3.000 a.C. Antes disso, a maioria dos grupos humanos era nômade e se deslocava periodicamente em busca de alimento.

No Brasil, as primeiras cidades se desenvolveram a partir de povoados formados no período colonial, após a chegada dos portugueses, no século XVI.

DIVERSIDADE DAS PAISAGENS URBANAS

Nas **paisagens urbanas** (paisagens das cidades) predominam elementos culturais de diversos tipos, como casas, ruas, avenidas, praças, estabelecimentos comerciais e redes de transporte.

ESPAÇO URBANO E MEIO AMBIENTE

Cada cidade tem uma origem e uma história. Apesar das diferenças, porém, alguns pesquisadores entendem que as cidades passaram por fases históricas ao longo dos últimos cinco mil anos, relacionadas às funções predominantes do espaço urbano e à sua interação com o meio natural. Veja a seguir essas diferentes fases.

A cidade como centro político

As primeiras cidades foram centros políticos e religiosos. Nelas, viviam nobres, sacerdotes, militares e profissionais envolvidos na manutenção de uma unidade política, como um império ou uma cidade-Estado.

1. Na cidade ficava a sede do governo, que controlava as aldeias próximas.
2. Nas aldeias vivia a maior parte da população: os camponeses, que eram responsáveis pela produção de alimentos.
3. Intervenções no meio natural, como canais de irrigação, barragens e aterramentos, eram planejadas para que a cidade fosse autossuficiente.

Se, por um lado, o predomínio de elementos criados ou modificados pela ação humana é uma característica das cidades, por outro, as paisagens urbanas podem variar de acordo com diversos fatores.

- **Atividades econômicas**: a concentração de fábricas e o tráfego de carga pesada, por exemplo, são características de uma área industrial; a aglomeração de pessoas e a predominância de lojas, bancos e outros estabelecimentos marcam uma área comercial (figura 1).
- **Tamanho da cidade**: existem desde pequenas cidades, com população de poucos habitantes, até grandes centros urbanos, nos quais habitam milhões de pessoas.
- **Idade das construções**: em alguns locais, a presença de construções históricas e antigas predomina, enquanto outros se distinguem pelas construções modernas.
- **Aspectos culturais**: os espaços urbanos são geralmente habitados por pessoas de diferentes culturas, o que resulta na presença de elementos culturais variados nas paisagens.
- **Aspectos socioeconômicos**: as condições econômicas dos habitantes e a distribuição da riqueza são fatores que se refletem nos elementos culturais das paisagens, como nos tipos de moradia, por exemplo.
- **Aspectos naturais**: o relevo e o clima exercem influência sobre a paisagem, e tanto as construções quanto os habitantes precisam se adaptar às características do meio físico.

Figura 1. É comum encontrar automóveis estacionados pelas ruas comerciais, o que reflete o grande fluxo de pessoas pelas cidades. Rua comercial no município de Palmas (TO, 2017).

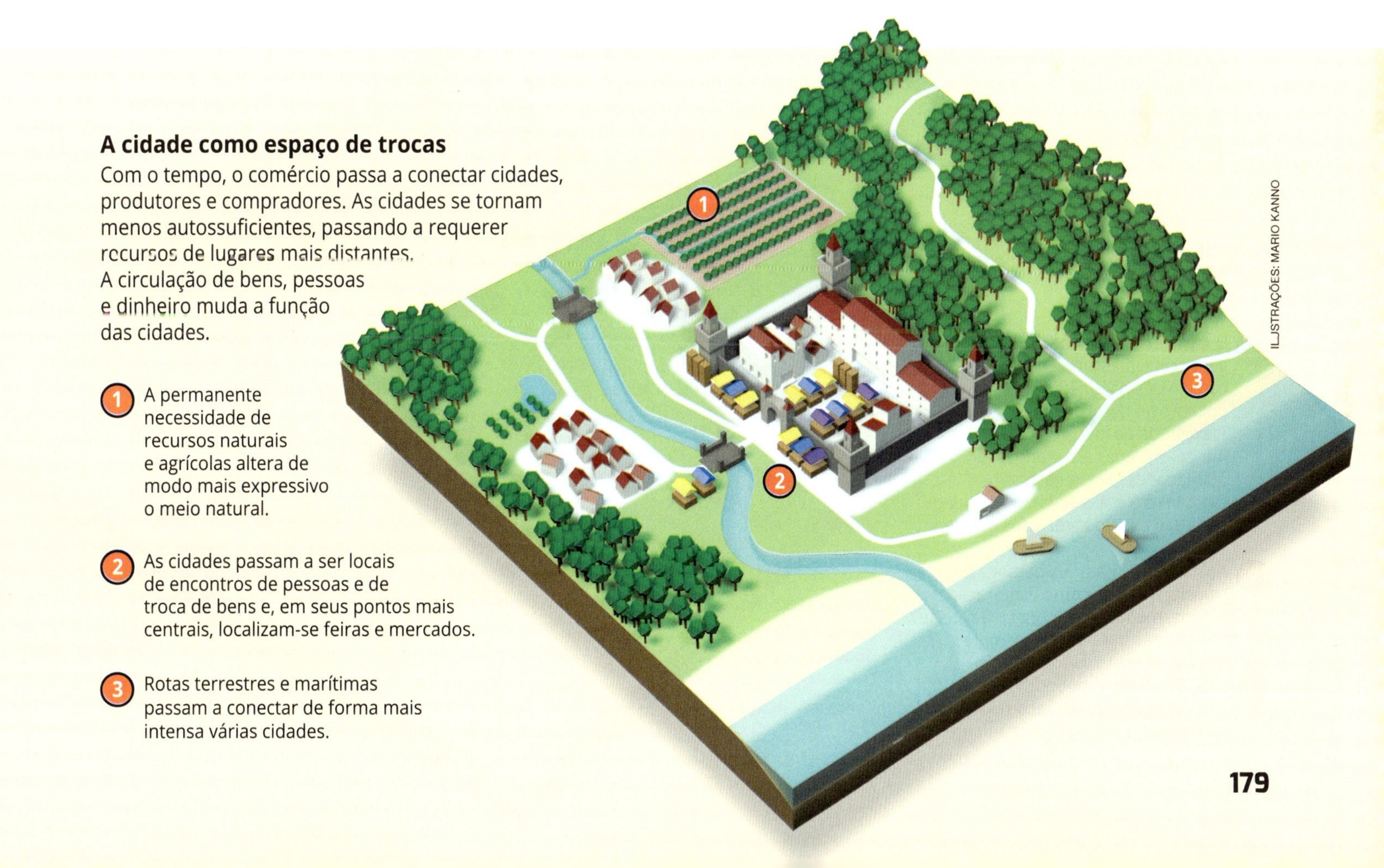

AS METRÓPOLES

Ao redor de cidades que representam importantes polos financeiros, industriais e culturais podem se formar grandes áreas urbanas, compostas de diversas cidades que se conectam espacialmente, formando apenas uma mancha urbana. Esse fenômeno é denominado **conurbação**.

Nos espaços em conurbação, as cidades centrais são conhecidas como **metrópoles** e possuem grande influência nos municípios do entorno. As metrópoles formam com esses municípios as chamadas áreas ou **regiões metropolitanas**.

Observe na tabela ao lado as dez regiões metropolitanas mais populosas do mundo em 2016.

TABELA. MUNDO: REGIÕES METROPOLITANAS MAIS POPULOSAS – 2016

Região metropolitana	População (milhões de habitantes)
Tóquio (Japão)	38,1
Nova Délhi (Índia)	26,4
Xangai (China)	24,5
Mumbai (Índia)	21,3
São Paulo (Brasil)	21,3
Pequim (China)	21,2
Cidade do México (México)	21,1
Osaka (Japão)	20,3
Cairo (Egito)	19,1
Nova York (Estados Unidos)	18,6

Fonte: ONU. *The World's Cities in 2016*, p. 4. Disponível em: <http://www.un.org/en/development/desa/population/publications/pdf/urbanization/the_worlds_cities_in_2016_data_booklet.pdf>. Acesso em: 26 fev. 2018.

AS MEGACIDADES

As **megacidades** são os centros urbanos com população de 10 milhões de habitantes ou mais.

Em 2016, havia 31 megacidades em todo o mundo, incluindo duas cidades brasileiras: São Paulo e Rio de Janeiro. A previsão é de que até 2030 tenham se formado mais 10 novas megacidades, a maioria na Ásia e na África.

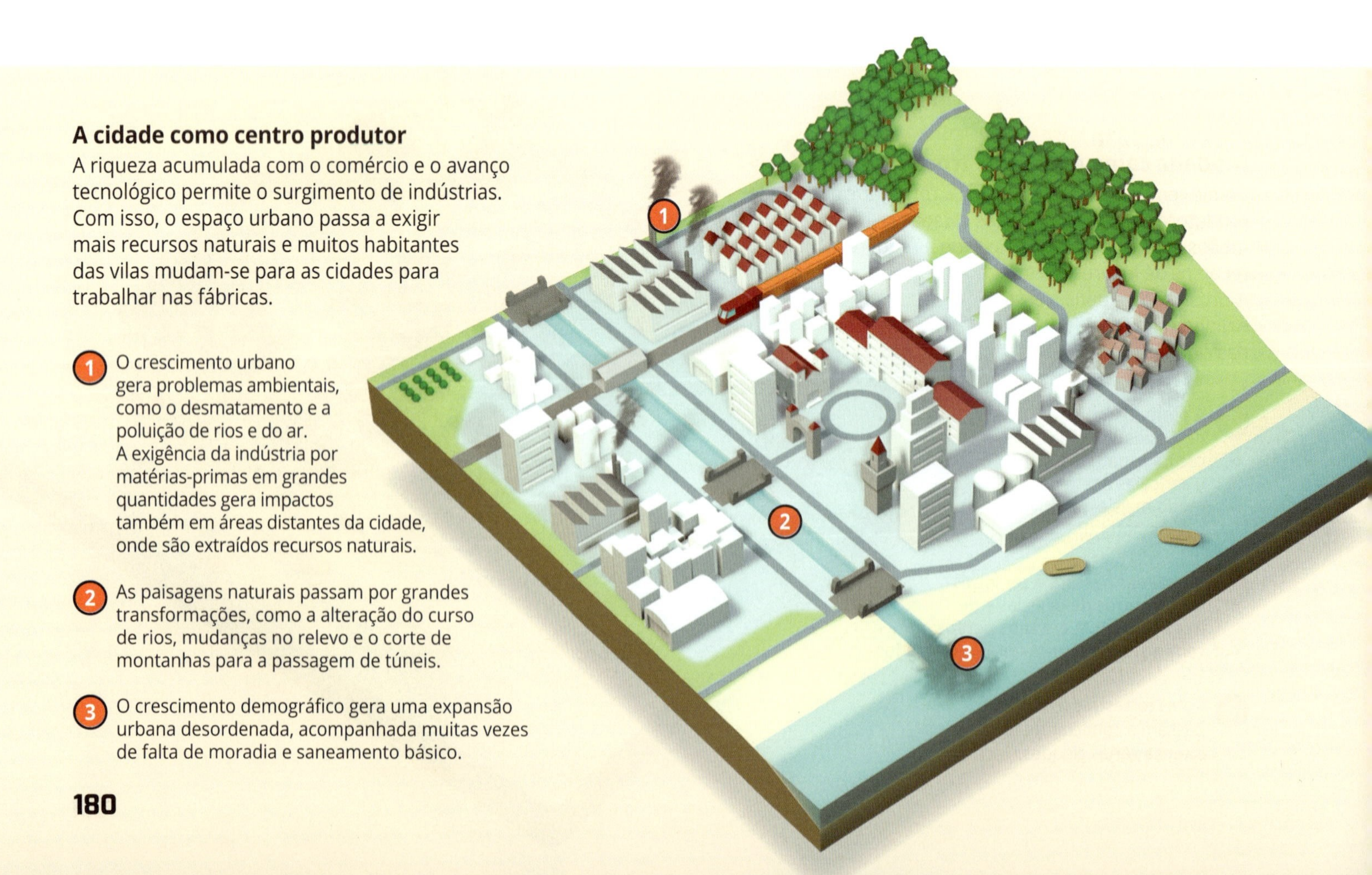

AS CIDADES GLOBAIS

Além de polos financeiros e industriais, as **cidades globais** são cidades cosmopolitas, centros de produção de conhecimento e de criação de tendências que influenciam outras cidades ao redor do mundo.

Esses centros urbanos abrigam as sedes de bancos, indústrias e empresas multinacionais ou transnacionais, além de grande número de habitantes de diversas origens. No Brasil, São Paulo é considerada uma cidade global (figura 2).

Cidades cosmopolitas: cidades com grande diversidade étnica e cultural, onde vivem pessoas provenientes de diferentes partes do mundo.

Multinacionais ou transnacionais: grandes corporações industriais, comerciais ou de prestação de serviços que possuem matriz em determinado país e atuam em diversos países.

DANIEL CYMBALISTA/PULSAR IMAGENS

Figura 2. A Avenida Paulista foi inaugurada em 1891 e hoje representa um dos principais marcos financeiros e turísticos da cidade de São Paulo (SP, 2017).

PARA ASSISTIR

- **Um pouco mais, um pouco menos**
  Direção: Marcelo Mazagão. Brasil: Observatório, 2002.
  Curta-metragem que apresenta imagens aéreas e cenas do cotidiano da cidade de São Paulo (SP), transportando o público para a realidade de uma das maiores megacidades do planeta.

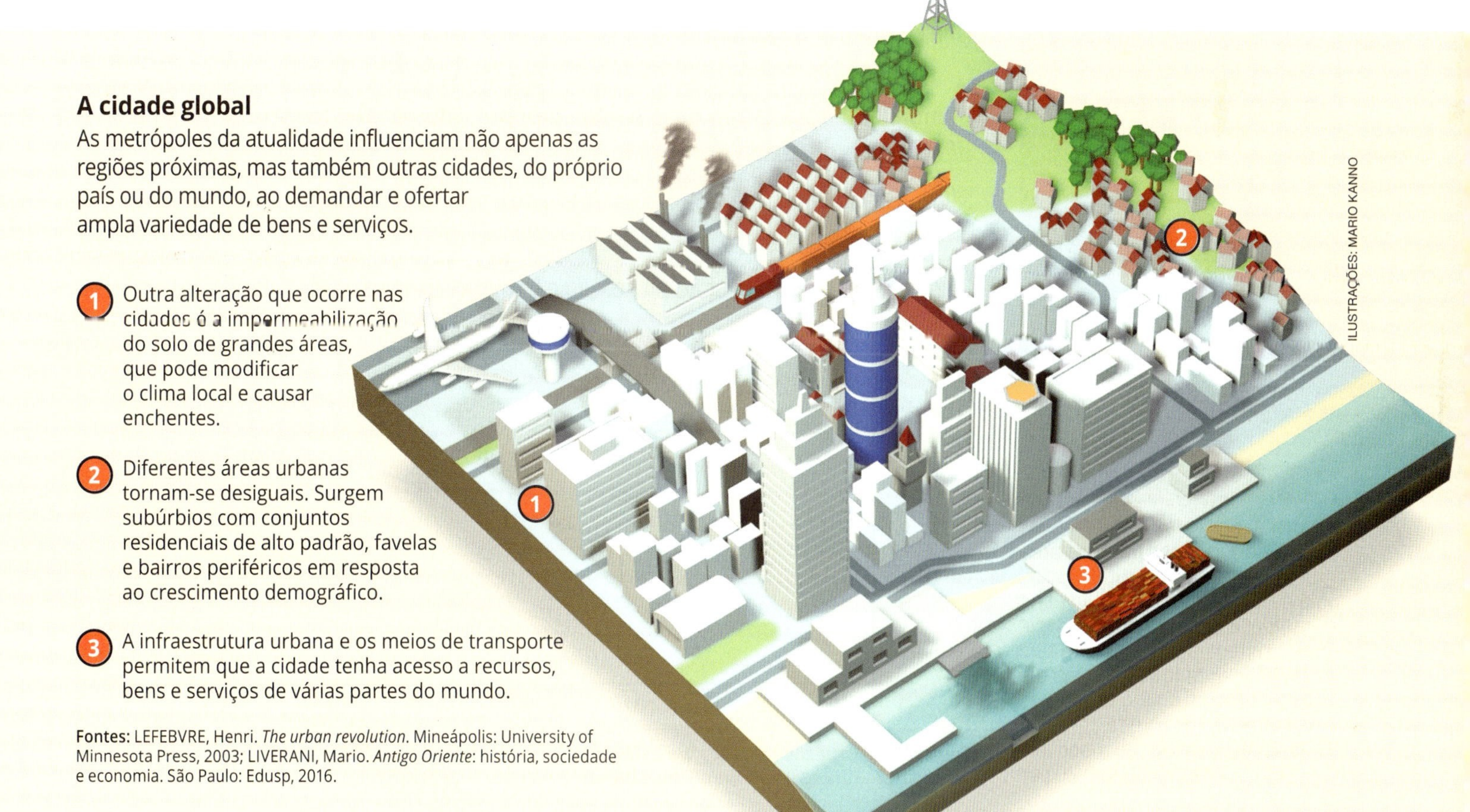

A cidade global

As metrópoles da atualidade influenciam não apenas as regiões próximas, mas também outras cidades, do próprio país ou do mundo, ao demandar e ofertar ampla variedade de bens e serviços.

1. Outra alteração que ocorre nas cidades é a impermeabilização do solo de grandes áreas, que pode modificar o clima local e causar enchentes.
2. Diferentes áreas urbanas tornam-se desiguais. Surgem subúrbios com conjuntos residenciais de alto padrão, favelas e bairros periféricos em resposta ao crescimento demográfico.
3. A infraestrutura urbana e os meios de transporte permitem que a cidade tenha acesso a recursos, bens e serviços de várias partes do mundo.

Fontes: LEFEBVRE, Henri. *The urban revolution*. Mineápolis: University of Minnesota Press, 2003; LIVERANI, Mario. *Antigo Oriente*: história, sociedade e economia. São Paulo: Edusp, 2016.

ILUSTRAÇÕES: MARIO KANNO

URBANIZAÇÃO

Por que a população urbana no mundo continua crescendo?

URBANIZAÇÃO

A **urbanização** corresponde ao processo de crescimento da população urbana em determinado país ou região, no qual se verificam a redução da população rural e uma concentração populacional nas cidades. O mesmo termo pode ser utilizado para designar o conjunto de obras empreendidas em certo local para dotá-lo de infraestrutura (ruas, calçamento, iluminação, abastecimento de água, sistema de esgoto, implantação de áreas de lazer etc.).

A maneira como ocorre esse processo de concentração populacional se reflete no aspecto das cidades e de seus bairros, variando de acordo com o número de habitantes e a infraestrutura construída para atender às necessidades da população.

Reprodução proibida. Art.184 do Código Penal e Lei 9.610 de 19 de fevereiro de 1998.

UM MUNDO URBANO

Em 1950, a população urbana representava menos de 30% da população mundial. Desde então, a urbanização vem ocorrendo de forma acelerada em todo o mundo (figura 3).

Atualmente, a população urbana representa mais de metade da população mundial. Embora em muitos países a população rural supere a urbana, a tendência é de que essa proporção se reverta ainda neste século.

No Brasil, em cada dez habitantes, oito vivem em cidades (figura 4).

RUBENS CHAVES/PULSAR IMAGENS

Figura 4. Em geral, os municípios são formados por uma área urbana e uma área rural. Assim, uma parcela da população vive no campo, e o restante, na cidade. Mas existem municípios que têm apenas área urbana, como é o caso de Natal, no Rio Grande do Norte. Na foto, vista aérea do bairro Lagoa Nova, no município de Natal (RN, 2014).

FIGURA 3. MUNDO: EVOLUÇÃO DA POPULAÇÃO URBANA – 1950-2016

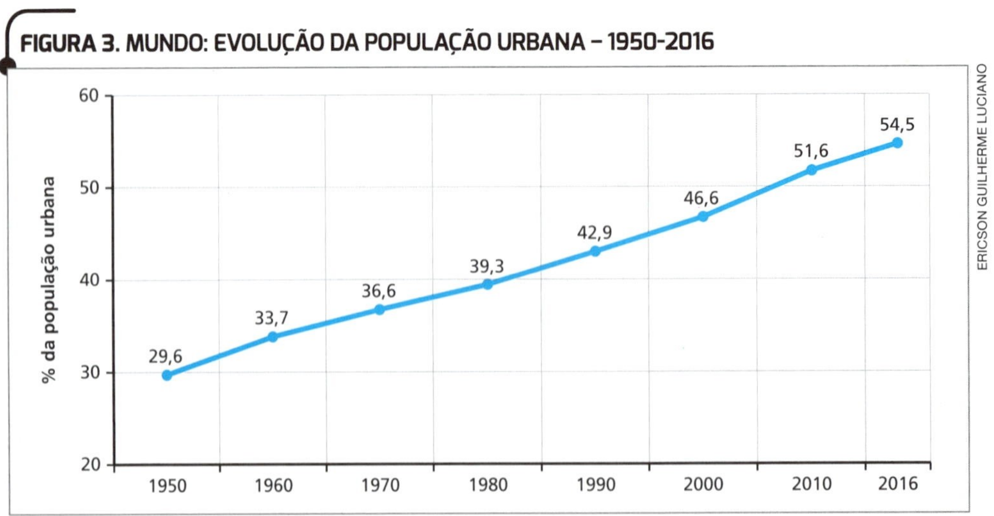

ERICSON GUILHERME LUCIANO

Fonte: ONU. *Population division*: world urbanization prospects: the 2014 revision. Disponível em: <https://esa.un.org/unpd/wup/DataQuery/>. Acesso em: 27 fev. 2018.

CIDADES EM CRESCIMENTO

No início do século XX, a Europa concentrava a maioria das 15 cidades com mais de 1 milhão de habitantes no mundo. Em 2016, esse número já havia saltado para 512 cidades, espalhadas por todos os continentes (figura 5).

PARA ASSISTIR

- **O menino e o mundo**
  Direção: Alê Abreu. Brasil: Filme de Papel, 2013.

  O filme conta a história de uma criança que vivia no campo com seus pais, mas que se vê forçada a mudar-se com a família para a cidade grande. O contexto apresentado é um retrato de uma situação vivida por milhões de pessoas.

FIGURA 5. MUNDO: AGLOMERADOS URBANOS COM MAIS DE 1 MILHÃO DE HABITANTES – 1900 E 2016

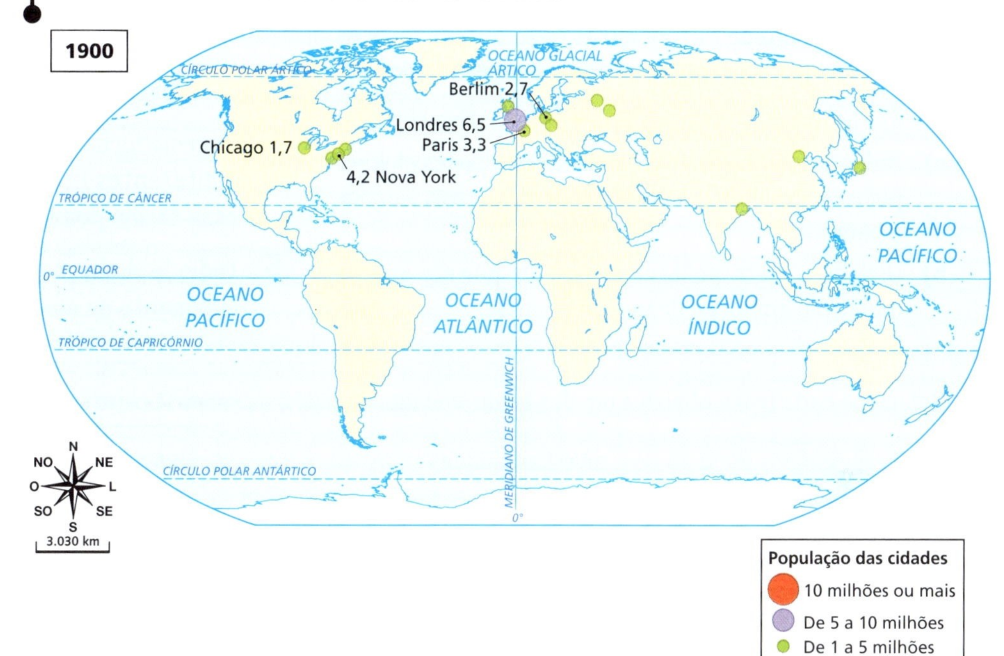

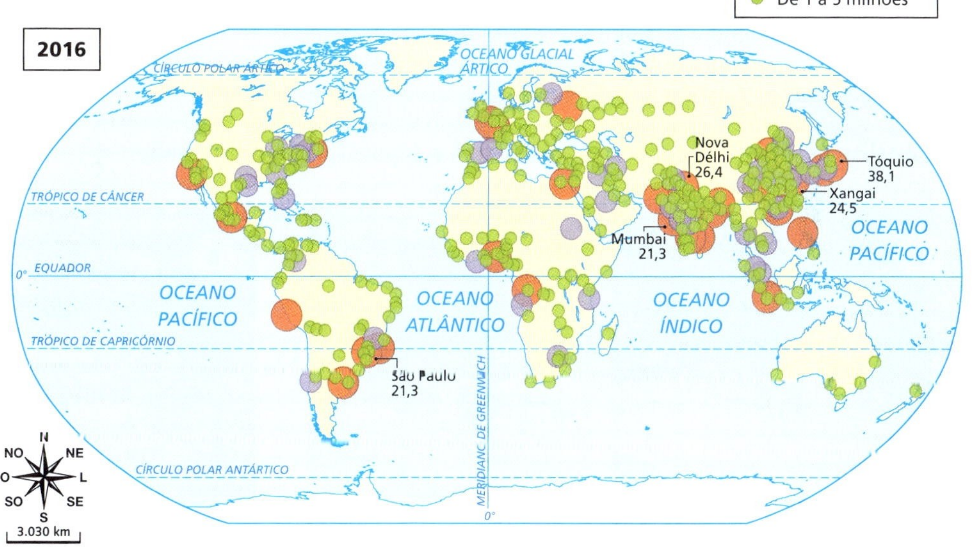

MAPAS: FERNANDO JOSÉ FERREIRA

Fontes: NATIONAL GEOGRAPHIC BRASIL. Sete bilhões. *National Geographic Brasil*. São Paulo: Abril, n. 141, dez. 2011. p. 53; ONU. *The World's Cities in 2016*, p. 4. Disponível em: <http://www.un.org/en/development/desa/population/publications/pdf/urbanization/the_worlds_cities_in_2016_data_booklet.pdf>. Acesso em: 26 fev. 2018.

De olho nos mapas

Descreva a distribuição dos maiores aglomerados urbanos pelos continentes em 1900 e em 2016.

Viver no espaço urbano, para muitos, é a alternativa encontrada para escapar dos problemas enfrentados no espaço rural. Entre os principais fatores que determinam o deslocamento da população do campo para as cidades estão a ocorrência de secas, a concentração de terras cultiváveis nas mãos de poucos proprietários e a substituição de mão de obra por máquinas no meio rural.

A concentração de atividades industriais, comerciais e de serviços nas áreas urbanas atrai a população rural para as cidades. No Brasil, o avanço da industrialização deu origem a um grande movimento migratório da população em direção ao sudeste do país.

Reprodução proibida. Art.184 do Código Penal e Lei 9.610 de 19 de fevereiro de 1998.

ORGANIZAR O CONHECIMENTO

1. **De que forma as atividades econômicas predominantes no espaço urbano se refletem nas paisagens das cidades?**

2. **Além das atividades econômicas, que outros fatores contribuem para a diversidade de paisagens urbanas?**

3. **Analise as afirmações e assinale a alternativa correta.**

a) Todas as metrópoles são exemplos de cidades globais, polos culturais de grande importância para os estados e países.

b) Uma área metropolitana é formada por um grande município em torno de uma metrópole.

c) Cidades globais são espaços urbanos de grande diversidade étnica e polos culturais cujas redes de influência se estendem a outros países.

d) Tanto as metrópoles como as cidades globais são exemplos de megacidades, cada vez mais comuns no planeta.

4. **O termo "urbanização" pode ser utilizado para se referir a diferentes processos. Descreva os significados que esse termo pode ter.**

5. **Indique alguns dos principais fatores que forçam o deslocamento de moradores do campo para a cidade.**

6. **Relacione cada frase abaixo a um dos boxes ao lado. Registre as respostas no caderno.**

a) Processo por meio do qual diversas cidades se conectam espacialmente.

b) Elementos que predominam nas paisagens urbanas.

c) Exerce forte influência sobre os municípios do entorno.

d) Continente com o maior número de cidades com mais de 1 milhão de habitantes em 2016.

Elementos criados ou alterados pela ação humana.

Conurbação.

Metrópole.

Ásia.

APLICAR SEUS CONHECIMENTOS

7. **Analise as imagens reproduzidas a seguir e depois faça o que se pede.**

HANS VON MANTEUFFEL/PULSAR IMAGENS

Orla da praia no município de Recife (PE, 2017).

RUBENS CHAVES/PULSAR IMAGENS

Galpões industriais às margens de uma rodovia no município de Sorocaba (SP, 2017).

a) Descreva a paisagem de cada área retratada nas imagens.

b) Que atividades predominam nas paisagens representadas?

Reprodução proibida. Art.184 do Código Penal e Lei 9.610 de 19 de fevereiro de 1998.

8. Analise o gráfico a seguir e, depois, responda às questões abaixo.

MUNDO: POPULAÇÃO TOTAL URBANA POR TAMANHO DA CIDADE – 1970-2030*

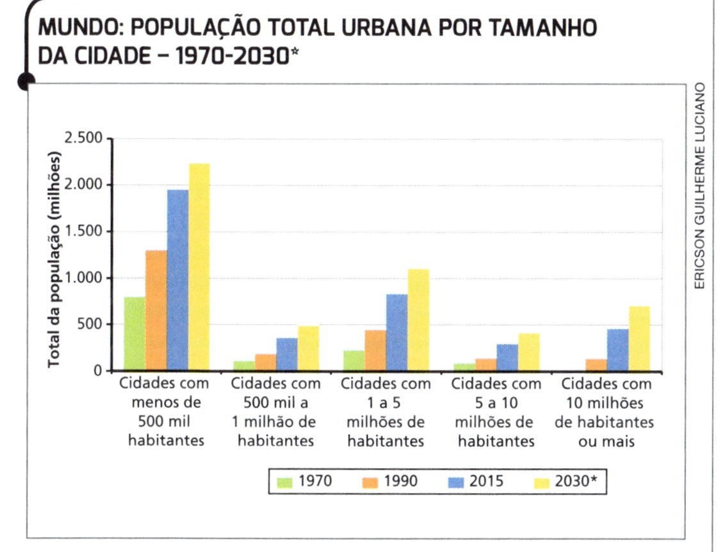

* Dados de projeção.

Fonte: ONU. *World urbanization prospects*: the 2014 revision. Disponível em: <https://esa.un.org/unpd/wup/CD-ROM/>. Acesso em: 28 fev. 2018.

a) Que tipo de cidade apresentada no gráfico abrigava a maior parte da população urbana no mundo em 1970? E em 2015?

b) Considerando os dados registrados entre 1970 e 2015, é correto afirmar que, proporcionalmente, as megacidades foram as que apresentaram o maior crescimento populacional? Justifique.

9. Leia o texto a seguir e responda às questões.

"[...] As cidades, em suas várias configurações, são arranjos produzidos para que seus habitantes – diferentes grupos, diferentes culturas, diferentes condições sociais – possam praticar a vida em comum, compartilhando arranjos, desejos, necessidades, problemas cotidianos. Elas se formam na e pela diversidade dos grupos que nelas vivem. [...]"

CAVALCANTI, Lana de Souza. *A geografia escolar e a cidade*: ensaios sobre o ensino de Geografia para a vida urbana cotidiana. Campinas: Papirus, 2008. p. 148-149.

a) Segundo o texto, como se caracteriza a população das cidades? Justifique.

b) Por que a população das cidades apresenta as características citadas anteriormente?

10. Observe a imagem e explique a relação entre o que ela retrata e a urbanização.

DANIEL CYMBALISTA/PULSAR IMAGENS

Construção de um prédio residencial em um bairro no município de São Bernardo do Campo (SP, 2016).

11. Analise o gráfico abaixo e responda às questões a seguir.

REGIÕES DO MUNDO: URBANIZAÇÃO – 1950-2045*

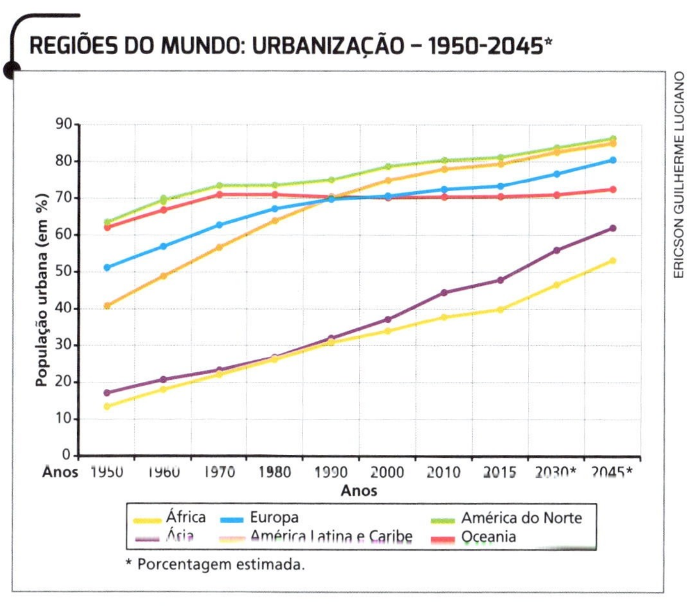

* Dados de projeção (2030 e 2045).

Fonte: ONU. *Department of Economic and Social Affairs. Population division*: world urbanization prospects: the 2014 revision. Disponível em: <https://esa.un.org/unpd/wup/DataQuery/>. Acesso em: 28 fev. 2018.

a) Que fenômeno mundial ocorrido entre 1950 e 2015 o gráfico representa?

b) Considerando as projeções futuras, que regiões do mundo tendem a apresentar maior crescimento da população urbana a partir de 2015?

Reprodução proibida. Art.184 do Código Penal e Lei 9.610 de 19 de fevereiro de 1998.

OCUPAÇÃO E USO DO ESPAÇO URBANO

As funções e as características dos espaços urbanos influenciam as condições de vida da população?

OS ESPAÇOS DE UMA CIDADE

As cidades possuem diversos espaços que são utilizados pela população de acordo com suas funções e características específicas.

Entre as diversas finalidades atribuídas aos espaços urbanos estão a moradia, o comércio, a atividade industrial e o lazer. Muitas vezes um espaço urbano cumpre diferentes funções ao mesmo tempo. As áreas mistas, que comportam residências e estabelecimentos comerciais, são um exemplo.

ESPAÇOS PÚBLICOS E ESPAÇOS PRIVADOS

Nas cidades existem espaços públicos e espaços privados. Os **espaços públicos** são administrados pelo governo e acessíveis a toda a população. Parques, praças, ruas, avenidas, ciclovias e estabelecimentos que oferecem à população serviços públicos de saúde, educação, cultura e lazer são exemplos de espaços públicos (figura 6).

PARA LER

- **A praça é do povo**
Maria Lúcia de Arruda Aranha.
São Paulo: Moderna, 2001.

O respeito à diversidade e a consciência de que em uma sociedade fazemos parte de um coletivo são fundamentais para a vida nas cidades em qualquer lugar do mundo. Este é o tema principal desse livro.

Figura 6. Pessoas caminhando na Feira da Praça General Osório, no município de Curitiba (PR, 2017).

ERNESTO REGHRAN/PULSAR IMAGENS

Os **espaços privados** são espaços de propriedade particular, pertencentes a um indivíduo ou grupo, e podem ter funções distintas: moradia, lazer e cultura, prestação de serviços (escolas e hospitais particulares, por exemplo), comércio e indústria.

Esses espaços são de acesso restrito e sua entrada é regulada pelo proprietário ou administrador do local, o que pode envolver pagamento. No entanto, qualquer tipo de discriminação no acesso a esses espaços ou na utilização de seus serviços é vetado por lei e considerado crime no Brasil.

ROGÉRIO REIS/PULSAR IMAGENS

Figura 7. Fachada do Paço Imperial, inaugurado em 1743, na Praça XV de Novembro, no centro histórico da cidade do Rio de Janeiro (RJ, 2017).

CENTRO E PERIFERIA

Quando falamos em "centro da cidade", podemos nos referir ao centro geográfico da área urbana, ao centro comercial e financeiro (área que concentra as sedes de empresas, bancos e edifícios comerciais) ou ao centro histórico, ao redor do qual a cidade se formou (figura 7).

Em muitos casos, a região do centro histórico representa também o centro comercial e financeiro; no entanto, isso nem sempre acontece, devido às transformações no espaço urbano ao longo do tempo.

As áreas situadas nos arredores dos centros urbanos são chamadas **periferias**. No Brasil, o conceito de periferia teve origem com o desenvolvimento urbano, principalmente a partir dos anos 1980. Embora as áreas periféricas concentrem a maior parte da população de baixo poder aquisitivo, hoje há condomínios de alto padrão localizados em áreas periféricas de muitas cidades brasileiras e estrangeiras.

Na realidade, atualmente o termo está associado mais à precariedade e à falta de assistência, planejamento urbano, infraestrutura e serviços do que à localização propriamente dita de um bairro (figura 8).

Reprodução proibida. Art.184 do Código Penal e Lei 9.610 de 19 de fevereiro de 1998.

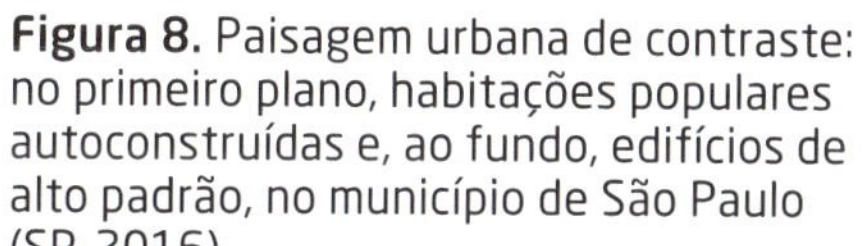

Figura 8. Paisagem urbana de contraste: no primeiro plano, habitações populares autoconstruídas e, ao fundo, edifícios de alto padrão, no município de São Paulo (SP, 2016).

JUNIOR ROZZO/ROZZO IMAGENS

A VIDA NAS CIDADES

As condições de vida nas cidades estão sujeitas a uma série de fatores e dependem da ação de governantes e de como o espaço urbano é ocupado e utilizado pela população. A concentração de pessoas no espaço urbano, por exemplo, faz com que haja maior demanda por comércio, serviços, moradia etc.

Vamos conhecer a seguir algumas necessidades básicas da população que interferem muito nas condições de vida.

SAÚDE E EDUCAÇÃO

Saúde e **educação** são serviços públicos indispensáveis para garantir a qualidade de vida das pessoas. Para isso, é necessário que haja hospitais, postos de saúde (figura 9), escolas e universidades bem distribuídos pelo espaço urbano, acessíveis e em quantidade suficiente para atender toda a população. Quando os serviços públicos e gratuitos são ineficientes, muitas pessoas, quando têm condições financeiras para isso, recorrem a serviços privados.

É importante também que a população disponha de serviços de saneamento básico, como abastecimento de água tratada, coleta e tratamento do esgoto e coleta de lixo. O acesso ao saneamento básico influencia diretamente a saúde das pessoas, evitando contaminações e a proliferação de doenças.

De olho na imagem

Como você avalia os serviços de saúde do local onde mora? É suficiente para atender toda a população?

Figura 9. Posto de saúde público no município de Belo Horizonte (MG, 2016). Espera-se que os municípios disponham de serviços de saúde gratuitos e de qualidade para toda a população.

DUDU MACEDO/FOTOARENA

Reprodução proibida. Art.184 do Código Penal e Lei 9.610 de 19 de fevereiro de 1998.

TRANSPORTE E MOBILIDADE

A **mobilidade urbana** se refere às condições de deslocamento da população no espaço urbano. Quanto maiores as cidades, mais opções de transporte coletivo, como linhas de ônibus, trem e metrô, devem ser oferecidas à população. Além disso, os centros urbanos devem contar com infraestrutura que permita a seus moradores utilizar meios de transporte alternativos.

A construção de ciclovias, por exemplo, possibilita que muitas pessoas se desloquem para fazer suas atividades de bicicleta. O uso da bicicleta traz benefícios para a cidade, por ser um meio de transporte não poluente e que reduz os congestionamentos, e para os usuários, porque o simples fato de usá-la no dia a dia os afasta do sedentarismo e de problemas de saúde relacionados a ele.

No Brasil, o principal meio de locomoção utilizado pela população urbana é o transporte realizado por linhas de ônibus (figura 10).

CULTURA E LAZER

Proporcionar **cultura** e **lazer** aos habitantes de uma cidade significa oferecer à população oportunidade de acesso a cinemas, teatros, museus, estádios e eventos culturais, o que propicia maior interação entre os moradores das cidades e melhoria na qualidade de vida.

As **áreas verdes**, como praças, parques, jardins botânicos, áreas de proteção ambiental e ruas arborizadas, além de contribuírem para a melhoria das condições ambientais nas grandes cidades, constituem espaços de convivência para a população (figura 11).

Reprodução proibida. Art. 184 do Código Penal e Lei 9.610 de 19 de fevereiro de 1998.

FIGURA 10. BRASIL: MEIOS DE TRANSPORTE MAIS UTILIZADOS PELA POPULAÇÃO URBANA – 2017

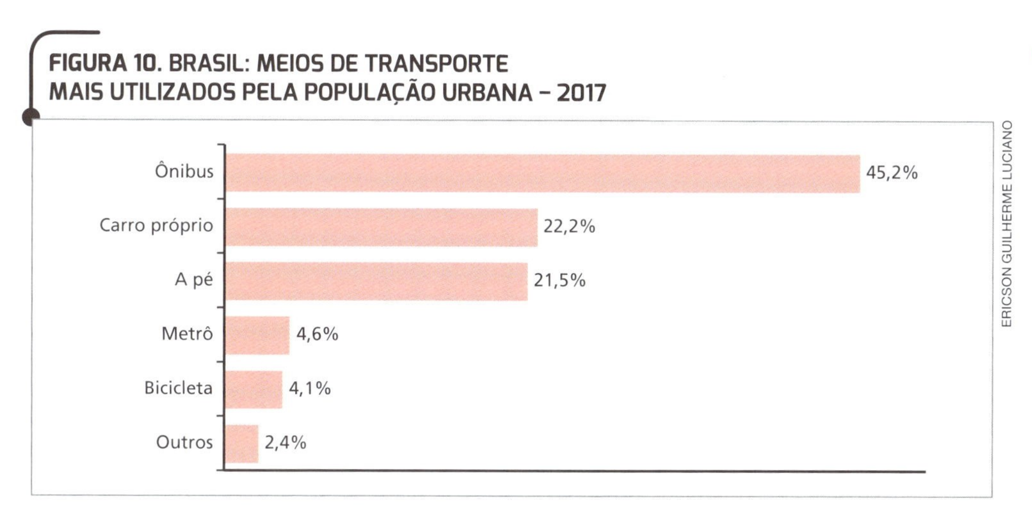

Fonte: CNT. *Pesquisa mobilidade da população urbana 2017*, p. 48. Disponível em: <http://www.ntu.org.br/novo/upload/Publicacao/Pub636397002002520031.pdf>. Acesso em: 2 mar. 2018.

De olho na imagem

Em 2017, o maior percentual da população das cidades brasileiras locomovia-se utilizando um meio de transporte público ou privado?

Figura 11. Áreas verdes, como parques, oferecem oportunidade de lazer e diversão à população das cidades. Na foto, Parque Villa Lobos, inaugurado em 1994 numa área que antes era usada como depósito de lixo e resíduos de construção civil, no município de São Paulo (SP, 2017).

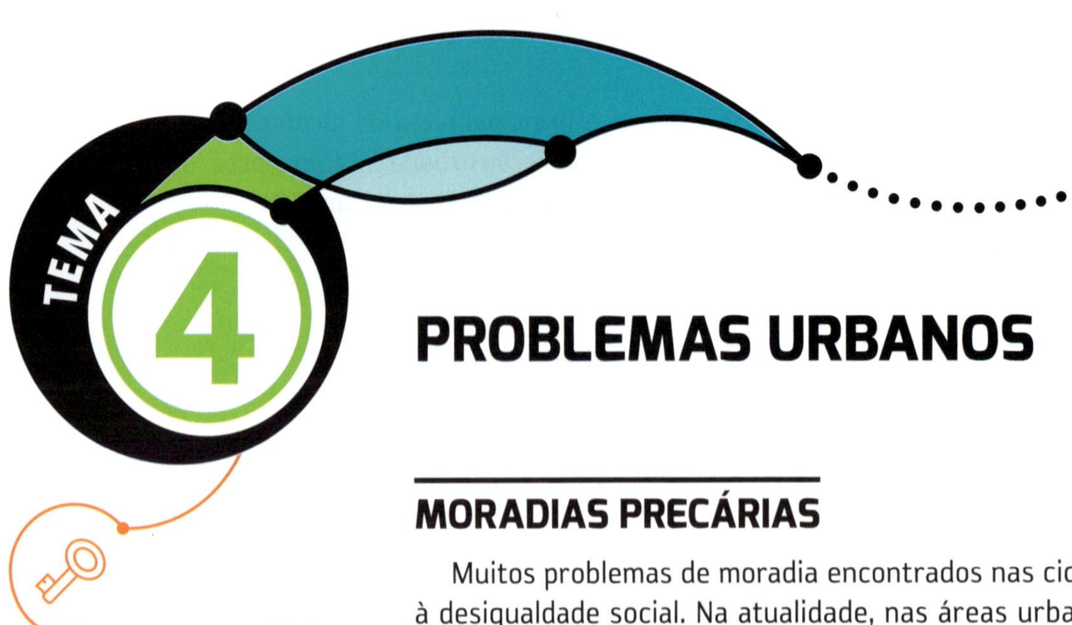

PROBLEMAS URBANOS

De que modo os problemas urbanos afetam a qualidade de vida da população?

MORADIAS PRECÁRIAS

Muitos problemas de moradia encontrados nas cidades estão relacionados à desigualdade social. Na atualidade, nas áreas urbanas, milhões de famílias vivem em condições de pobreza, em moradias precárias, construídas em áreas inadequadas, como morros, margens de rios e viadutos.

É grande também o número de pessoas que não têm onde morar e residem em aglomerações habitacionais improvisadas conhecidas como **favelas**.

Tradicionalmente, as favelas ocupam áreas com pouca infraestrutura, em que muitas vezes não há coleta de lixo, rede de esgoto, linhas de transporte ou ruas asfaltadas. No entanto, a configuração das favelas mudou muito com o passar do tempo e hoje existem muitas favelas que contam com uma série de serviços (comércio, bancos, consultórios médicos etc.) e infraestrutura urbana.

Nas grandes cidades, também são comuns os **cortiços**, habitações ocupadas por várias famílias de baixa renda. Essas moradias se concentram em áreas urbanas desvalorizadas e, em geral, apresentam condições de saúde e higiene precárias.

PARA LER

- **Favela**
  Estevão Civatta e Regina Casé. São Paulo: Martins Fontes, 2011.

  Hoje em dia, favela designa um bairro formado por moradias muito precárias.

  A palavra, porém, tem origem em uma árvore nativa da caatinga nordestina. Conheça essa história lendo esse livro.

ESCASSEZ DE TRANSPORTE COLETIVO

Nas grandes e médias cidades do mundo, o transporte urbano apresenta três graves problemas: poluição (sonora e do ar), congestionamentos e deficiências no transporte coletivo.

Nos países em desenvolvimento, esses problemas se agravam, pois há carência de recursos financeiros para a melhoria dos sistemas viários – avenidas, túneis, viadutos – e da infraestrutura dos transportes coletivos – metrô, trens e ônibus (figura 12).

LUIZ GOMES/FOTOARENA

Figura 12. A superlotação em pontos de ônibus e terminais é um problema frequente principalmente em grandes cidades e pode indicar falta de planejamento urbano ou escassa oferta desse serviço. Na foto, aglomeração de pessoas em um terminal de ônibus no município do Rio de Janeiro (RJ, 2017).

Reprodução proibida. Art.184 do Código Penal e Lei 9.610 de 19 de fevereiro de 1998.

POLUIÇÃO ATMOSFÉRICA, SONORA E VISUAL

Nas cidades, a concentração de veículos, a presença de fábricas, além de outras atividades que realizam a queima de combustíveis, liberam, diariamente, grande quantidade de substâncias poluentes na atmosfera, causando a poluição do ar.

Já o ruído excessivo das sirenes e buzinas, além do constante barulho dos motores e das máquinas, causam a poluição sonora.

Por fim, outro tipo de poluição comum nos espaços urbanos é a poluição visual, causada pelo excesso de cartazes e painéis publicitários. A poluição visual, assim como a sonora, pode causar problemas de saúde, como crises de ansiedade, depressão e irritabilidade.

CONTAMINAÇÃO DA ÁGUA E ALAGAMENTOS

A falta de saneamento básico é uma realidade para milhões de habitantes. O esgoto não tratado contamina córregos, rios e nascentes. A ocupação irregular das margens de rios e represas contribui para a poluição e prejudica o abastecimento de água nas cidades. O consumo de água contaminada está associado a diversas doenças e é uma das principais causas de morte em áreas urbanas.

Em muitos casos, a pavimentação das áreas urbanizadas, somada ao acúmulo de lixo, faz com que a água da chuva não seja absorvida pelo solo nem escoe de forma adequada, acumulando-se na superfície e causando **alagamentos**, que aumentam a ocorrência de doenças e causam prejuízos materiais.

ILHAS DE CALOR

Nas cidades em que há poucas áreas com vegetação, em geral ocorre maior aquecimento da camada de ar mais próxima ao solo. Por causa desse fenômeno, chamado **ilha de calor**, os centros urbanos chegam a apresentar diferenças de até 10 °C em relação ao entorno (figura 13).

A elevação da temperatura nos centros urbanos explica-se:

- pelo grande número de construções, uma vez que o concreto e o asfalto absorvem maior quantidade de calor solar;
- pela concentração de gases poluentes, que contribuem para a elevação da temperatura;
- pela concentração de edifícios, que dificultam a dissipação dos poluentes e do calor acumulado na atmosfera.

Trilha de estudo

Vai estudar? Nosso assistente virtual no *app* pode ajudar! <http://mod.lk/trilhas>

Reprodução proibida. Art. 184 do Código Penal e Lei 9.610 de 19 de fevereiro de 1998.

FIGURA 13. ILHA DE CALOR NAS ÁREAS URBANAS

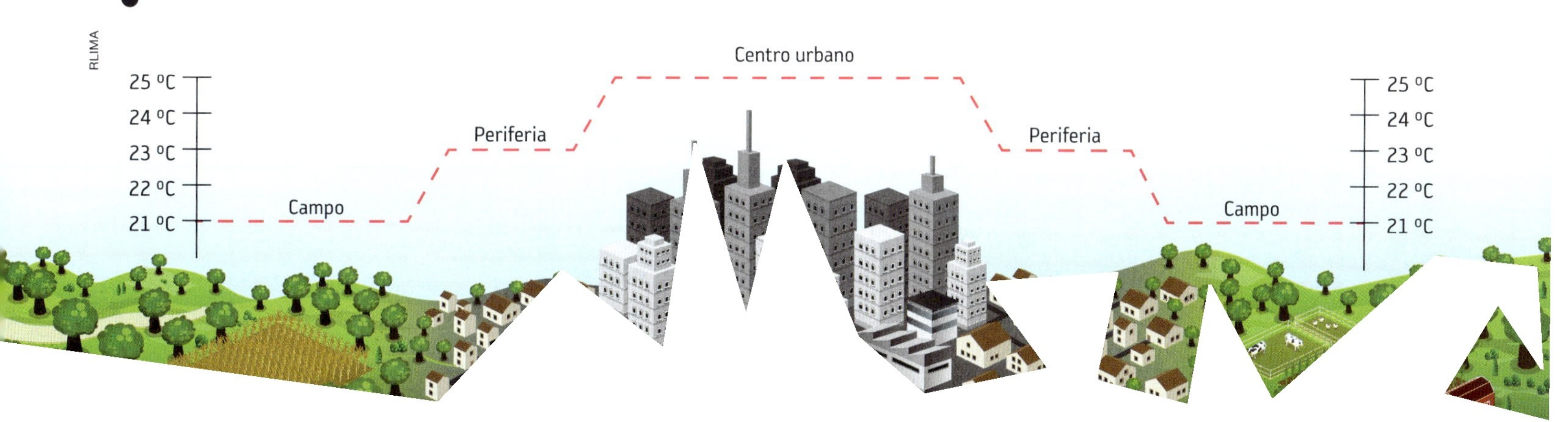

LIXO URBANO

As cidades produzem grande quantidade diária de lixo. A coleta, o tratamento e a fiscalização do lixo devem ser rigorosos, pois seu descarte inadequado pode comprometer a saúde da população. Nas cidades brasileiras, o lixo não coletado é queimado, depositado em ruas, rios e mares, ou é enterrado em terrenos baldios, gerando graves problemas de poluição ambiental. Mesmo o lixo coletado tem diferentes destinos, como você vai ver a seguir.

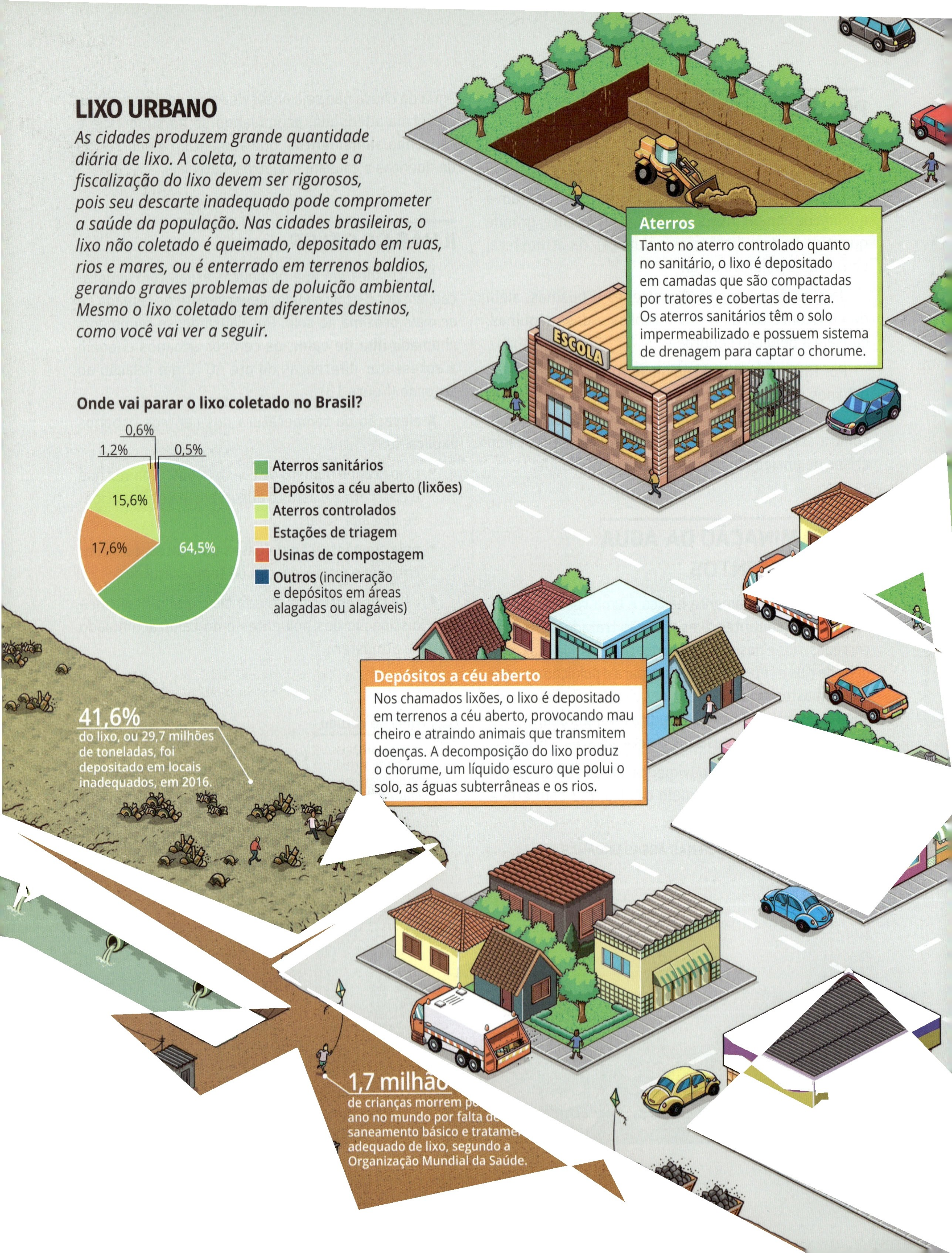

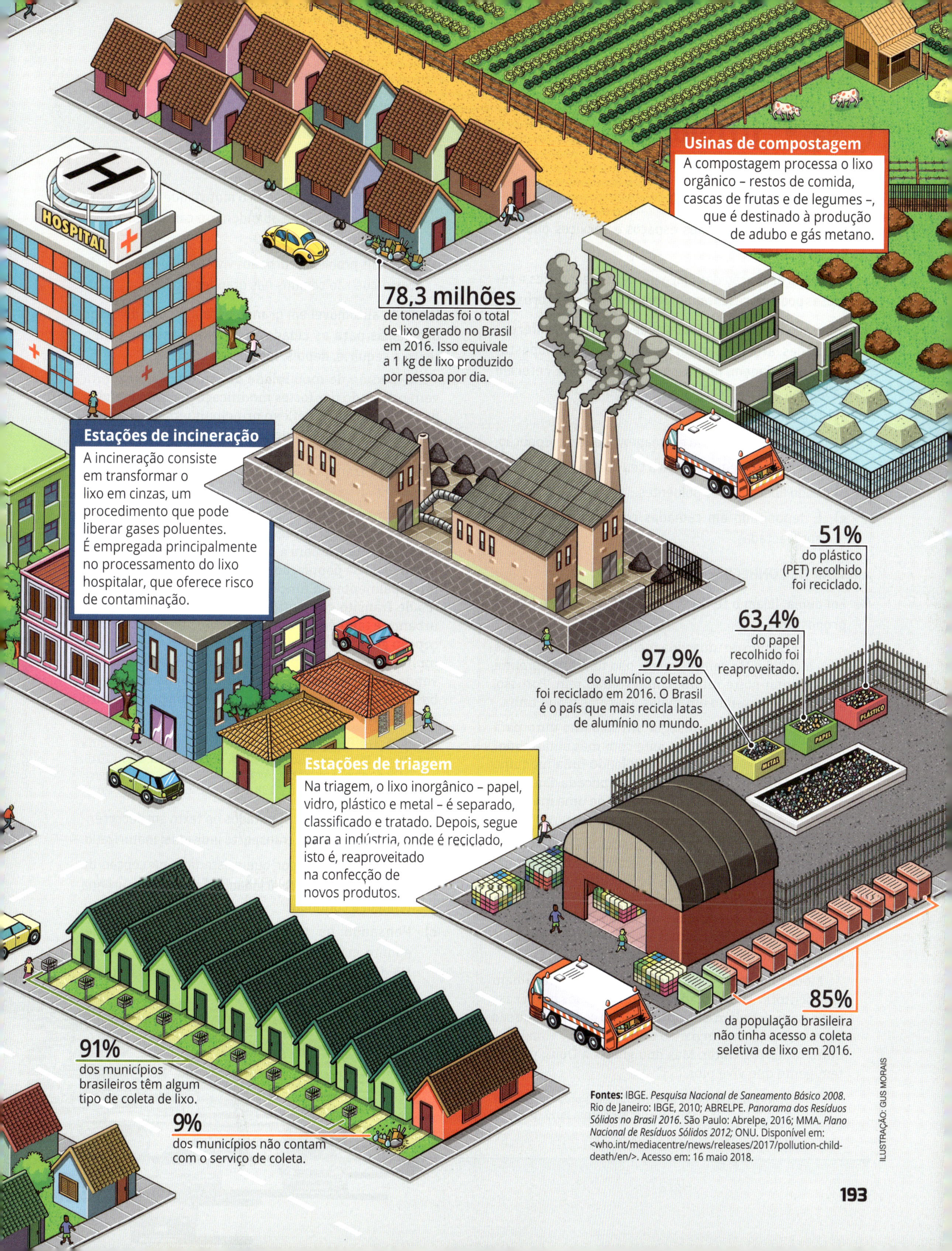
HOSPITAL
Usinas de compostagem
A compostagem processa o lixo orgânico – restos de comida, cascas de frutas e de legumes –, que é destinado à produção de adubo e gás metano.
78,3 milhões
de toneladas foi o total de lixo gerado no Brasil em 2016. Isso equivale a 1 kg de lixo produzido por pessoa por dia.
Estações de incineração
A incineração consiste em transformar o lixo em cinzas, um procedimento que pode liberar gases poluentes. É empregada principalmente no processamento do lixo hospitalar, que oferece risco de contaminação.
51%
do plástico (PET) recolhido foi reciclado.
63,4%
do papel recolhido foi reaproveitado.
97,9%
do alumínio coletado foi reciclado em 2016. O Brasil é o país que mais recicla latas de alumínio no mundo.
METAL
PAPEL
PLÁSTICO
Estações de triagem
Na triagem, o lixo inorgânico – papel, vidro, plástico e metal – é separado, classificado e tratado. Depois, segue para a indústria, onde é reciclado, isto é, reaproveitado na confecção de novos produtos.
85%
da população brasileira não tinha acesso a coleta seletiva de lixo em 2016.
91%
dos municípios brasileiros têm algum tipo de coleta de lixo.
9%
dos municípios não contam com o serviço de coleta.
Fontes: IBGE. *Pesquisa Nacional de Saneamento Básico 2008*. Rio de Janeiro: IBGE, 2010; ABRELPE. *Panorama dos Resíduos Sólidos no Brasil 2016*. São Paulo: Abrelpe, 2016; MMA. *Plano Nacional de Resíduos Sólidos 2012*; ONU. Disponível em: <who.int/mediacentre/news/releases/2017/pollution-child-death/en/>. Acesso em: 16 maio 2018.
ILUSTRAÇÃO: GUS MORAIS

ORGANIZAR O CONHECIMENTO

1. **Qual é a importância dos espaços e serviços públicos em uma cidade?**

2. **Por que a ocupação das margens de córregos, rios e represas pode representar um problema ambiental urbano?**

3. **O lixo produzido nas cidades pode ter destinos diferentes: lixões, aterros sanitários, incineração, compostagem e reciclagem. Aponte a que destinos se referem cada uma das características a seguir.**

a) Produção de adubo.

b) Volta para a indústria e é reaproveitado na produção.

c) É depositado em terrenos a céu aberto.

d) Pode liberar gases poluentes.

e) É depositado em camadas cobertas por argila e compactadas.

APLICAR OS CONHECIMENTOS

4. **Em dupla, leiam o texto e, depois, façam as atividades propostas.**

"[...] O sonho de uma vida melhor empurrou a gente para a cidade. No campo, quem não tem terra própria para plantar sofre muito. Emprego não tem. Por isso, saí da roça, trazendo em malas e sacolas o que tinha.

Quando cheguei, consegui um trabalho duro para ganhar pouco. Sempre tive jeito com máquinas e motores e comecei na fábrica controlando uma máquina simples. Logo fui para uma mais complicada. Era muito cansativo ficar o dia inteiro cuidando de uma máquina. De noite, aprendia a ler e escrever.

Fui morar numa casinha barata, em cima de um morro. Depois de muito tempo, dei entrada num terreno por ali mesmo e fui pagando devagar. Com a ajuda dos vizinhos construí um cômodo e um banheiro. A casa foi crescendo aos poucos, conforme sobrava dinheiro, e sempre era construída nos fins de semana. Até hoje está faltando terminar algumas coisas.

Meus filhos têm segundo grau completo, trabalham em escritório. Um é zelador de prédio. Todos lá em casa trabalham, estudam e levantam muito cedo, porque são duas horas de viagem para o trabalho, com o trânsito. E outro tanto pra voltar. Mas dou graças a Deus, porque tem gente que vive pior. [...]"

RODRIGUES, Rosicler Martins. *Cidades brasileiras*. 3. ed. São Paulo: Moderna, 2013. p. 47-48.

a) Segundo o relato, qual foi o motivo que levou o narrador e sua família a abandonar o campo para viver na cidade?

b) Cite dois problemas urbanos vividos pelo narrador do texto que são comuns nas grandes cidades.

5. **O uso do automóvel em grande escala trouxe diversos problemas para as cidades e para as pessoas. Leia o texto a seguir e, depois, faça o que se pede.**

"O padrão de mobilidade da população brasileira vem passando por fortes modificações desde meados do século passado, reflexo principalmente do intenso e acelerado processo de urbanização e crescimento desordenado das cidades, além do uso cada vez mais intenso do transporte motorizado individual pela população [...].

O aumento do transporte individual motorizado e consequente redução das viagens do transporte público vêm contribuindo para a deterioração das condições de mobilidade da população dos grandes centros urbanos, principalmente em função do crescimento dos acidentes de trânsito com vítimas, dos congestionamentos urbanos e também dos poluentes veiculares [...]. A percepção geral é que essas condições permanecerão por muito tempo, pois as políticas de incentivo à produção, venda e utilização de veículos privados prevalecem sobre as medidas de estímulo ao uso do transporte público e do transporte não motorizado."

CARVALHO, Carlos H. R. de. Desafios da mobilidade urbana no Brasil. *Texto para discussão 2198*. Brasília: Ipea, maio 2016. p. 7. Disponível em: <http://www.ipea.gov.br/portal/images/stories/PDFs/TDs/td_2198.pdf>. Acesso em: 5 mar. 2018.

a) Liste os problemas apontados no texto em decorrência do aumento do transporte individual motorizado.

b) Segundo o texto, por que existe uma percepção de que os problemas relacionados à mobilidade urbana tendem a continuar?

c) Pensando na transformação dessa realidade, aponte medidas que contribuiriam para a melhoria das condições de mobilidade da população dos centros urbanos.

ROB ZS/SHUTTERSTOCK

Reprodução proibida. Art.184 do Código Penal e Lei 9.610 de 19 de fevereiro de 1998.

6. Observe as imagens reproduzidas a seguir.

ISAAC LOURENÇO/FOTOARENA

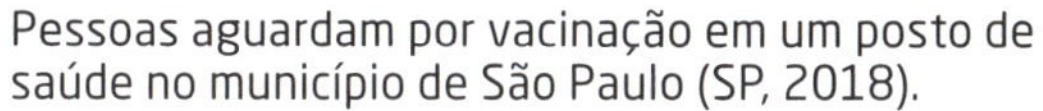

Pessoas aguardam por vacinação em um posto de saúde no município de São Paulo (SP, 2018).

IGOR DO VALE/FOLHAPRESS

Transbordamento de um córrego durante uma forte chuva no município de Franca (SP, 2015).

a) Que problema urbano pode ser identificado na imagem A? Explique suas causas.

b) Identifique o problema urbano retratado na imagem B e explique seus principais motivos.

---

7. Observe a charge reproduzida a seguir e responda.

GILMAR

a) Qual problema urbano é retratado na charge?

b) Que medidas poderiam contribuir para a redução desse problema?

DESAFIO DIGITAL

8. Navegue pelo objeto digital *Cidade e meio ambiente*, disponível em <http://mod.lk/io6hu>, e faça o que se pede.

a) Que problemas urbanos podem ser gerados quando ocorre o crescimento das cidades sem planejamento?

b) Cite dois problemas ambientais ocasionados pela expansão dos espaços urbanos.

c) No espaço urbano do município onde você mora, é possível identificar algum dos problemas urbanos apresentados no objeto digital? Se sim, qual?

Mais questões no livro digital

Interpretação de fotografias aéreas em área urbana

As fotografias aéreas são usadas para medição (fotogrametria) e para interpretação da área fotografada (fotointerpretação) por um grande número de profissionais, como cartógrafos, geógrafos, geólogos, urbanistas, agrônomos, entre outros, o que ampliou a importância desse recurso.

Para interpretar fotografias aéreas é necessário observar as características dos elementos registrados, que nos permitem identificar os aspectos da área retratada. No estudo de áreas urbanas, podemos destacar alguns elementos que auxiliam na análise e no planejamento do espaço urbano. Observe o quadro a seguir.

Uso da terra	Como aparece na fotografia
Lagos e rios	Superfícies lisas e escuras. Podem aparecer pontes, docas e portos
Industrial – fábricas, pátios ferroviários, portos, pátios de estocagem, trilhos	Traçados geométricos, com elementos retilíneos e/ou curvos – podem ser lineares (estrada de ferro, pátio ferroviário, ruas, estradas), edifícios grandes, lotes vazios (cor clara)
Centro comercial – prédios de escritórios, hotéis	Formas compactas, prédios altos (geralmente com grandes sombras)
Recreação – parques, pistas de corrida, arenas esportivas, praças	Grandes áreas cobertas com grama, caminhos sinuosos, pistas ovais, lagos, edifícios com formas e tamanhos variados
Residencial e comercial – edifícios, lojas, *shoppings*	Construções baixas (com pequenas sombras), ruas com padrão retangular, construções espaçadas

Reprodução proibida. Art.184 do Código Penal e Lei 9.610 de 19 de fevereiro de 1998.

MULTISPECTRAL

Fotografia aérea de parte da região central da cidade de São Paulo (SP, 2012).

ATIVIDADES

1. Identifique os elementos do espaço representado na fotografia aérea acima. Se considerar necessário, releia o quadro para realizar a atividade.

2. Com base na tabela, identifique o tipo de uso do solo predominante nesse espaço urbano. Justifique apontando elementos presentes na fotografia aérea.

Revitalização de praças públicas

A conservação de espaços públicos tem sido feita de modo colaborativo em várias cidades do Brasil. O Movimento Boa Praça é uma iniciativa coletiva que tem o propósito de ocupar e revitalizar praças.

O movimento começou quando uma menina, Alice, pediu que sua festa de aniversário de 4 anos fosse feita na praça que frequentava com a mãe. A praça, no entanto, estava com brinquedos quebrados e enferrujados e com lixo espalhado. Diante do desejo da filha, a mãe, Cecília, propôs a ela que abrisse mão de seus presentes para que elas pedissem presentes para a praça.

Leia o desfecho da história.

> "Alice topou. E Cecília foi à luta: falou com a subprefeitura, tocou a campainha dos vizinhos, chamou seus amigos, procurou empresas do entorno. A todos, ela dizia o seguinte: que a Alice ia fazer aniversário e o presente seria alguma colaboração para o parquinho.
>
> No dia da festa, a subprefeitura consertou os brinquedos e emprestou uns toldos. Amigos músicos foram tocar, um supermercado de perto doou lixeiras que foram instaladas; uma academia colocou uma cama elástica para as crianças brincarem. Alguns vizinhos deram dinheiro, outros vieram contar histórias, fotografar, fazer mosaicos, plantar.
>
> Depois da festa, Alice – e todas as crianças do bairro – tinham um parquinho revitalizado, com uma amarelinha nova e uns lagartos de mosaico enfeitando o muro. Mas, mais do que uma praça, aquela comunidade ganhou um novo sentido: os vizinhos se conheceram, várias pessoas que pensavam parecido se encontraram e cada um viu que, dando um pouquinho, era possível realizar coisas grandes."

Movimento Boa Praça. Como tudo começou. Disponível em: <http://movimentoboapraca.com.br/sobre-nos-2/como-tudo-comecou/>. Acesso em: 5 mar. 2018.

ACERVO PESSOAL/MOVIMENTO BOA PRAÇA

Meninas lendo em uma praça revitalizada, no município de São Paulo (SP, 2017).

ATIVIDADES

1. Utilize as atitudes descritas nos boxes para completar as frases corretamente.

- Pensar de maneira interdependente.
- Escutar os outros com atenção e empatia.
- Assumir riscos com responsabilidade.

a) Os vizinhos, os representantes de empresas e os amigos de Cecília se sensibilizaram e colaboraram depois de ____________________.

b) Mesmo sabendo que poderia não realizar a festa como gostaria, Cecília precisou ____________________.

c) Para que a festa de Alice ocorresse e o parquinho fosse revitalizado, os colaboradores tiveram que ____________________.

2. Dê exemplo de alguma situação em que uma das atitudes mencionadas acima foi necessária para resolver um problema. Você pode pensar em uma situação que tenha acontecido com você, algum colega ou familiar ou em uma situação que você tenha visto em um filme ou uma série.

Reprodução proibida. Art.184 do Código Penal e Lei 9.610 de 19 de fevereiro de 1998.

COMPREENDER UM TEXTO

Um arquiteto dinamarquês reuniu, em um único projeto, a solução para duas questões urbanas: a necessidade de espaços públicos de lazer e a drenagem da água das chuvas.

Uma pista de skate contra enchentes

"A experiência como skatista ensinou pelos menos duas lições ao arquiteto Søren Nordal Enevoldsen [...]. A primeira é que espaços urbanos subutilizados, como valas e canais de concreto, atraem os skatistas por oferecer uma grande variação de declives, curvas e saliências para as manobras. A segunda foi a percepção de que os skatistas, em dias de chuva, deixam o *skate* de lado para se dedicar a outras atividades de lazer.

Assim nasceu a proposta do arquiteto feita à prefeitura de Roskilde, na Dinamarca: criar pistas de *skate* alagáveis em épocas de chuva. A cidade enfrenta enchentes por conta de chuvas fortes e um projeto de drenagem já estava sendo desenvolvido para uma antiga área industrial da cidade [...] para separar a água da chuva da tubulação de esgoto.

Durante uma consulta popular, Søren e um skatista da cidade levaram a proposta que culminou na criação do Rabalder Parken, um parque multiuso com canais de drenagem integrados e reservatórios para acúmulo da água da chuva, que também funcionam como pistas de *skate* e ambiente de recreação.

O sistema de drenagem é composto de três reservatórios. A inclinação dos canais direciona a água das chuvas primeiramente ao reservatório localizado mais ao sul do parque, um lago artificial permanente.

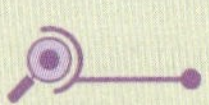

Jogging: corrida leve, em velocidade moderada.

LEO NATSUME

Após atingir a capacidade máxima, o excesso de água é levado a um segundo reservatório, uma barragem de terra a leste do primeiro. No caso de um fluxo ainda maior, o volume excedente é então enviado ao terceiro depósito: uma espécie de piscina de formas arredondadas, própria para a prática do *skate*.

A área total do parque é de 40 mil m². Desse espaço, 4,6 mil m² compõem os reservatórios e os elementos projetados pelo [escritório de arquitetura] – as pistas de concreto e os canais de asfalto, também adaptados para as manobras de *skate*, pistas de *jogging*, equipamentos de ginástica e alongamento, trampolins, balanços, churrasqueiras, redes e um grande escorregador, além de rampas para acesso de deficientes. 'O parque basicamente celebra o fluxo livre e o movimento, o que se relaciona com a fluência da água', explica Søren."

RODRIGUES, Lucas. Em Roskilde, Dinamarca, a pista de *skate* também tem função de reservatório de água contra enchentes, em um projeto de SNE Architects. *aU–Arquitetura e urbanismo*, set. 2013. Disponível em: <http://au.pini.com.br/arquitetura-urbanismo/234/rabalder-parken-sne-architects-roskilde-dinamarca-296120-1.aspx>. Acesso em: 6 mar. 2018.

ATIVIDADES

OBTER INFORMAÇÕES

1. Segundo o texto, que tipos de espaço eram frequentados pelos skatistas antes da criação das novas pistas em Roskilde?

2. Qual era um dos problemas enfrentados pela cidade durante o período de chuvas?

INTERPRETAR

3. Identifique no texto os trechos que citam a participação da população em relação à proposta feita por Søren.

4. Em que situações a pista de *skate* se torna um reservatório para a água precipitada?

USAR A CRIATIVIDADE

5. Suponha que você e seus colegas sejam governantes de uma grande cidade em crescimento com problema de mobilidade urbana. Em grupo, considerem os benefícios e os prejuízos que a construção de uma linha de metrô que atravessasse áreas residenciais traria à população da cidade. Essa seria a melhor alternativa? Que decisão vocês tomariam para resolver o problema da mobilidade?

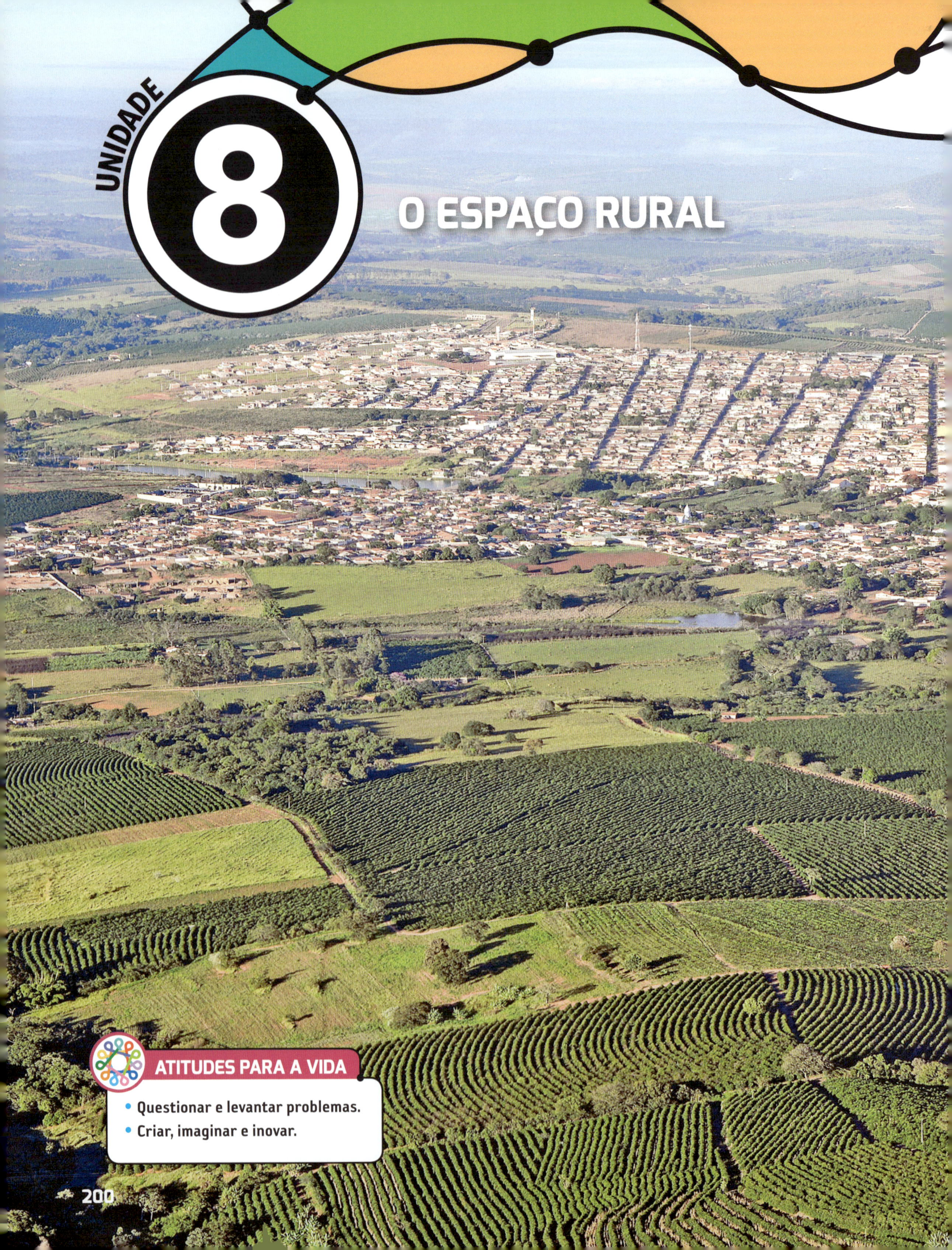

UNIDADE 8

O ESPAÇO RURAL

ATITUDES PARA A VIDA

- Questionar e levantar problemas.
- Criar, imaginar e inovar.

O espaço rural é o espaço do campo, usado pelos seres humanos para, sobretudo, desenvolver atividades do setor primário da economia.

Hoje em dia, essas atividades se encontram profundamente integradas ao espaço urbano, da cidade. Por exemplo, no campo são utilizados maquinários, fertilizantes e outras tecnologias produzidas no espaço urbano, que, por sua vez, depende cada vez mais dos alimentos e matérias-primas produzidas no espaço rural.

Após o estudo desta Unidade, você será capaz de:

- compreender que as paisagens rurais refletem aspectos culturais e econômicos do trabalho humano;
- reconhecer características que diferenciam os modos de produção no espaço rural;
- perceber que os avanços científicos e tecnológicos ampliaram a capacidade produtiva no espaço rural;
- identificar problemas sociais e ambientais no espaço rural decorrentes do atual uso que se faz da terra e dos recursos naturais.

COMEÇANDO A UNIDADE

1. **Que características do espaço rural podem ser identificadas na imagem?**
2. **O lugar onde você mora se encontra no espaço rural ou no espaço urbano? Como você sabe?**
3. **De que maneira o espaço rural se inter-relaciona com o espaço urbano?**

Vista de parte do município de Campos Gerais (MG, 2015). Na foto, observam-se plantações de café.

TEMA 1

AS PAISAGENS RURAIS

Qual é o principal fator que motiva a transformação das paisagens rurais?

O CAMPO E SUAS PAISAGENS

O **campo** corresponde ao **espaço rural**, o espaço onde são realizadas predominantemente atividades do setor primário. Nesse espaço, além de alimentos, são produzidas matérias-primas que depois são transformadas em outros produtos pelas indústrias.

As **paisagens rurais** (paisagens do campo) apresentam diferenças entre si em função de fatores naturais, das atividades econômicas desenvolvidas, de aspectos culturais de cada povo, da distribuição das propriedades e da tecnologia empregada (figuras 1 e 2).

Assim como as paisagens urbanas, as paisagens rurais são compostas de elementos naturais e culturais. No entanto, há elementos culturais que são característicos do espaço rural, como pastos, plantações, animais de criação e de carga, cercas, celeiros, equipamentos e máquinas utilizados para irrigar a terra, plantar, semear e colher.

Figuras 1 e 2. Uma mesma etapa da produção agrícola pode ser feita de diferentes maneiras. Na foto da esquerda, colheita mecanizada de café e, na foto da direita, colheita manual de café, no município de Santa Mariana (PR, 2017).

GERSON SOBREIRA/TERRASTOCK

GERSON SOBREIRA/TERRASTOCK

ATIVIDADES ECONÔMICAS NO ESPAÇO RURAL

As características do espaço rural e suas paisagens variam principalmente em função da atividade econômica desenvolvida.

AGRICULTURA

Os diferentes cultivos resultam em paisagens distintas no espaço rural. Além de alimentos, como grãos, sementes, legumes, frutas e óleos comestíveis, essa atividade também fornece matérias-primas para a fabricação de diversos outros produtos, como combustíveis, tecidos e cosméticos (figura 3).

FRANCES VINCENT/HEMIS. FR/AFP

Figura 3. Campo de lavanda em Sault (França, 2017). Essa planta é cultivada para a produção de cosméticos, principalmente perfumes e sabonetes.

Grande parte da alimentação consumida pela população humana é proveniente da agricultura, e um em cada três trabalhadores ao redor do mundo realiza alguma atividade ligada ao setor agrícola.

PECUÁRIA E OUTROS TIPOS DE CRIAÇÃO

A criação de animais é uma das atividades que caracterizam o espaço rural. O gado criado solto no pasto ou confinado em galpões e currais é um elemento que marca as paisagens rurais. Além disso, outros tipos de criação são praticados no campo, como a de peixes (piscicultura) e a de aves (avicultura). Veja a figura 4.

ERNESTO REGHRAN/PULSAR IMAGENS

Figura 4. No Brasil, piscicultura em tanques artificiais é uma atividade cada vez mais presente no espaço rural. Na foto, tanques para piscicultura em Bandeirantes (PR, 2015).

EXTRATIVISMO

A extração de recursos naturais (mineral, vegetal e animal), muito presente nas áreas rurais, é uma atividade que modifica profundamente as paisagens. A extração mineral, por exemplo, altera o relevo original, elimina a vegetação e remove o solo. A tecnologia aplicada ao extrativismo pode variar de instrumentos muito simples a modernos equipamentos.

OUTRAS ATIVIDADES

O turismo rural é uma atividade que tem crescido consideravelmente no campo. Esse tipo de turismo representa uma atividade alternativa para proprietários rurais e contribui para estimular a conservação de áreas de vegetação natural.

PARA PESQUISAR

- **Portal Vida no Campo <https://portalvidanocampo.com.br/>**
  Portal de conteúdo informativo sobre agricultura, pecuária, turismo e outras atividades no campo.

Reprodução proibida. Art.184 do Código Penal e Lei 9.610 de 19 de fevereiro de 1998.

O USO DA TERRA NO ESPAÇO RURAL

De que maneira é possível reconhecer diferentes modos de produção no campo?

MODOS DE PRODUÇÃO AGRÍCOLA

Atualmente, segundo a Organização das Nações Unidas para a Alimentação e a Agricultura (FAO), a atividade agrícola ocupa cerca de 12% da superfície continental do planeta e, a cada dia, novas áreas passam a ser cultivadas.

Nas áreas destinadas à agricultura, existe grande variedade de espécies vegetais, de formas de uso da terra e de organização do trabalho, além de técnicas de cultivo que contribuem para diversificar as paisagens rurais (figura 5).

As atividades agrícolas podem ser agrupadas de acordo com o sistema de produção empregado (intensivo ou extensivo), os critérios de rendimento das terras e o destino da produção. Nesse caso, temos os seguintes tipos ou **modos de produção agrícola**: familiar e comercial.

GERSON SOBREIRA/TERRASTOCK

De olho nas imagens

Que diferenças podem ser observadas nas paisagens rurais mostradas nas fotos? A que fatores estão relacionadas essas diferenças?

Figura 5. Na foto acima, colheita mecanizada de milho em Bela Vista do Paraíso (PR, 2017). Ao lado, plantações variadas no Vale do Rio São Francisco, no município de Petrolina (PE, 2015).

FABIO COLOMBINI

AGRICULTURA FAMILIAR

A **agricultura familiar** é caracterizada pelo uso de mão de obra familiar e pela produção em pequenas propriedades. Nesse modelo, os cultivos são diversificados, ou seja, ocorre a policultura, e a produção é voltada para o mercado ou para o consumo próprio. Eventualmente, há emprego de insumos agrícolas e tecnologia moderna, que elevam a produtividade, além da adoção complementar de trabalho assalariado (figura 6).

Insumo agrícola: conjunto de elementos envolvidos na produção agrícola, como fertilizantes, máquinas e equipamentos, utilizados durante a preparação do solo, o cultivo e a colheita.

ERNESTO REGHRAN/PULSAR IMAGENS

Figura 6. Colheita da uva em uma propriedade de agricultura familiar, no município de Rosário do Ivaí (PR, 2017).

Segundo dados do Censo Agropecuário (2006), a agricultura familiar é responsável por fornecer uma considerável parte dos alimentos consumidos no dia a dia pelas famílias brasileiras. Veja o gráfico da figura 7.

COMUNIDADES AGRÍCOLAS

Existem comunidades que praticam a agricultura de forma coletiva. Nesse modo de produção, há uma divisão de tarefas: alguns se encarregam do plantio, enquanto outros trabalham na colheita.

Em alguns casos, as terras de uma **comunidade agrícola** são comunitárias, enquanto em outros as famílias possuem uma pequena propriedade e existe troca de auxílio entre elas, com os membros da comunidade se reunindo para a colheita, por exemplo.

De olho no gráfico

A agricultura familiar é responsável pela maior parte da produção de quais produtos agropecuários?

FIGURA 7: BRASIL: PARTICIPAÇÃO DA AGRICULTURA FAMILIAR NA PRODUÇÃO DE ALIMENTOS

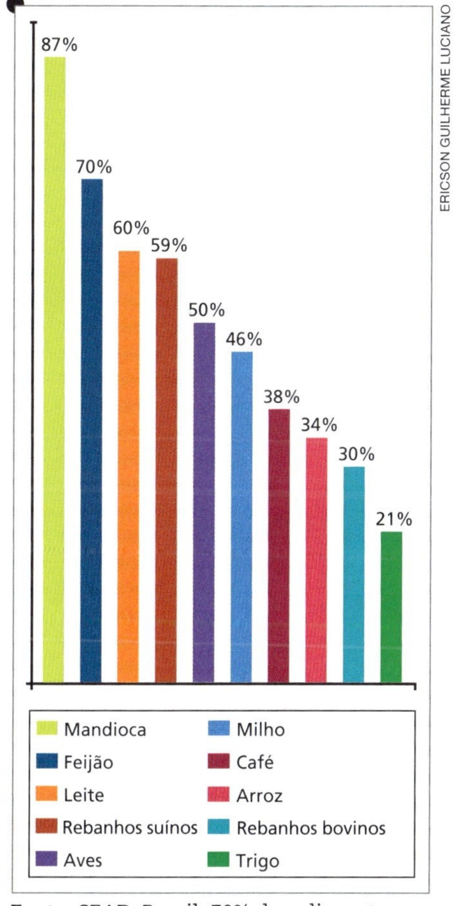

ERICSON GUILHERME LUCIANO

Fonte: SEAD. Brasil: 70% dos alimentos que vão à mesa dos brasileiros são da agricultura familiar. Disponível em: <http://www.mda.gov.br/sitemda/noticias/brasil-70-dos-alimentos-que-v%C3%A3o-%C3%A0-mesa-dos-brasileiros-s%C3%A3o-da-agricultura-familiar>. Acesso em: 17 abr. 2018.

Reprodução proibida. Art.184 do Código Penal e Lei 9.610 de 19 de fevereiro de 1998.

TABELA. MUNDO: PRINCIPAIS PRODUTOS AGRÍCOLAS EM TONELADAS PRODUZIDAS - 2016	
Cana-de-açúcar	1.890.661.751
Milho	1.060.107.470
Trigo	749.460.077
Arroz	740.961.445
Batata	376.826.967
Soja	334.894.085

Fonte: FAO. Faostat. Disponível em: <http://www.fao.org/faostat/en/#data/QC>. Acesso em: 9 mar. 2018.

AGRICULTURA COMERCIAL

Ao contrário da agricultura familiar, a agricultura comercial é um modo de produção agrícola baseado na grande propriedade e na monocultura, que é o cultivo de apenas um produto agrícola. É praticada em grande escala, para abastecer mercados consumidores nacionais e internacionais. Em geral, emprega máquinas e tecnologia moderna para obter alta produtividade.

Os principais cultivos do mundo, em termos de quantidade produzida, são amplamente explorados pela agricultura comercial, e em países que são grandes exportadores agrícolas, como o Brasil, esses produtos apresentam grande importância econômica. Observe a tabela ao lado.

ESTUFAS

As estufas, embora também sejam utilizadas na produção familiar, são um recurso comum na agricultura comercial intensiva, pois a produção por hectare cultivado é alta. Nas estufas, a temperatura interna e a irrigação são controladas artificialmente e a cobertura fornece proteção contra agressões provocadas por elementos climáticos, como ventos, chuvas e geadas (figura 8).

De olho na imagem

As plantações em estufa são sujeitas às mesmas influências climáticas que as plantações convencionais? Justifique.

Estufa: recinto envidraçado ou coberto com plástico especial, destinado a abrigar plantas e flores, proporcionando um ambiente favorável ao seu crescimento.

ALEX TAUBER/PULSAR IMAGENS

Figura 8. A agroindústria de celulose e papel utiliza grandes estufas para produzir mudas de pínus e eucaliptos, espécies que são cultivadas no sistema de monocultura. Na foto, estufa com mudas de eucalipt em Lençóis Paulista (SP, 20

MODOS DE PRODUÇÃO PECUÁRIA

Grande parte da área continental do planeta é ocupada por pastagens destinadas à criação de animais. A área ocupada pela pecuária é maior do que a utilizada para os cultivos agrícolas no mundo.

Assim como na agricultura, a produção pecuária também pode ser classificada em intensiva ou extensiva. Além disso, a variedade de criações e de sistemas e técnicas de produção também deixa marcas no ambiente, contribuindo para diversificar as paisagens rurais.

Os principais **modos de produção pecuária** se assemelham às principais formas de produção agrícola.

PARA PESQUISAR

- **FAO Brasil <http://www.fao.org/brasil/pt/>**

  Versão brasileira do *site* da Organização das Nações Unidas para a Alimentação e a Agricultura, que traz notícias, publicações e diversas informações sobre a agricultura no mundo.

PECUÁRIA FAMILIAR

A **pecuária familiar** é praticada por membros de uma mesma família, geralmente em pequena escala. Em alguns casos, a produção pode ser destinada para o consumo de um grupo ou comunidade. Entretanto, dependendo dos recursos técnicos e financeiros disponíveis, essa atividade pode alcançar um nível comercial mais elevado.

Nas criações familiares, em geral, as galinhas se destinam à produção de ovos, e as vacas e cabras, à produção de leite e derivados, como queijos e iogurte (figura 9).

ANDRE DIB/PULSAR IMAGENS

Figura 9. Ordenha manual para a produção de queijo na região da Serra da Canastra, no município de Delfinópolis (MG, 2016).

A INDÚSTRIA PECUÁRIA

A **indústria pecuária** pratica o modelo do agronegócio. Tanto a pecuária leiteira (figura 10) – voltada para a produção de leite e derivados – quanto a pecuária de corte – destinada à criação de animais para abate e aproveitamento da carne e do couro – estão baseadas na grande propriedade e na produção em grande escala, também voltada ao mercado interno e externo.

Figura 10. Ordenha mecanizada de leite no município de Ocauçu (SP, 2016).

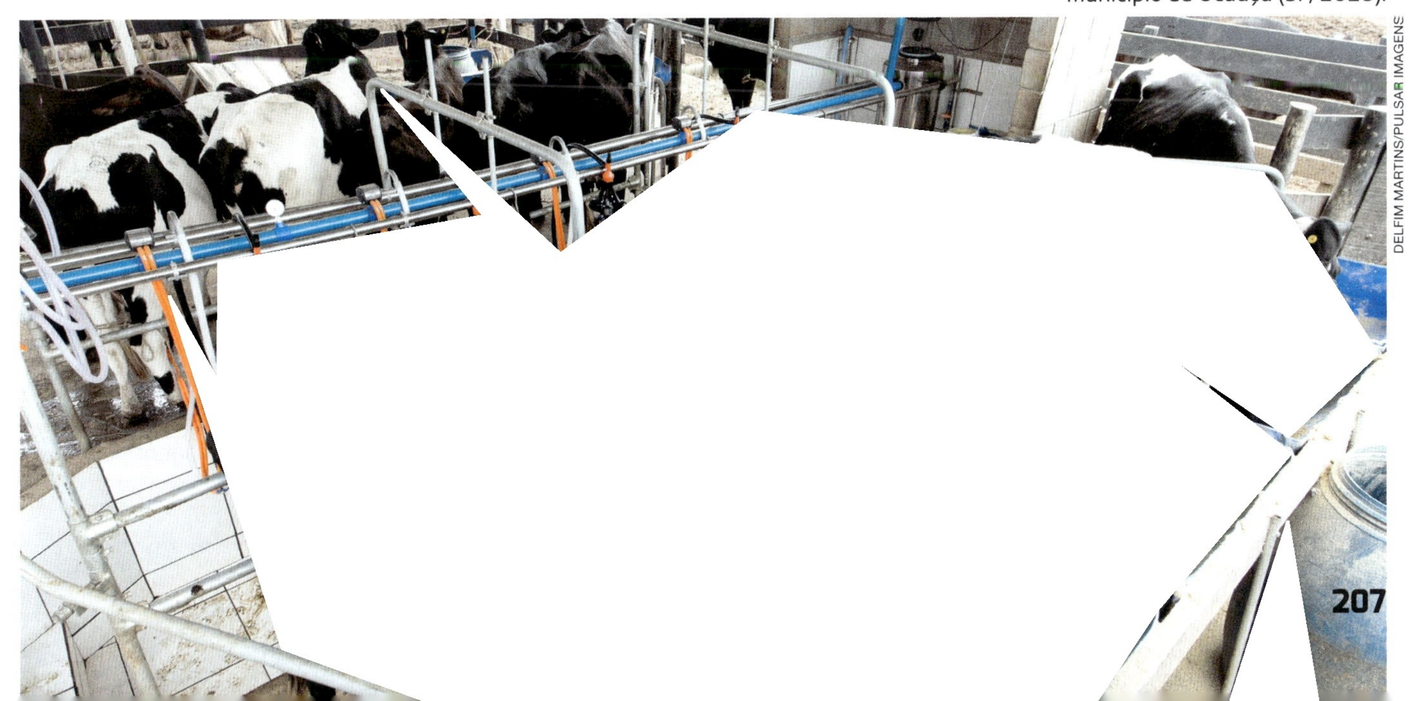

DELFIM MARTINS/PULSAR IMAGENS

Reprodução proibida. Art.184 do Código Penal e Lei 9.610 de 19 de fevereiro de 1998.

ORGANIZAR O CONHECIMENTO

1. O espaço rural é importante para os habitantes do espaço urbano? Justifique.

2. Analise as afirmativas e assinale V (verdadeira) ou F (falsa).

( ) A paisagem do campo é transformada principalmente pelo trabalho humano.

( ) As técnicas de cultivo não interferem na diversidade de paisagens rurais.

( ) A agricultura comercial é especializada na produção em larga escala.

( ) Na agricultura familiar, a produção é voltada exclusivamente para o mercado.

( ) A maneira como o espaço rural é utilizado varia em função dos diferentes modos de produção no campo.

3. Escreva um pequeno texto sobre a agricultura familiar. Inclua no texto as palavras do quadro abaixo.

mão de obra - policultura - alimentos famílias brasileiras - propriedades rurais

4. Sobre a pecuária intensiva, assinale a alternativa correta.

a) Os animais são criados livres, conduzidos pelos boiadeiros às áreas de pastagem, e a produção por hectare se assemelha à da pecuária extensiva.

b) Os animais são criados confinados. A produção por hectare é menor do que na pecuária extensiva.

c) Os animais, criados soltos, alimentam-se de rações especiais, e a produção por hectare é maior do que na pecuária extensiva.

d) Os animais são criados confinados e alimentados com rações especiais. A produção por hectare é maior do que na pecuária extensiva.

APLICAR SEUS CONHECIMENTOS

5. Leia o texto e faça o que se pede.

"[...] Para mim a vida rural tem diversos significados. São os olmos, os pilriteiros, o cavalo branco no campo que vejo pela janela enquanto escrevo. São os homens na tarde de novembro, voltando para casa depois da poda, as mãos enfiadas nos bolsos dos casacos cáqui; e as mulheres de lenço na cabeça, paradas às portas das casas, esperando pelo ônibus azul que as levará para o campo, onde trabalharão na colheita durante o horário escolar. É o trator descendo a estrada, deixando a marca denteada dos pneus na lama; é a luz acesa na madrugada, na criação de porcos do outro lado da estrada, no momento de um parto; o caminhão lerdo na curva fechada, repleto de carneiros amontoados na carroceria; o cheiro forte do melaço na forragem. É a terra estéril, de argila saibrosa, não muito longe daqui, que está sendo loteada para a construção de casas, ao preço de 12 mil libras o acre. [...]"

WILLIAMS, Raymond. *O campo e a cidade na história e na literatura*. São Paulo: Companhia das Letras, 1989. p. 13.

a) Procure o significado das palavras desconhecidas e registre-o em seu caderno.

b) Cite três elementos de uma paisagem rural descritos pelo autor em seu relato.

c) Há no texto alguma referência ao processo de urbanização do espaço rural?

6. Analise as imagens e faça o que se pede.

CESAR DINIZ/PULSAR IMAGENS

Plantação de hortaliças no município de Ibiúna (SP, 2017).

ADRIANO KIRIHARA/PULSAR IMAGENS

Plantação de soja no município de Palmital (SP, 2018).

a) Identifique os modos de produção agrícola retratados em cada imagem.

b) Que elementos você observou nas imagens para identificar os modos de produção agrícola?

Reprodução proibida. Art.184 do Código Penal e Lei 9.610 de 19 de fevereiro de 1998.

7. **Leia o texto.**

Agricultura indígena

No Brasil, muito antes da chegada dos colonizadores portugueses, os indígenas já cultivavam de forma comunitária diversas espécies vegetais, como a mandioca. Em várias outras partes do mundo, já foram registradas práticas agrícolas avançadas entre grupos indígenas, incluindo classificações de tipos de solo e técnicas de manejo para combater pragas e garantir a fertilidade da terra.

Nativa da América do Sul, a mandioca é um dos cultivos mais comuns entre os grupos indígenas brasileiros.

CASSANDRA CURY/PULSAR IMAGENS

Colheita de mandioca na aldeia Kateguám, em Dourados (MS, 2015).

- Como os conhecimentos da agricultura indígena são importantes para os demais modos de produção agrícola hoje existentes?

8. **Analise a tabela abaixo para responder às perguntas.**

BRASIL: PRINCIPAIS PRODUTOS EXPORTADOS – 2017		
Produto	**Valor (em dólares)**	**Porcentagem (%)**
Soja	31.722.221.057	14,2
Petróleo e derivados de petróleo	21.180.875.778	9,6
Minério de ferro	19.199.154.102	8,7
Carne	15.091.652.897	7,0
Produtos metalúrgicos	14.631.309.466	6,9
Produtos das indústrias químicas	14.285.330.163	6,5
Açúcar e etanol	12.213.856.373	5,6
Máquinas, aparelhos e instrumentos	8.779.334.544	4,0
Papel e celulose	8.268.405.393	3,6
Café	5.197.381.204	2,4
Outros produtos	217.739.177.077	31,5

Fonte: MDIC. Séries históricas. Disponível em: <http://www.mdic.gov.br/balanca/SH/GRUPO_EXP.xlsx>. Acesso em: 12 mar. 2018.

a) Dos principais produtos exportados pelo Brasil, quais são produzidos no setor agropecuário?

b) Com base no conteúdo estudado na Unidade, quais são os principais modos de produção empregados para produzir esses produtos agropecuários? Justifique sua resposta.

c) A quais setores da economia a maioria dos principais produtos exportados pelo Brasil está associada?

Reprodução proibida. Art.184 do Código Penal e Lei 9.610 de 19 de fevereiro de 1998.

A MODERNIZAÇÃO DA AGRICULTURA

Quais são as consequências da modernização da agricultura?

AGRICULTURA MODERNA

Quando falamos em **modernização da agricultura** ou em **agricultura moderna**, estamos nos referindo ao uso de novas tecnologias na produção agrícola, um processo que passou a ocorrer de forma intensa a partir da segunda metade do século XX.

A agricultura moderna difere da **agricultura tradicional**, que é mais dependente da natureza, da força de trabalho humana e dos animais de carga.

O emprego de tecnologias modernas na agricultura envolve a utilização de máquinas, equipamentos, instalações e ferramentas comuns nos dias de hoje no agronegócio (figuras 11 e 12).

Reprodução proibida. Art.184 do Código Penal e Lei 9.610 de 19 de fevereiro de 1998.

THOMAZ VITA NETO/PULSAR IMAGENS

ERNESTO REGHRAN/PULSAR IMAGENS

Figuras 11 e 12. Na agricultura moderna, a aragem do solo é feita com o auxílio de tratores. A produção abundante, destinada à indústria ou ao grande comércio, é armazenada em grandes silos. Na foto acima, trator ara o solo no município de Mirassol (SP, 2016). Ao lado, silos com soja no município de Corbélia (PR, 2018).

A REVOLUÇÃO VERDE

Se hoje é comum o uso da tecnologia na agricultura, em um passado não muito distante predominava o modo de produção tradicional.

O grande salto para a modernização da agricultura ocorreu após a década de 1960, durante um período de grandes avanços científicos que ficou conhecido como **Revolução Verde** e provocou várias mudanças na produção agrícola. Entre elas, podemos destacar:

- **mecanização do trabalho**, com a substituição do trabalho humano por máquinas;
- utilização de **sistemas de irrigação** (figura 13);
- utilização de **fertilizantes químicos**, produzidos industrialmente desde o início do século XX e melhorados após a Segunda Guerra Mundial;
- aplicação de **agrotóxicos** para o controle de pragas agrícolas;
- plantio de **sementes de alta produtividade** (**VAPs**), desenvolvidas com técnicas de melhoramento genético, que aumentam a produtividade por hectare.

DELFIM MARTINS/PULSAR IMAGENS

Figura 13. O desenvolvimento de sistemas de irrigação possibilita o cultivo em regiões de clima árido, como no município de Petrolina (PE, 2015).

Praga agrícola: presença de grande quantidade de insetos, fungos, bactérias ou outros seres vivos que prejudicam o desenvolvimento das plantações.

Reprodução proibida. Art.184 do Código Penal e Lei 9.610 de 19 de fevereiro de 1998.

A TRANSFORMAÇÃO DO CAMPO

A partir da década de 1970, os métodos da Revolução Verde foram amplamente adotados, provocando mudanças no espaço rural de diversos países, entre eles o Brasil. O modelo de produção predominante passou a ser o do agronegócio, geralmente em áreas sob a influência de médios e grandes centros urbanos.

Algumas atividades antes restritas ao espaço urbano, como a indústria, passaram a ser desenvolvidas também no espaço rural, em geral complementando as atividades agropecuárias – são as chamadas **agroindústrias** (figura 14).

MARIO FRIEDLANDER/PULSAR IMAGENS

Figura 14. Nas plantações modernas de cana-de-açúcar, a usina (fábrica onde a cana-de-açúcar é transformada no açúcar industrializado) se mescla à paisagem rural. Na foto, usina no município de Campo Novo do Parecis (MT, 2016).

CONSEQUÊNCIAS DA MODERNIZAÇÃO

A modernização da agricultura acarretou um grande aumento da produtividade agrícola global. No entanto, ela foi prejudicial a muitos pequenos produtores familiares, que não tiveram condições de competir com as novas tecnologias do agronegócio. Esse fato, somado à mecanização do trabalho no campo, contribuiu para que muitos moradores rurais se mudassem para as cidades, fenômeno conhecido como êxodo rural.

Em diversos países, porém, as propriedades familiares continuam sendo responsáveis pelo fornecimento de alimentos para grande parte da população do campo e da cidade.

A REVOLUÇÃO GENÉTICA

O avanço das pesquisas genéticas nas últimas décadas modernizou ainda mais a agricultura e deu início ao uso de sementes transgênicas e, consequentemente, à comercialização de **alimentos transgênicos**.

As espécies transgênicas são modificadas geneticamente e contêm material genético de outras espécies com o objetivo de melhorar a produtividade agrícola ou a resistência dos cultivos às pragas. Atualmente, os cultivos transgênicos são comuns em diversos países, incluindo o Brasil (figura 15).

PARA LER

- **Vida no campo**
  Monica Jakievicius.
  São Paulo: DCL, 2002.
  Temas do espaço rural, como o uso de agrotóxicos, os alimentos transgênicos e os alimentos orgânicos, são abordados nessa obra, em uma história que contribui para a conscientização das pessoas quanto à conservação dos recursos naturais.

CLAUDIO BEZERRA MELO/EMBRAPA

EDSON GRANDISOLI/PULSAR IMAGENS; PBOUMAN/ SHUTTERSTOCK

Figura 15. Plantação de soja transgênica (2016).

TECNOLOGIA E GEOGRAFIA

“Lavoura digital” tem trator autônomo e reconhecimento de erva daninha

“Os agricultores João e José de Oliveira, da pequena cidade de Rancho Alegre, no interior do Paraná, preparam-se para um dos momentos mais importantes da cultura da soja: o plantio.

Se ele for bem-feito e realizado em condições apropriadas, boa parte do resultado da produtividade estará garantida. Os produtores checaram no celular as estações meteorológicas da propriedade; verificaram os sensores de umidade do solo e, tudo acertado, decidiram enviar o trator, sozinho, para a roça.

A máquina começa o plantio pela parte da fazenda que tem as melhores condições no momento, seguindo as recomendações das fontes de informações que eles têm.

Os personagens dessa história são fictícios, mas as novas tecnologias e o trator autônomo, que dispensa o operador, já são realidade.

Após a agricultura de precisão e a consequente coleta de dados sobre clima, solo e pragas nos últimos anos, avança a agricultura digital. Esta permite ao agricultor usar novos atributos agronômicos para tomar decisões.

Esse processo de refinamento das decisões vai continuar durante o desenvolvimento das lavouras. Novas tecnologias já indicam como definir as ações nas áreas mais afetadas por doenças ou por deficiência do solo.

Passada essa fase, as tecnologias apontam para o momento mais adequado de o produtor iniciar a colheita.

Com informações climáticas mais confiáveis, ele antecipa ou retarda a colheita, adequando-a ao melhor momento de umidade ou de maior rendimento dos grãos.

‘As fazendas entram no processo de digitalização, o que permite mitigar riscos e antecipar problemas futuros’, diz Leonardo Sologuren, [...] de uma fornecedora de inteligência na área de clima.

As máquinas incorporam cada vez mais recursos tecnológicos para armazenar e enviar dados. Esse envio pode ser via *wi-fi*, satélites ou até de uma máquina para outra. [...]”

ZAFALON, Mauro. “Lavoura digital” tem trator autônomo e reconhecimento de erva daninha. *Folha de S.Paulo*. São Paulo, 24 nov. 2016. Disponível em: <http://www1.folha.uol.com.br/mercado/2016/11/1834684-agronegocio-chega-a-fase-digital-com-sensor-de-umidade-e-trator-autonomo.shtml>. Acesso em: 9 mar. 2018.

Agronômico: que se refere às ciências, técnicas e conhecimentos da prática agrícola.

CASE IH/DIVULGAÇÃO

O trator autônomo executa as mesmas tarefas de um trator convencional, com a diferença de que ele pode ser controlado por um operador remoto, que estabelece os comandos por meio de um computador ou de um *tablet*.

ATIVIDADES

1. Descreva como, de acordo com a reportagem, as novas tecnologias melhoram a produtividade do plantio, do desenvolvimento das lavouras e da colheita da soja.
2. O processo de modernização ocorre de modo igualitário no espaço rural brasileiro? Que tipo de desigualdade esse processo reflete?

Reprodução proibida. Art.184 do Código Penal e Lei 9.610 de 19 de fevereiro de 1998.

PRINCIPAIS PROBLEMAS NO ESPAÇO RURAL

Como a agricultura e a pecuária causam problemas ambientais e sociais?

PROBLEMAS SOCIAIS

Muitos moradores de zonas rurais se encontram em situação de pobreza e não têm acesso a serviços de saúde, de educação e de saneamento básico (figura 16). Outro problema social que afeta a população do campo é a concentração de terras.

CONCENTRAÇÃO DE TERRAS

Em diversos países, a maioria das terras cultiváveis pertence a um pequeno grupo de pessoas. Esses proprietários rurais, muitas vezes, não desenvolvem nenhuma atividade em suas terras, mantendo-as improdutivas. Em outros casos, os donos dessas grandes propriedades praticam o agronegócio.

DELFIM MARTINS/PULSAR IMAGENS

Figura 16. No Brasil ainda existem famílias que não recebem água encanada e precisam coletar água diretamente de açudes, rios ou represas. Na foto, homem enchendo baldes com água de açude no município de Monteiro (PB, 2016).

Nesse contexto, muitas famílias do campo são privadas da possibilidade de praticar a agricultura e pequenos produtores rurais não conseguem competir com as grandes empresas agrícolas. Essa situação obriga grande parte da população rural a abandonar o campo ou a trabalhar para os grandes donos de terra, em geral recebendo baixos salários.

Os pequenos e os médios proprietários de terra que conseguem praticar a agropecuária estão cada vez mais integrados ao agronegócio e ao comércio das cidades.

MOVIMENTOS SOCIAIS DO CAMPO

No Brasil, a concentração de terras provocou o surgimento de **movimentos sociais do campo**, organizados por famílias que defendem a reforma agrária, ou seja, a redistribuição de terras.

Alguns deles reivindicam que as pessoas que não possuem propriedade possam criar assentamentos nas terras improdutivas, ou seja, áreas onde famílias de agricultores podem se instalar e cultivar a terra para a própria subsistência.

PARA LER

- **Reforma agrária**
  Bernardo Mançano Fernandes e Fernando Portela.
  São Paulo: Ática, 2004.

  A obra aborda a população do campo no Brasil e os conflitos envolvendo a propriedade rural.

Reprodução proibida. Art.184 do Código Penal e Lei 9.610 de 19 de fevereiro de 1998.

PROBLEMAS AMBIENTAIS

O aumento da produtividade agrícola e da atividade pecuária e a crescente industrialização geram impactos no meio ambiente.

ESCASSEZ DE ÁGUA

Em todo o mundo, rios, lagos, represas e outras fontes de água doce têm sido afetados pela poluição. A poluição da água e seu uso excessivo comprometem o fornecimento de água doce em diversas áreas rurais, sendo também um dos principais problemas para o desenvolvimento da agricultura em muitas localidades.

MARIO FRIEDLANDER/PULSAR IMAGENS

Figura 17. Nas regiões Norte e Centro-Oeste do Brasil, extensas áreas ocupadas originalmente por matas e outros tipos de vegetação têm sido devastadas para a criação de pastagens para gado bovino. Na foto, pasto no município de Poconé (MT, 2015).

DESMATAMENTO E EROSÃO DO SOLO

Além da exploração de madeira, as atividades agropecuárias são responsáveis por grande parte do desmatamento que ocorreu e ainda ocorre no mundo. Atualmente, no mundo todo, muitas florestas e outros tipos de vegetação se encontram ameaçados pela expansão de pastos e plantações (figura 17).

A retirada da vegetação para o plantio e a aragem da terra fazem com que os solos fiquem mais expostos à ação dos ventos e das águas, acelerando o processo de erosão e o empobrecimento dos solos (figura 18). Estima-se que cerca de um quinto da área cultivável do planeta já tenha sido perdido devido a esse processo.

Figura 18. O Rio Amarelo, na China, um dos mais extensos rios do mundo, tem áreas com margens muito afetadas pela erosão. Por isso, durante alguns meses do ano, o rio seca antes de chegar ao mar. Na foto, trecho do Rio Amarelo na província de Qinghai (China, 2016).

HANDOUT/REUTERS/LATIN STOCK

OUTRAS FORMAS DE DEGRADAÇÃO DO SOLO

Além da erosão, existem outras formas de degradação do solo.

Quando os solos são de composição arenosa, por exemplo, a perda de cobertura vegetal fragiliza suas camadas superficiais, que rapidamente perdem a matéria orgânica, expondo os grãos arenosos, facilmente transportados pela água e pelo vento. Como os solos arenosos são muito pouco férteis, a recomposição da vegetação natural é muito difícil de acontecer. Assim, tem início um processo de arenização em superfície (acúmulo de areia solta), que fragiliza ainda mais esses solos e dificulta cada vez mais o desenvolvimento de uma cobertura vegetal, levando à formação de areais (figura 19).

A degradação do solo também pode ocorrer devido à realização de queimadas, ao uso excessivo de fertilizantes e à prática intensiva de monoculturas sem a rotação adequada de cultivos. Essas práticas podem ocasionar a **perda de fertilidade do solo**. A irrigação de plantações feita de maneira acentuada também causa um acúmulo de sais minerais no solo (processo conhecido como salinização), tornando-o infértil.

GERSON GERLOFF/PULSAR IMAGENS

Figura 19. Área degradada pelo processo de arenização em uma área localizada no município de Manoel Viana (RS, 2017).

Reprodução proibida. Art.184 do Código Penal e Lei 9.610 de 19 de fevereiro de 1998.

CONTAMINAÇÃO E PERDA DE BIODIVERSIDADE

O uso de pesticidas, popularmente conhecidos como agrotóxicos, é a principal forma de combater pragas. Entretanto, seu uso em excesso causa graves problemas.

Além de danos à saúde dos consumidores que ingerem alimentos com resíduos de agrotóxicos, esses produtos provocam consequências ambientais, como:

- contaminação do solo e de fontes de água;
- perda de biodiversidade, pois o fato de os agrotóxicos serem facilmente carregados pelo vento e pelas águas para outros locais pode causar a contaminação de áreas naturais;
- eliminação de predadores naturais, como insetos que combatem pragas existentes;
- desenvolvimento de variedades de pragas cada vez mais resistentes aos pesticidas.

DESAFIOS E SOLUÇÕES PARA O FUTURO

Existem alternativas para reduzir os problemas sociais do campo e os impactos ambientais causados pelas atividades humanas.

COMO ALIMENTAR MAIS DE 8 BILHÕES DE PESSOAS?

Segundo a ONU, a população da Terra deverá ultrapassar 8,5 bilhões de habitantes em 2030 e chegará a 9,7 bilhões em 2050.

Isso significa que a quantidade de habitantes por hectare de terra cultivável aumentará a cada década, ao mesmo tempo que haverá redução das terras aráveis (figura 20).

Atualmente, a população mundial depende de alimentos cultivados em cerca de 12% da superfície terrestre; portanto, cuidar do solo é fundamental para evitar uma crise no abastecimento da população mundial nas próximas décadas.

FIGURA 20. POPULAÇÃO MUNDIAL E TERRA ARÁVEL POR PESSOA – 1960-2020

População mundial

	1960	1980	2000	2020
População mundial	3 bilhões	4,4 bilhões	6 bilhões	7,5 bilhões
Terra arável por pessoa (hectares)	4,3	3,0	2,2	1,8

ANDERSON DE ANDRADE PIMENTEL

Fonte: CROP LIFE INTERNATIONAL. *Facts and figures* – the status of global agriculture 2010. Disponível em: <http://www.croplifeafrica.org/uploads/File/publications/4906_PUB-BR_2009_08_10_Facts_and_figures_-_The_status_of_global_agriculture_(2008-2009).pdf>. Acesso em: 12 mar. 2018.

AGROECOLOGIA

A **agroecologia** busca conciliar a produção agrícola com a preservação do meio ambiente e com as necessidades dos pequenos produtores rurais e das famílias do campo.

Existem diversos modelos alternativos de produção agrícola que defendem propostas sustentáveis, como:

- utilização de policulturas e manutenção da biodiversidade das espécies e das variedades cultivadas;
- redução do uso de insumos agrícolas e agrotóxicos;
- conciliação entre a produção agrícola e a necessidade de conservação de florestas e outros tipos de vegetação;
- implementação de reformas que contemplem as necessidades das populações rurais e da agricultura familiar;
- formação de cooperativas de pequenos produtores, que se unem com o objetivo de aumentar a competitividade de seus produtos no mercado e negociar melhores preços (figura 21).

ALF RIBEIRO/PULSAR IMAGENS

Figura 21. Por meio de cooperativas, as famílias e as comunidades do campo podem unir força de trabalho e produção de alimentos. Na foto, canteiro de flores em uma feira anual de tecnologia agrícola, promovida por uma cooperativa agroindustrial com o intuito de difundir tecnologias voltadas ao aumento de produtividade das propriedades agrícolas (PR, 2015).

AGRICULTURA ORGÂNICA

A prática da **agricultura orgânica**, que não utiliza agrotóxicos nem fertilizantes químicos, tem crescido no Brasil. Esse modelo de produção agrícola tem demonstrado que é possível utilizar fertilizantes e herbicidas naturais e que a preservação da biodiversidade local é importante para a agricultura.

Hoje, a pecuária também produz alimentos de origem animal que se enquadram no modelo de produção orgânico, sem a utilização de hormônios e antibióticos nos animais.

Trilha de estudo

Vai estudar? Nosso assistente virtual no *app* pode ajudar! <http://mod.lk/trilhas>

Reprodução proibida. Art.184 do Código Penal e Lei 9.610 de 19 de fevereiro de 1998.

ORGANIZAR O CONHECIMENTO

1. **Sobre a Revolução Verde, assinale a alternativa incorreta e justifique a sua escolha.**

a) Intensificou o uso de pesticidas e fertilizantes químicos na produção agrícola.

b) Ampliou a substituição do trabalho humano por máquinas.

c) Contribuiu para expandir o modo de produção tradicional no campo.

d) Desenvolveu técnicas de melhoramento genético criando sementes de alta produtividade.

e) Modificou a maneira de produzir no campo, com tecnologias avançadas, contribuindo para o agronegócio.

2. **Explique como a modernização do campo afetou a vida dos pequenos produtores rurais. Que alternativas esses produtores encontraram diante dessa nova demanda?**

3. **Como as atividades agropecuárias contribuem para a degradação dos solos em todo o mundo?**

4. **Atualmente, quais são as alternativas para os agricultores que optam por produzir sem uso de fertilizantes químicos e agrotóxicos?**

APLICAR SEUS CONHECIMENTOS

5. **Analise o gráfico e responda às questões.**

MUNDO: CRESCIMENTO DA PRODUÇÃO DE CEREAIS E DO CONSUMO DE FERTILIZANTES QUÍMICOS – 1961-2009

ADILSON SECCO

* Índice
1961 = 100

1.000
800
600
400
200
0

1960 1970 1980 1990 2000 2010

Consumo de fertilizante nitrogenado
Produção de cereais
Área da colheita de cereais

* 1961 = 100 – Para 1961, foi conferido o valor de 100% dos três itens apresentados, servindo de ponto de partida para os dados dos anos seguintes.

Fonte: UNEP. *The end to cheap oil*: a threat to food security and an incentive to reduce fossil fuels in agriculture. Disponível em: <https://na.unep.net/geas/getUNEPPageWithArticleIDScript.php?article_id=81>. Acesso em: 12 mar. 2018.

a) É correto afirmar que o aumento da produção de cereais entre 1961 e 2010 ocorreu em virtude do aumento da área de colheita? Justifique.

b) Além dos fertilizantes químicos, que fatores foram responsáveis pelo aumento da produtividade por área colhida entre 1961 e 2009?

6. **Leia o texto a seguir e faça o que se pede.**

"[...]

Os agrotóxicos são produtos químicos sintéticos usados para matar insetos ou plantas no ambiente rural e urbano. No Brasil, a venda de agrotóxicos saltou de US$ 2 bilhões para mais de US$ 7 bilhões entre 2001 e 2008, alcançando valores recordes de US$ 8,5 bilhões em 2011. Assim, já em 2009, alcançamos a indesejável posição de maior consumidor mundial de agrotóxicos, ultrapassando a marca de 1 milhão de toneladas, o que equivale a um consumo médio de 5,2 kg de veneno agrícola por habitante.

É importante destacar que a liberação do uso de sementes transgênicas no Brasil foi uma das responsáveis por colocar o país no primeiro lugar do *ranking* de consumo de agrotóxicos, uma vez que o cultivo dessas sementes geneticamente modificadas exige o uso de grandes quantidades destes produtos."

INCA. *Posicionamento do Instituto Nacional de Câncer José Alencar Gomes da Silva acerca dos agrotóxicos*. Disponível em: <http://www1.inca.gov.br/inca/Arquivos/comunicacao/posicionamento_do_inca_sobre_os_agrotoxicos_06_abr_15.pdf>. Acesso em: 12 mar. 2018.

a) Segundo o texto, que fator está diretamente associado ao aumento do consumo de agrotóxicos no Brasil?

b) Identifique os problemas que estão associados ao uso intenso de agrotóxicos.

7. **Observe a imagem e responda às questões.**

ERNESTO REGHRAN/PULSAR IMAGENS

Plantio mecanizado de milho em Londrina (PR, 2018).

Reprodução proibida. Art.184 do Código Penal e Lei 9.610 de 19 de fevereiro de 1998.

a) Em que medida a modernização da agricultura contribuiu para aprofundar a relação entre o campo e a cidade?

b) Além do uso de maquinários, que outras tecnologias promoveram a modernização do campo?

8. **Analise a charge a seguir e responda.**

ERASMO

Que problema do espaço rural é evidenciado na charge? Estabeleça uma relação entre a charge e os movimentos sociais no campo.

9. **Analise o trecho de notícia reproduzido abaixo e responda às questões.**

A expansão dos orgânicos

"[...] O Brasil é forte na produção orgânica de açúcar, soja, café, óleos, amêndoas, mel e frutas. Estima-se que o mercado de orgânicos no mundo supere 40 bilhões de dólares por ano.

Por conta desta expansão, o Ministério da Agricultura pediu às certificadoras dados para criar um banco de produtores no país. Por enquanto, os números são desconhecidos até que estas estatísticas sejam avaliadas. Mas segundo o Instituto Biodinâmico (IBD), responsável por certificações no país, é possível que o Brasil já tenha quase 1 milhão de hectares em produção orgânica. Destes, 95% são produtores de pequeno e médio porte, exceto o açúcar, que é fabricado apenas por usinas. [...]

O Brasil é considerado pelos principais importadores de orgânicos – Estados Unidos, União Europeia e Japão – como o país de maior potencial de produção orgânica para exportação: cerca de 60% da produção orgânica brasileira vai para fora do país.

Nos últimos anos, a procura por alimentos orgânicos tem sido maior que a capacidade de produção, o que eleva o preço desse tipo de alimento. A tendência é que os preços caiam com o aumento de pecuaristas e agricultores investindo neste tipo de produção.

Apesar de ter diminuído nos últimos anos, a diferença de preços entre produtos orgânicos e convencionais ainda pode ser percebida pelo consumidor. Nas prateleiras dos supermercados, o alimento livre de agrotóxicos, hormônios e adubos químicos pode custar até três vezes mais que os de produção tradicional. [...]"

CLEMENTIN, Natália. Orgânicos apresentam expansão na produção e interesse de consumo. *G1*. 4 jan. 2014. Disponível em: <http://g1.globo.com/sao-paulo/sao-jose-do-rio-preto-aracatuba/noticia/2014/01/organicos-apresentam-expansao-na-producao-e-interesse-de-consumo.html>. Acesso em: 12 mar. 2018.

a) Caracterize a produção orgânica.

b) Por que os preços dos produtos orgânicos são mais elevados se comparados aos dos produtos convencionais?

c) De que maneira o aumento da produção orgânica pode beneficiar os pequenos produtores e os consumidores finais?

DESAFIO DIGITAL

10. **Navegue pelo objeto digital *Agropecuária e sustentabilidade*, disponível em <http://mod.lk/lfooi>, e faça o que se pede.**

a) Cite duas diferenças entre as paisagens da agrofloresta e da agropecuária convencional.

b) Como as plantações estão sendo cultivadas nos métodos agroflorestal e convencional? Elabore a resposta citando informações apresentadas nos conteúdos dos ícones.

c) Quais características da pecuária nos métodos agroflorestal e convencional são apresentadas no objeto digital?

d) Qual dos dois métodos adota práticas mais sustentáveis? Selecione um ícone para justificar sua resposta.

Reprodução proibida. Art.184 do Código Penal e Lei 9.610 de 19 de fevereiro de 1998.

REPRESENTAÇÕES GRÁFICAS

Interpretação de fotografias aéreas em área rural

Pesquisadores, governos e pessoas em geral utilizam fotografias aéreas para saber a localização de determinados elementos ou para acompanhar as mudanças espaciais de elementos específicos, como a extensão de uma fazenda, os trajetos de uma estrada, os usos do solo em um bairro rural etc.

Observe a seguir um quadro introdutório à fotointerpretação de áreas rurais. Ela também pode ser útil para interpretar imagens obtidas por satélite.

Uso do solo	Como aparece na fotografia
Lagos e rios	Superfícies lisas e escuras. Linhas sinuosas, escuras, com afluentes
Florestas	Superfícies irregulares, escuras, granulosas. Podem seguir as sinuosidades dos rios
Campos com culturas permanentes	Grandes quadriláteros com linhas escuras e claras
Campos com culturas temporárias	Grandes quadriláteros com cobertura contínua, escura ou mais clara
Campo em preparo, cobertura de palha	Grandes quadriláteros bem claros
Pastos	Grandes superfícies claras, com textura uniforme levemente granulada
Residências, currais, silos	Casas, grandes construções, galpões
Estradas e caminhos	Linhas regulares (estradas), linhas claras, estreitas e sinuosas (trilhas)
Irrigação com pivô central	Não há quadriláteros, e sim grandes círculos

MULTISPECTRAL

Fotografia aérea de área rural em Mogi das Cruzes (SP, 2010).

Reprodução proibida. Art.184 do Código Penal e Lei 9.610 de 19 de fevereiro de 1998.

ATIVIDADES

1. Quais são as possibilidades de uso das fotografias aéreas em áreas rurais?
2. Observe a fotografia acima e identifique os seguintes elementos: corpos de água (como lagos e rios), vegetação, campos em preparo, áreas residenciais e estradas. Elabore uma breve descrição em seu caderno.

ATITUDES PARA A VIDA

Santa Catarina lança projeto de inovação em agricultura

Os agricultores familiares, de maneira geral, encontram dificuldades para incorporar avanços tecnológicos em sua produção por causa de limitações financeiras e falta de integração com o mercado.

Com o objetivo de contribuir para a resolução desse problema, o governo do estado de Santa Catarina, em parceria com o Banco Mundial, organizou um projeto que visa aproximar segmentos da agricultura familiar catarinenses de empresas desenvolvedoras de tecnologia.

> "[...]
>
> O projeto piloto [...] é chamado Núcleo de Inovação Tecnológica para a Agricultura (Nita), e já recebeu investimentos de 180 milhões de dólares do Banco Mundial.
>
> 'Iniciamos com uma fase exploratória e identificamos que existe demanda e oferta. Agora precisamos entender quais são os desafios para ofertar esses produtos de inovação tecnológica e quais são as oportunidades para, posteriormente, transformar isso em serviços e soluções', relatou Wanessa Matos, assistente de programa no setor agrícola do Banco Mundial.
>
> O conceito por trás do Nita é criar uma rede unindo Sebrae [Serviço Brasileiro de Apoio às Micro e Pequenas Empresas], universidades e associações comerciais. [...]
>
> A ideia é unir profissionais e pesquisadores do setor agrícola. O projeto inclui uma série de bolsas, prêmios e competições que vão fomentar a inovação na agricultura familiar, aumentando a produtividade. [...]"

BE BRASIL. *Santa Catarina lança projeto de inovação em agricultura*. 6 jun. 2017. Disponível em: <www.bebrasil.com.br/pt/noticia/santa-catarina-lanca-projeto-de-inovacao-em-agricultura>. Acesso em: 12 mar. 2018.

ZÉ PAIVA/ PULSAR IMAGENS

Agricultora colhendo verduras em uma horta, no município de Canelinha (SC, 2016).

Reprodução proibida. Art.184 do Código Penal e Lei 9.610 de 19 de fevereiro de 1998.

ATIVIDADES

1. **Assinale a alternativa com duas atitudes que podem ser relacionadas ao relato de Wanessa Matos sobre as etapas do projeto. Justifique sua escolha.**
   - **a)** Esforçar-se por exatidão e precisão e controlar a impulsividade.
   - **b)** Persistir e aplicar conhecimento prévio a novas situações.
   - **c)** Questionar e levantar problemas e imaginar, criar e inovar.
2. **Releia o texto e identifique nele outra atitude trabalhada neste livro durante o ano.**

COMPREENDER UM TEXTO

As mulheres têm papel fundamental na produção agrícola mundial, mas enfrentam diversos problemas para dar continuidade às suas atividades. Ampliar as oportunidades de trabalho e de condições de vida das agricultoras é um desafio para o desenvolvimento sustentável e a igualdade de gênero.

A importância das mulheres rurais no desenvolvimento sustentável do futuro

"As mulheres rurais são as responsáveis por mais da metade da produção de alimentos do mundo. Elas exercem também um importante papel na preservação da biodiversidade e garantem a soberania e a segurança alimentar ao se dedicar a produzir alimentos saudáveis.

Por outro lado, as mulheres rurais são as que mais vivem em situação de desigualdade social, política e econômica. Apenas 30% são donas formais de suas terras, 10% conseguem ter acesso a créditos e 5%, a assistência técnica.

E os desafios para as produtoras rurais não param por aí.

Em todas as regiões do mundo, as mulheres rurais enfrentam mais restrições do que os homens no acesso a terra, insumos agrícolas, água, sementes, tecnologia, ferramentas, crédito, assistência técnica, culturas rentáveis, mercados de produção e cooperativas rurais.

As mulheres, de forma rotineira, também são vítimas de discriminação nos mercados de trabalho rurais e são as responsáveis pela maior parte do trabalho não remunerado, já que ficam também à frente dos cuidados dentro de suas casas, dos filhos e dos afazeres domésticos. [...]

Para a FAO, a igualdade de gênero requer condições de igualdade entre homens e mulheres no processo de tomada de decisões; na capacidade de exercer direitos humanos; no acesso a recursos e benefícios de desenvolvimento, bem como a administração e oportunidades no local de trabalho e em todos os outros aspectos relacionados aos meios de subsistência. [...]

Crédito: contrato pelo qual um banco coloca uma quantia em dinheiro à disposição de uma pessoa mediante assinatura de compromisso de pagamento.

CARLOS CAMINHA

Como parte desse processo de entender e estudar as mulheres rurais, a FAO tem constatado que, quando as produtoras conseguem ter acesso igual ao dos homens a recursos produtivos e financeiros, oportunidades de renda, educação e serviços, há um aumento considerável na produção agrícola e uma redução significativa no número de pessoas pobres e com fome.

Diversas políticas públicas voltadas para garantir a autonomia e a igualdade de gênero para as mulheres rurais têm sido adotadas pelos países. Na América Latina, por exemplo, a adoção de programas destinados a documentar as mulheres rurais tornou-se uma boa estratégia para que elas tenham acesso a políticas e direitos. [...]

Manter essas e outras políticas, além de aprofundá-las, são os desafios que surgem no futuro, além da luta contra a fome e a pobreza, um dos principais desafios postos pelos Objetivos de Desenvolvimento Sustentável (ODS), aprovados pelos países das Nações Unidas em 2015 [...]."

BOJANIC, Alan. A importância das mulheres rurais no desenvolvimento sustentável do futuro. *ONU BR*. Disponível em: <https://nacoesunidas.org/artigo-a-importancia-das-mulheres-rurais-no-desenvolvimento-sustentavel-do-futuro/>. Acesso em: 12 mar. 2018.

Objetivos de Desenvolvimento Sustentável: agenda mundial adotada pela ONU em setembro de 2015 composta de 17 objetivos e 169 metas a serem atingidos até 2030. Entre as áreas em que as ações mundiais ocorrem estão a erradicação da pobreza, a segurança alimentar, a agricultura e a igualdade de gênero.

ATIVIDADES

OBTER INFORMAÇÕES

1. Qual é a importância das mulheres para a agricultura?
2. Segundo o texto, quais são as principais dificuldades encontradas pelas mulheres rurais para a produção agrícola?

INTERPRETAR

3. Qual política pública adotada por países da América Latina tem sido aplicada para garantir a autonomia e a igualdade de gênero para as mulheres que vivem no campo?
4. Segundo a FAO, quais são as consequências da igualdade de condições para o desenvolvimento das atividades agrícolas entre mulheres e homens?

PESQUISAR

5. Selecione dois objetivos presentes nos Objetivos de Desenvolvimento Sustentável (ODS) que estejam relacionados às áreas de erradicação da pobreza, da segurança alimentar, da agricultura e da igualdade de gênero. Em seu caderno, faça um resumo das principais informações encontradas.

REFLETIR

6. Releia o seguinte trecho do texto: "Para a FAO, a igualdade de gênero requer condições de igualdade entre homens e mulheres no processo de tomada de decisões; na capacidade de exercer direitos humanos; no acesso a recursos e benefícios de desenvolvimento [...]". Você concorda com essa afirmação? Explique.

REFERÊNCIAS BIBLIOGRÁFICAS

AB'SABER, A. *A Amazônia, do discurso à práxis*. São Paulo: Edusp, 1996.

_______ . *Domínios da natureza no Brasil*: potencialidades paisagísticas. São Paulo: Ateliê Editorial, 2003.

ALMEIDA, R. D.; PASSINI, E. Y. *O espaço geográfico*: ensino e representação. São Paulo: Contexto, 1998.

ANDRADE, M. C. *A questão do território no Brasil*. São Paulo; Recife: Hucitec/Ipespe, 1995.

_______ . *Geografia econômica*. 12. ed. São Paulo: Atlas, 1998.

BOIN, M. N.; ZAVATTINI, J. A. *Climatologia geográfica*. Campinas: Alínea, 2013.

BRIGAGÃO, C. E.; RODRIGUES, G. A. *A globalização a olho nu*: o mundo conectado. São Paulo: Moderna, 1998.

BROWN, J. H.; LOMOLINO, M. V. *Biogeografia*. Natal: Funpec, 2006.

CARLOS, A. F. A. *A cidade*. São Paulo: Contexto, 1999.

_______ . *A Geografia na sala de aula*. São Paulo: Contexto, 1999.

_______ . *Geografias das metrópoles*. São Paulo: Contexto, 2006.

_______ ; SOUZA, M. L.; SPOSITO, M. E. (Org.). *Produção do espaço urbano*: agentes e processos, escalas e desafios. São Paulo: Contexto, 2011.

CARVALHO, M. S. *Para quem ensina Geografia*. Londrina: UEL, 1998.

CASTRO, I. E. *Geografia*: conceitos e temas. Rio de Janeiro: Bertrand Brasil, 1997.

CAVALCANTI, L. de S. *A geografia escolar e a cidade*: ensaios sobre o ensino de Geografia para a vida urbana cotidiana. Campinas: Papirus, 2008.

CLAVAL, P. *Terra dos homens*: a Geografia. São Paulo: Contexto, 2010.

CONTI, J. B. *Clima e meio ambiente*. São Paulo: Atual, 1998.

CORRÊA, R. L. *O espaço urbano*. 4. ed. São Paulo: Ática, 1999.

_______ . *Trajetórias geográficas*. 3. ed. Rio de Janeiro: Bertrand Brasil, 1997.

DREW, D. *Processos interativos homem-meio ambiente*. Rio de Janeiro: Bertrand Brasil, 1998.

DUARTE, P. A. *Cartografia básica*. 2. ed. Florianópolis: UFSC, 1998.

ELIAS, D. *Globalização e agricultura*. São Paulo: Edusp, 2003.

FLORENZIANO, T. G. (Org.). *Geomorfologia*: conceitos e tecnologias atuais. São Paulo: Oficina de Textos, 2011.

FONT-ALTABA, M.; ARRIBAS, A. S. M. *Atlas de geologia*. Rio de Janeiro: Livro Ibero-Americano, 1975.

GEHL, J. *Cidade para pessoas*. São Paulo: Perspectiva, 2014.

GUERRA, A. T.; GUERRA, A. J. T. *Novo dicionário geológico-geomorfológico*. Rio de Janeiro: Bertrand Brasil, 2009.

IBGE. *Atlas geográfico escolar*. 5. ed. Rio de Janeiro: IBGE, 2009.

_______ . *Atlas geográfico escolar*: ensino fundamental do 6º ao 9º. Rio de Janeiro: IBGE, 2010.

JOLY, F. *A Cartografia*. Tradução de Tânia Pellegrini. Campinas: Papirus, 1990.

LOCH, R. E. N. *Cartografia*: representação, comunicação e visualização de dados espaciais. Florianópolis: UFSC, 2006.

MARRERO, L. *La Tierra y sus recursos*. Caracas: Cultura Venezolana, 1975.

MARTINELLI, M. *Mapas da Geografia e Cartografia temática*. 5. ed. São Paulo: Contexto, 2009.

MENDONÇA, F.; DANNI-OLIVEIRA, I. M. *Climatologia*: noções básicas e climas do Brasil. São Paulo: Oficina de Textos, 2007.

MORAES, A. C. R. *A gênese da Geografia moderna*. São Paulo: Hucitec/Edusp, 1999.

OLIVEIRA, A. U. de. *A geografia das lutas no campo*. São Paulo: Contexto, 1996.

PRESS, F. et al. *Para entender a Terra*. 4. ed. Porto Alegre: Bookman, 2006.

ROSS, J. L. S. (Org.). *Geografia do Brasil*. São Paulo: Edusp, 2005.

SANTOS, M. *A natureza do espaço*. São Paulo: Edusp, 2002.

_______ . *Metamorfoses do espaço habitado*: fundamentos teóricos e metodológicos da Geografia. 5. ed. São Paulo: Hucitec, 1997.

_______ . *A urbanização brasileira*. São Paulo: Hucitec, 2003.

_______ . *O espaço do cidadão*. 6. ed. São Paulo: Nobel, 2002.

_______ . *Pensando o espaço do homem*. 5. ed. São Paulo: Edusp, 2004.

SPOSITO, E. S. *Geografia e filosofia*: contribuição para o ensino do pensamento geográfico. São Paulo: Unesp, 2004.

TEIXEIRA, W. et al. (Org.). *Decifrando a Terra*. São Paulo: Oficina de Textos, 2000; 2003.

WANDERLEY, M. de N. B. *O mundo rural como um espaço de vida*: reflexões sobre a propriedade da terra, agricultura familiar e ruralidade. Porto Alegre: UFRGS, 2009.

Reprodução proibida. Art. 184 do Código Penal e Lei 9.610 de 19 de fevereiro de 1998.

ATITUDES
PARA A VIDA

As *Atitudes para a vida* são comportamentos que nos ajudam a resolver as tarefas que surgem todos os dias, desde as mais simples até as mais desafiadoras. São comportamentos de pessoas capazes de resolver problemas, de tomar decisões conscientes, de fazer as perguntas certas, de se relacionar bem com os outros e de pensar de forma criativa e inovadora.

As atividades que apresentamos a seguir vão ajudá-lo a estudar os conteúdos e a resolver as atividades deste livro, incluindo as que parecem difíceis demais em um primeiro momento.

Toda tarefa pode ser uma grande aventura!

Reprodução proibida. Art. 184 do Código Penal e Lei 9.610 de 19 de fevereiro de 1998.

Reprodução proibida. Art. 184 do Código Penal e Lei 9.610 de 19 de fevereiro de 1998.

PERSISTIR

Muitas pessoas confundem persistência com insistência, que significa ficar tentando e tentando e tentando, sem desistir. Mas persistência não é isso! Persistir significa buscar estratégias diferentes para conquistar um objetivo.

Antes de desistir por achar que não consegue completar uma tarefa, que tal tentar outra alternativa?

Algumas pessoas acham que atletas, estudantes e profissionais bem-sucedidos nasceram com um talento natural ou com a habilidade necessária para vencer. Ora, ninguém nasce um craque no futebol ou fazendo cálculos ou sabendo tomar todas as decisões certas. O sucesso muitas vezes só vem depois de muitos erros e muitas derrotas. A maioria dos casos de sucesso é resultado de foco e esforço.

Se uma forma não funcionar, busque outro caminho. Você vai perceber que desenvolver estratégias diferentes para resolver um desafio vai ajudá-lo a atingir os seus objetivos.

CONTROLAR A IMPULSIVIDADE

Quando nos fazem uma pergunta ou colocam um problema para resolver, é comum darmos a primeira resposta que vem à cabeça. Comum, mas imprudente.

Para diminuir a chance de erros e de frustrações, antes de agir devemos considerar as alternativas e as consequências das diferentes formas de chegar à resposta. Devemos coletar informações, refletir sobre a resposta que queremos dar, entender bem as indicações de uma atividade e ouvir pontos de vista diferentes dos nossos.

Essas atitudes também nos ajudarão a controlar aquele impulso de desistir ou de fazer qualquer outra coisa para não termos que resolver o problema naquele momento. Controlar a impulsividade nos permite formar uma ideia do todo antes de começar, diminuindo os resultados inesperados ao longo do caminho.

ESCUTAR OS OUTROS COM ATENÇÃO E EMPATIA

Você já percebeu o quanto pode aprender quando presta atenção ao que uma pessoa diz? Às vezes recebemos importantes dicas para resolver alguma questão. Outras vezes, temos grandes ideias quando ouvimos alguém ou notamos uma atitude ou um aspecto do seu comportamento que não teríamos percebido se não estivéssemos atentos.

Escutar os outros com atenção significa manter-nos atentos ao que a pessoa está falando, sem estar apenas esperando que pare de falar para que possamos dar a nossa opinião. E empatia significa perceber o outro, colocar-nos no seu lugar, procurando entender de verdade o que está sentindo ou por que pensa de determinada maneira.

Podemos aprender muito quando realmente escutamos uma pessoa. Além do mais, para nos relacionar bem com os outros – e sabemos o quanto isso é importante –, precisamos prestar atenção aos seus sentimentos e às suas opiniões, como gostamos que façam conosco.

Reprodução proibida. Art. 184 do Código Penal e Lei 9.610 de 19 de fevereiro de 1998.

PENSAR COM FLEXIBILIDADE

Você conhece alguém que tem dificuldade de considerar diferentes pontos de vista? Ou alguém que acha que a própria forma de pensar é a melhor ou a única que existe? Essas pessoas têm dificuldade de pensar de maneira flexível, de se adaptar a novas situações e de aprender com os outros.

Quanto maior for a sua capacidade de ajustar o seu pensamento e mudar de opinião à medida que recebe uma nova informação, mais facilidade você terá para lidar com situações inesperadas ou problemas que poderiam ser, de outra forma, difíceis de resolver.

Pensadores flexíveis têm a capacidade de enxergar o todo, ou seja, têm uma visão ampla da situação e, por isso, não precisam ter todas as informações para entender ou solucionar uma questão. Pessoas que pensam com flexibilidade conhecem muitas formas diferentes de resolver problemas.

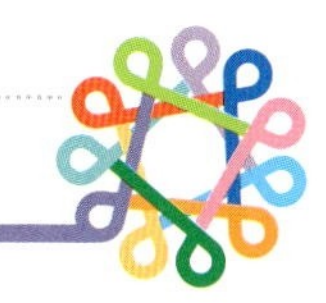

ESFORÇAR-SE POR EXATIDÃO E PRECISÃO

Para que o nosso trabalho seja respeitado, é importante demonstrar compromisso com a qualidade do que fazemos. Isso significa conhecer os pontos que devemos seguir, coletar os dados necessários para oferecer a informação correta, revisar o que fazemos e cuidar da aparência do que apresentamos.

Não basta responder corretamente; é preciso comunicar essa resposta de forma que quem vai receber e até avaliar o nosso trabalho não apenas seja capaz de entendê-lo, mas também que se sinta interessado em saber o que temos a dizer.

Quanto mais estudamos um tema e nos dedicamos a superar as nossas capacidades, mais dominamos o assunto e, consequentemente, mais seguros nos sentimos em relação ao que produzimos.

Reprodução proibida. Art. 184 do Código Penal e Lei 9.610 de 19 de fevereiro de 1998.

QUESTIONAR E LEVANTAR PROBLEMAS

Não são as respostas que movem o mundo, são as perguntas.

Só podemos inovar ou mudar o rumo da nossa vida quando percebemos os padrões, as incongruências, os fenômenos ao nosso redor e buscamos os seus porquês.

E não precisa ser um gênio para isso, não! As pequenas conquistas que levaram a grandes avanços foram – e continuam sendo – feitas por pessoas de todas as épocas, todos os lugares, todas as crenças, os gêneros, as cores e as culturas. Pessoas como você, que olharam para o lado ou para o céu, ouviram uma história ou prestaram atenção em alguém, perceberam algo diferente, ou sempre igual, na sua vida e fizeram perguntas do tipo "Por que será?" ou "E se fosse diferente?".

Como a vida começou? E se a Terra não fosse o centro do universo? E se houvesse outras terras do outro lado do oceano? Por que as mulheres não podiam votar? E se o petróleo acabasse? E se as pessoas pudessem voar? Como será a Lua?

E se...? (Olhe ao seu redor e termine a pergunta!)

APLICAR CONHECIMENTOS PRÉVIOS A NOVAS SITUAÇÕES

Esta é a grande função do estudo e da aprendizagem: sermos capazes de aplicar o que sabemos fora da sala de aula. E isso não depende apenas do seu livro, da sua escola ou do seu professor; depende da sua atitude também!

Você deve buscar relacionar o que vê, lê e ouve aos conhecimentos que já tem. Todos nós aprendemos com a experiência, mas nem todos percebem isso com tanta facilidade.

Devemos usar os conhecimentos e as experiências que vamos adquirindo dentro e fora da escola como fontes de dados para apoiar as nossas ideias, para prever, entender e explicar teorias ou etapas para resolver cada novo desafio.

PENSAR E COMUNICAR-SE COM CLAREZA

Pensamento e comunicação são inseparáveis. Quando as ideias estão claras em nossa mente, podemos nos comunicar com clareza, ou seja, as pessoas nos entendem melhor.

Por isso, é importante empregar os termos corretos e mais adequados sobre um assunto, evitando generalizações, omissões ou distorções de informação. Também devemos reforçar o que afirmamos com explicações, comparações, analogias e dados.

A preocupação com a comunicação clara, que começa na organização do nosso pensamento, aumenta a nossa habilidade de fazer críticas tanto sobre o que lemos, vemos ou ouvimos quanto em relação às falhas na nossa própria compreensão, e poder, assim, corrigi-las. Esse conhecimento é a base para uma ação segura e consciente.

IMAGINAR, CRIAR E INOVAR

Tente de outra maneira! Construa ideias com fluência e originalidade!

Todos nós temos a capacidade de criar novas e engenhosas soluções, técnicas e produtos. Basta desenvolver nossa capacidade criativa.

Pessoas criativas procuram soluções de maneiras distintas. Examinam possibilidades alternativas por todos os diferentes ângulos. Usam analogias e metáforas, se colocam em papéis diferentes.

Reprodução proibida. Art. 184 do Código Penal e Lei 9.610 de 19 de fevereiro de 1998.

Ser criativo é não ser avesso a assumir riscos. É estar atento a desvios de rota, aberto a ouvir críticas. Mais do que isso, é buscar ativamente a opinião e o ponto de vista do outro. Pessoas criativas não aceitam o *status quo*, estão sempre buscando mais fluência, simplicidade, habilidade, perfeição, harmonia e equilíbrio.

ASSUMIR RISCOS COM RESPONSABILIDADE

Todos nós conhecemos pessoas que têm medo de tentar algo diferente. Às vezes, nós mesmos acabamos escolhendo a opção mais fácil por medo de errar ou de parecer tolos, não é mesmo? Sabe o que nos falta nesses momentos? Informação!

Tentar um caminho diferente pode ser muito enriquecedor. Para isso, é importante pesquisar sobre os resultados possíveis ou os mais prováveis de uma decisão e avaliar as suas consequências, ou seja, os seus impactos na nossa vida e na de outras pessoas.

Informar-nos sobre as possibilidades e as consequências de uma escolha reduz a chance do "inesperado" e nos deixa mais seguros e confiantes para fazer algo novo e, assim, explorar as nossas capacidades.

Reprodução proibida. Art. 184 do Código Penal e Lei 9.610 de 19 de fevereiro de 1998.

PENSAR DE MANEIRA INTERDEPENDENTE

Nós somos seres sociais. Formamos grupos e comunidades, gostamos de ouvir e ser ouvidos, buscamos reciprocidade em nossas relações. Pessoas mais abertas a se relacionar com os outros sabem que juntos somos mais fortes e capazes.

Estabelecer conexões com os colegas para debater ideias e resolver problemas em conjunto é muito importante, pois desenvolvemos a capacidade de escutar, empatizar, analisar ideias e chegar a um consenso. Ter compaixão, altruísmo e demonstrar apoio aos esforços do grupo são características de pessoas mais cooperativas e eficazes.

Estes são 11 dos 16 Hábitos da mente descritos pelos autores Arthur L. Costa e Bena Kallick em seu livro *Learning and leading with habits of mind*: 16 characteristics for success.

Acesse http://www.moderna.com.br/araribaplus para conhecer mais sobre as *Atitudes para a vida*.

CHECKLIST PARA MONITORAR O SEU DESEMPENHO

Reproduza para cada mês de estudo o quadro abaixo. Preencha-o ao final de cada mês para avaliar o seu desempenho na aplicação das *Atitudes para a vida*, para cumprir as suas tarefas nesta disciplina. Em *Observações pessoais*, faça anotações e sugestões de atitudes a serem tomadas para melhorar o seu desempenho no mês seguinte.

Classifique o seu desempenho de 1 a 10, sendo 1 o nível mais fraco de desempenho, e 10, o domínio das *Atitudes para a vida*.

Atitudes para a vida	Neste mês eu...	Desempenho	Observações pessoais
Persistir	Não desisti. Busquei alternativas para resolver as questões quando as tentativas anteriores não deram certo.		
Controlar a impulsividade	Pensei antes de dar uma resposta qualquer. Refleti sobre os caminhos a escolher para cumprir minhas tarefas.		
Escutar os outros com atenção e empatia	Levei em conta as opiniões e os sentimentos dos demais para resolver as tarefas.		
Pensar com flexibilidade	Considerei diferentes possibilidades para chegar às respostas.		
Esforçar-se por exatidão e precisão	Conferi os dados, revisei as informações e cuidei da apresentação estética dos meus trabalhos.		
Questionar e levantar problemas	Fiquei atento ao meu redor, de olhos e ouvidos abertos. Questionei o que não entendi e busquei problemas para resolver.		
Aplicar conhecimentos prévios a novas situações	Usei o que já sabia para me ajudar a resolver problemas novos. Associei as novas informações a conhecimentos que eu havia adquirido de situações anteriores.		
Pensar e comunicar-se com clareza	Organizei meus pensamentos e me comuniquei com clareza, usando os termos e os dados adequados. Procurei dar exemplos para facilitar as minhas explicações.		
Imaginar, criar e inovar	Pensei fora da caixa, assumi riscos, ouvi críticas e aprendi com elas. Tentei de outra maneira.		
Assumir riscos com responsabilidade	Quando tive de fazer algo novo, busquei informação sobre possíveis consequências para tomar decisões com mais segurança.		
Pensar de maneira interdependente	Trabalhei junto. Aprendi com ideias diferentes e participei de discussões.		

Reprodução proibida. Art. 184 do Código Penal e Lei 9.610 de 19 de fevereiro de 1998.